Barbara Roder

Reporting im Social Entrepreneurship

GABLER RESEARCH

Entrepreneurial and Financial Studies

Herausgeber:

Professor Dr. Dr. Ann-Kristin Achleitner
und Professor Dr. Christoph Kaserer

Die Schriftenreihe präsentiert aktuelle Forschungsergebnisse aus dem Gebiet der Entrepreneurial und Corporate Finance. Sie greift an der Schnittstelle von Wissenschaft und Praxis innovative Fragestellungen der Unternehmensfinanzierung auf.

This series presents research results from the fields of entrepreneurial and corporate finance. Its focus lies on innovative research topics at the interface of science and practice.

Barbara Roder

Reporting im Social Entrepreneurship

Konzeption einer externen
Unternehmensberichterstattung
für soziale Unternehmer

Mit einem Geleitwort von Prof. Dr. Dr. Ann-Kristin Achleitner
und Prof. Dr. Alexander Bassen

GABLER

RESEARCH

Bibliografische Information der Deutschen Nationalbibliothek
Die Deutsche Nationalbibliothek verzeichnet diese Publikation in der
Deutschen Nationalbibliografie; detaillierte bibliografische Daten sind im Internet über
<http://dnb.d-nb.de> abrufbar.

Dissertation Technische Universität München, 2010

Die Reihe erschien von 2003 bis 2007 im Verlag Wissenschaft & Praxis Dr. Brauner.

1. Auflage 2011

Lektorat: Stefanie Brich | Britta Göhrisch-Radmacher

Gabler Verlag ist eine Marke von Springer Fachmedien.
Springer Fachmedien ist Teil der Fachverlagsgruppe Springer Science+Business Media.
www.gabler.de

Umschlaggestaltung: KünkelLopka Medienentwicklung, Heidelberg
Gedruckt auf säurefreiem und chlorfrei gebleichtem Papier
Printed in Germany

ISBN 978-3-8349-2640-1

Geleitwort

Social Entrepreneurs sind Innovatoren des sozialen Sektors: Sie treiben positiven gesellschaftlichen Wandel voran, lösen Probleme im Sinne der Subsidiarität von unten und multiplizieren und skalieren ihre Lösungsansätze. Angesichts einer zunehmenden Komplexität gesellschaftlicher, sozialer sowie ökologischer Probleme bei gleichzeitig zunehmender Geschwindigkeit gesellschaftlicher Veränderungen schließen Social Entrepreneurs so durch ihr Handeln eine soziale Lücke – in Wohlfahrtsstaaten und in Entwicklungsländern.

Social Entrepreneurs gehen soziale Probleme unternehmerisch, systematisch und langfristig an und erzielen daher oft eine überdurchschnittlich hohe gesellschaftliche Wirkung. Einkommenserzielung und Gewinnmaximierung sind – wenn sie denn vorhanden sind – bei ihnen nur Mittel zum Zweck: Profitorientierung tritt im Gegensatz zum klassischen Entrepreneur hinter dem gesellschaftlichen Ziel zurück; die soziale Mission ist zentrales Handlungsmotiv für den Social Entrepreneur. In dieser sozialen Zielsetzung liegt ein Kernelement, aber auch gleichzeitig ein Kernproblem. Denn diesen gesellschaftlichen Erfolg gilt es durch eine ganzheitliche externe Berichterstattung gegenüber Investoren und Öffentlichkeit sichtbar zu machen.

Traditionelle Berichtsformen, die fast ausschließlich finanzielle Kennzahlen erheben, sind hierfür ungeeignet. Eine einheitliche Konzeption für das Reporting von Social Entrepreneurs existiert bislang nicht. Vielmehr führen individuelle Anforderungen an ein Reporting je nach Unterstützerorganisation zu unkoordinierter Berichterstattung, die den Verwaltungsaufwand bei Social Entrepreneurs erhöht sowie personelle und finanzielle Kapazitäten bindet. Dies führt oft zu fehlender Transparenz in Bezug auf Aktivitäten, Wirkungsweise und Erfolg.

Die Thematik der Erfolgsmessung wird daher in der vorliegenden Arbeit von der Problemstellung her kommend aufgearbeitet: Es besteht weitgehend Einigkeit in Wissenschaft und Praxis, dass die Probleme der Erfolgsmessung ein wesentliches Hemmnis für die Finanzierung von Social Entrepreneurship sind. In diesem Zusammenhang ist die Bezeichnung „soziale Rendite" als Maßstab für den Erfolg eines Social Entrepreneurs ein abstraktes Konstrukt, da ein Pendant zur Kapitalverzinsung für die soziale Rendite nicht existiert.

Die Entwicklung eines ganzheitlichen Standards, in dem die Problemstellung und Motivation für das Projekt herausgearbeitet werden, die Projektvision und die Wirkungsweise transparent beschrieben sowie die Zielgruppen und Kooperationspartner identifiziert und der Social Entrepreneur vorgestellt wird, würde zahlreiche Vorteile mit sich bringen: Neben der Eigenreflexion vor allem eine höhere Transparenz über

Aktivitäten, Wirkungsweisen und Erfolge, damit sich Investoren, Unterstützer und die Öffentlichkeit ein besseres Bild machen können. Damit würde die Kapitalallokation im sozialen Sektor effizienter und effektiver.

Die Messung gesellschaftlicher Wirkung und ihre professionelle Darstellung in der externen Berichterstattung werden aufgrund der politischen und sozio-ökonomischen Rahmenbedingungen immer mehr an Bedeutung gewinnen. Mit der vorliegenden Dissertation wurde die Grundlage geschaffen für die Entwicklung eines sozialen Reportingstandards. Diesen zu entwickeln, zu verbreiten sowie langfristig testierbar zu machen stellt einen wichtigen Schritt hin zu einer Professionalisierung dar – und damit zu einer langfristig besseren Lösung gesellschaftlicher Probleme.

Neben dem hohen Erkenntnisgewinn der Arbeit von Frau Roder für die Wissenschaft leistet sie auch einen wesentlichen Mehrwert für die Praxis. Dies zeigt sich u. a. darin, dass ihre Arbeit die Grundlage für den ersten Social Reporting Standard (SRS) bildet, der von Ashoka, der Schwab Foundation, Auridis, BonVenture sowie PWC im Sommer 2010 vorgestellt wurde.

Wir wünschen der Arbeit eine hohe Aufmerksamkeit in Wissenschaft und Praxis.

Prof. Dr. Dr. Ann-Kristin Achleitner   Prof. Dr. Alexander Bassen

Vorwort

Die vorliegende Arbeit ist während meiner Tätigkeit als Wissenschaftliche Mitarbeiterin am KfW-Stiftungslehrstuhl der Technischen Universität München in Kooperation mit dem Lehrstuhl für Betriebswirtschaftslehre, insb. Kapitalmärkte und Unternehmensführung, Universität Hamburg, unter der Leitung von Frau Prof. Dr. Dr. Ann-Kristin Achleitner sowie Prof. Dr. Alexander Bassen entstanden.

Daher möchte ich an dieser Stelle beiden Betreuern für ihr entgegengebrachtes Vertrauen sowie die Unterstützung, die ich in den letzten Jahren erfahren und wahrgenommen habe, danken. Ihre engagierte und freundliche Unterstützung meiner wissenschaftlichen Tätigkeit, ihre ständige Bereitschaft zu fachlichen Diskussionen und außerfachlichen Gesprächen mit vielen wertvollen Ratschlägen, Impulsen und konstruktiven Anregungen haben maßgeblich zur Realisierung dieser Arbeit beigetragen.

Bedanken möchte ich mich auch ganz herzlich bei Ashoka, der Schwab Foundation und BonVenture sowie bei den von ihnen geförderten Social Entrepreneurs für die vielseitige Unterstützung und vertrauensvolle Zusammenarbeit. Sie waren Ausgangspunkt, Inspiration sowie Motivation und haben mich für das Thema Social Entrepreneurship begeistert. In diesem Zusammenhang möchte ich vor allem Oda Heister für ihre Anregungen, ihr Interesse und ihren Rückhalt danken.

Sehr verbunden bin ich auch den Kollegen und Freunden an den Lehrstühlen in München und Hamburg, die auf unterschiedliche Art und Weise zum Gelingen dieser Arbeit beigetragen haben. Besonders Peter Heister hat mich maßgeblich während der Dissertationszeit begleitet und mir Mut gemacht, den eingeschlagenen Weg zu gehen.

Mein ganz besonderer Dank gilt letztlich meinen Eltern sowie meinen Geschwistern für ihre fortwährende liebevolle Unterstützung. Ihr Verständnis und ihr Zuspruch haben mir den notwendigen Rückhalt und die Kraft zur Durchführung dieser Arbeit gegeben.

Dr. Barbara Roder

Inhalt

Abbildungen und Tabellen

Abkürzungen

bspw.	beispielsweise
FN	Fußnote
gGmbH	gemeinnützige Gesellschaft mit beschränkter Haftung
GmbH	Gesellschaft mit beschränkter Haftung
i. S. v.	im Sinne von
NPO	Non-Profit-Organisation
UK	United Kingdom
c.p.	ceteris paribus
sog.	so genannte/n

1   Einleitung

1.1   Bedeutung des Reportings im Social Entrepreneurship

In der Debatte um den Ausbau der Zivilgesellschaft und die Transformation des Sozialstaats richtet sich die Aufmerksamkeit in jüngster Zeit verstärkt auf einen speziellen Typus des Entrepreneurs, den „Social Entrepreneur". Nicht zuletzt durch die Verleihung des Friedensnobelpreises 2006 an den Social Entrepreneur Muhammad Yunus, Gründer der Grameen-Bank in Bangladesch, wurde dieses Themengebiet einer breiteren Öffentlichkeit bekannt.

Der Begriff bezeichnet eine Person, die mit einem unternehmerischen und innovativen Ansatz ein gesellschaftliches Problem lösen möchte und sich für nachhaltigen gesellschaftlichen Wandel im Sinne der Subsidiarität einsetzt. Die Methoden und Ansätze, mit denen Social Entrepreneurs ihre Ziele verfolgen, sind denen von klassischen Entrepreneurs ähnlich. Hieraus kann sich durchaus auch ergeben, dass die Erwirtschaftung einer finanziellen Rendite verfolgt wird, die Profitorientierung tritt jedoch bei Social Entrepreneurs hinter dem sozialen Ziel zurück.[1] Das zentrale Handlungsmotiv des Social Entrepreneurs ist der gesellschaftliche Wandel.[2]

Zwar hat sich der Begriff des Social Entrepreneurs erst in neuester Zeit herausgebildet, es sind jedoch vereinzelt historische Beispiele des Phänomens belegt.[3] Die Gründe für den immensen Bedeutungszuwachs in jüngster Zeit liegen in Veränderungen sowohl auf der Angebots- als auch auf der Nachfrageseite des Non-Profit-Sektors begründet: Lange Zeit konnte der Staat in entwickelten Ländern Abhilfe für soziale Probleme mit finanziellen Mitteln aus hohen Steuereinnahmen finanzieren. Heute werden jedoch staatliche Maßnahmen aufgrund finanzieller Restriktionen reduziert, gleichzeitig werden die sozialen und ökologischen Probleme zunehmend größer und komplexer. Dies zwingt die Akteure, ihre Leistungsfähigkeit und ihre Effizienz unter Beweis zu stellen und wirtschaftlicher zu arbeiten.[4]

Konsequenterweise sind diese „anderen" Unternehmer auch mit diversen betriebswirtschaftlichen Fragestellungen konfrontiert, unter anderem mit der Messung ihres Erfolgs, der Darstellung ihres Risikos sowie einer professionellen Dokumentation ihrer Arbeit. Darüber hinaus sollten auch im Social Entrepreneurship im Sinne

---

[1] Vgl. Mair/Martí (2005), S. 39.
[2] Vgl. Dees (2001), S. 3.
[3] Bspw. Hermann Gmeiner oder Wilhelm Raiffeisen.
[4] Vgl. Bornstein (2006), S. 349.

der Ressourcenschonung verfügbare Mittel dort eingesetzt werden, wo sie den größten Nutzen bringen.

Um die tatsächliche Wirksamkeit des Social-Entrepreneurship-Ansatzes zu verdeutlichen sowie den Ressourceneinsatz zu einem gegebenen Ziel ins Verhältnis zu
setzen und möglichst zu minimieren, fehlt jedoch bisher ein professionelles Reporting, das Investitionen und Zielerreichung dokumentiert und somit Geldgebern eine
Entscheidungsgrundlage bietet und dabei dem innovativen Konzept des Social Entrepreneurs gerecht wird. Konsequenz ist unter anderem, dass Social Entrepreneurs unabhängig von ihrer Leistung Finanzierungsprobleme haben, was als Indiz für einen
ineffizienten Markt gesehen werden kann.[5]

Teilweise haben Social Entrepreneurs durchaus Erfolgsmessungssysteme für ihr
jeweiliges Unternehmen entwickelt, doch sind diese zumeist sehr speziell auf das
jeweilige Projekt zugeschnitten und, da der Erfolg nicht allein monetärer Natur ist,
für Außenstehende schwer nachvollziehbar. Ein einheitliches Reporting, das an die
Bedürfnisse von Social Entrepreneurs angepasst ist und in dem Informationen systematisch und strukturiert erfasst werden, würde verschiedenen Zielsetzungen dienen:
Es ermöglicht eine Vergleichbarkeit verschiedener Organisationen innerhalb eines
Themenbereichs hinsichtlich ihrer Effektivität sowie zwischen allen Organisationen
hinsichtlich ihrer Effizienz.[6] Je besser ein Social Entrepreneur die Erreichung seiner
Ziele messen und darstellen kann, desto eher wird es ihm gelingen, Investoren für
die Finanzierung seines Unternehmens zu interessieren. Zusätzlich kann finanztheoretisch argumentiert werden, dass durch eine bessere Erfolgsmessung die Entscheidungsgrundlage transparenter wird und dadurch das Risiko für den Investor
besser einschätzbar wird. Dies erhöht die Attraktivität der Investition gegenüber anderen Investitionsmöglichkeiten.

Die im Reporting erfassten Informationen über die Organisation könnten außerdem durch Analysten und andere Finanzintermediäre bewertet werden. Dies wiederum ermöglicht Investoren eine Allokationsentscheidung nicht nur hinsichtlich ihrer
Präferenz für ein bestimmtes gesellschaftliches Thema, vielmehr könnten dadurch
persönliche Risiko- und Return-Profile berücksichtigt werden.

Des Weiteren könnten Social Entrepreneurs ein solches professionelles Reporting
auch als Grundlage für interne Managemententscheidungen nutzen. Qualifizierte
Erfolgsmessung eröffnet also Möglichkeiten der Professionalisierung des Social-
Entrepreneurship-Bereichs, führt zu größerem Vertrauen auf Seiten der Geldgeber
und somit letztlich zu einer effizienteren Kapitalallokation verbunden mit einem Kapitalzufluss in den Non-Profit-Sektor.[7]

---

[5] Vgl. Hartigan (2006), S. 330.
[6] Vgl. Osborne/Gaebler (1992), S. 146f.
   Für detaillierte Ausführungen zu den Termini Effektivität, Effizienz, Erfolg und Risiko s. Kapitel 4.5.
[7] Vgl. Achleitner et al. (2009b).

Um jedoch ein solches ganzheitliches Reporting zu erstellen, fehlt bisher jedoch ein theoretisches Modell, das an die Bedürfnisse von Social Entrepreneurs angepasst ist und mit dessen Hilfe Informationen systematisch und strukturiert erfasst werden können.

1.2   Zielsetzung und Vorgehensweise

Im Hinblick auf das skizzierte Forschungsdefizit besteht die generelle Zielsetzung der vorliegenden Arbeit darin, ein Modell für eine standardisierte externe Unternehmensberichterstattung von Social Entrepreneurs zu entwickeln. Eine empirische Basis für verallgemeinernde Aussagen fehlt im Social Entrepreneurship. Die Konzeption eines Reportingmodells erfolgt daher aufbauend auf umfassenden theoretischen Vorüberlegungen durch deduktive Vorgehensweise

Vor der Entwicklung eines Reportingmodells im Social Entrepreneurship muss zunächst der Anwendungsbereich, d.h. das Phänomen Social Entrepreneurship, genauer untersucht werden. Daher erfolgen in Kapitel 2 zunächst eine Darstellung des Non-Profit-Sektors allgemein und ein Überblick über Historie und Bedeutung dieses Sektors in Deutschland. Anschließend werden die Entstehungsgründe des Phänomens und seine Geschichte erläutert.

Kapitel 3 beschäftigt sich dann im Detail mit den einzelnen Merkmalen, die einen Social Entrepreneur kennzeichnen und die daher bei der Entwicklung eines Reportings berücksichtigt werden müssen. Da dieses Reporting primär für Deutschland entwickelt wird, geht der Abschluss des Kapitels auf die gesellschaftlichen, politischen und rechtlichen Rahmenbedingungen hierzulande ein.

Nach einer Übersicht über Grundlagen des Reportings werden in Kapitel 4 grundsätzliche theoretische Anforderungen an ein Reporting im Social Entrepreneurship erörtert. Globalfunktion des Reportings ist die Informationsvermittlung. Um die Funktion der Informationsvermittlung im Sinne von Rechenschaft (ex post) und Entscheidungshilfe (ex ante) erfüllen zu können, muss ein Reporting gewissen qualitativen und quantitativen Rahmengrundsätzen entsprechen. Inhalt und Aufbau dieser Rahmenpostulate stehen daher im Mittelpunkt von Kapitel 4.3.

Die inhaltliche Ausgestaltung des Informationssystems ist abhängig von den Reportingadressaten und ihren Informationsbedürfnissen. Bevor in Kapitel 4.5 auf inhaltliche Determinanten des Reportingmodells eingegangen wird, werden mögliche Adressaten eines Reportings im Social Entrepreneurship und ihr Informationsbedarf abgeleitet. Aus den Charakteristika von Social Entrepreneurs kann eine Zielkonzeption abgeleitet werden, die einen wichtigen Anhaltspunkt für die inhaltliche Ausgestaltung eines Reportings liefert.

Im Mittelpunkt von Kapitel 5 steht die Überprüfung existierender Modelle der Erfolgsmessung hinsichtlich ihrer Anwendung für ein Reporting im Social Entrepreneurship. Dies erfolgt durch einen Abgleich mit den in den Kapiteln 3 und 4 abgeleiteten Besonderheiten von Social Entrepreneurs und den daraus folgenden Anforderungen an ein Reporting.

Die Erarbeitung eines einheitlichen und ganzheitlichen Reportingansatzes für Social Entrepreneurs steht im Vordergrund von Kapitel 6. Unter Berücksichtigung der Charakteristika und speziellen Lösungsansätze von Social Entrepreneurs sowie der theoretischen Anforderungen an ein Reporting wird ein Modell entwickelt, mit dessen Hilfe Social Entrepreneurs strukturiert und systematisch Informationen erheben und über den Erfolg ihres Unternehmens berichten können.

2 Gesellschaftlich determinierte Gründe für die Entstehung von Social Entrepreneurship

Das vorliegende Kapitel befasst sich mit dem Non-Profit-Sektor und Non-Profit-Organisationen (NPOs). Nach einer Darstellung und Definition der Charakteristika dieser Organisationen sowie der Bedeutung und aktuellen Situation von NPOs in Deutschland werden ökonomische Erklärungsansätze zur Existenz von NPOs und daraus resultierend von Social Entrepreneurship vorgestellt und diskutiert.

Eine Auseinandersetzung mit dem Non-Profit-Sektor aus wirtschaftswissenschaftlicher Perspektive erfolgt erst seit den 1970er Jahren.[8] Die seitdem entwickelten ökonomischen Theorien befassen sich im Rahmen des Institutional-Choice-Gedankens mit der Frage, welche Organisationsform eine bestmögliche Ressourcenallokation gewährleistet, und erklären dadurch die Entstehung von Non-Profit-Organisationen.[9] Diese ökonomischen Erklärungsansätze können in nachfrage- und angebotsorientierte Ansätze unterschieden werden.

Nachfrageorientierte Ansätze beschäftigen sich mit der Frage, weshalb es für Konsumenten erstrebenswert sein könnte, Services von NPOs nachzufragen.[10] Richtungweisend sind hier die sog. Failure-Theorien, die die ökonomische Funktion des Non-Profit-Sektors neben Markt und Staat dort sehen, wo diese allokativ versagen.[11] Die Failure-Theorien erklären die Existenz von NPOs zum einen in Abgrenzung zum Staat (Public-Good-Theorie) sowie in Abgrenzung zum erwerbswirtschaftlichen Sektor (Contract-Failure-Theorie).[12] Angebotsorientierte Ansätze dagegen setzen an bei der Motivation von Individuen bzw. Gruppen, NPOs zu gründen. In diesem Zu-

---

[8] Davor wurden NPOs vor allem aus verhaltenstheoretischer Perspektive untersucht. S. für einen Überblick Steinberg (2006), S. 119.

[9] Vgl. DiMaggio/Anheier (1990), S. 140ff.; Steinberg (2006), S. 117; Zimmer/Priller (2004), S. 19; Schenk (1983), S. 5ff.
Die Entscheidung zwischen institutionellen Alternativen erfolgt gemäß dieser Theorie unter Effizienzgesichtspunkten, d. h. wenn eine Institution nicht paretoeffizient ist, gibt es (abstrakt) eine Möglichkeit, durch eine alternative Institutionenwahl zumindest eine beteiligte Partei besserzustellen, ohne gleichzeitig eine andere zu benachteiligen.

[10] Es geht hierbei jedoch nicht um die Nachfrage nach bestimmten Produkten oder Dienstleistungen, sondern um die Nachfrage nach einer bestimmten Organisationsform, die das Produkt oder die Dienstleistung anbietet und mit der eine Transaktion durchgeführt wird. Vgl. Ben-Ner/Gui (2003), S. 6; Badelt (2002b), S. 114.

[11] Vgl. Meyer (2007), S. 59.

[12] Bspw. Weisbrod (1977); Weisbrod (1986); Hansmann (1980); James/Rose-Ackerman (1986), S. 19ff.

sammenhang werden die Stakeholder- sowie die Entrepreneurship-Theorie vorgestellt. Besonderes Gewicht wird dabei auf die Entrepreneurship-Theorie gelegt, deren Argumente zentral für das Verständnis des Social Entrepreneurship und für die Entwicklung des Reportingmodells sind. Generell wird in der Literatur nachfrageorientierten Ansätzen größere Bedeutung zugemessen als angebotsorientierten Ansätzen.[13] Insgesamt sind alle ökonomischen Theorien jedoch nicht substitutiv, sondern komplementär zu verstehen, da einzelne Erklärungsansätze immer nur eine punktuelle Betrachtung ermöglichen.[14] Keine Theorie ist in der Lage, die Entstehungsgründe des heterogenen NPO-Sektors allumfassend zu erklären.[15] Zum Abschluss des Kapitels werden die Rahmenbedingungen erläutert, die zum verstärkten Auftreten von Social Entrepreneurship in den letzten Jahren geführt haben, und die Bedeutung des Erfolgsnachweises für Social Entrepreneurs dargestellt.

2.1   Definition und Begriffserklärung des Non-Profit-Sektors

Als Non-Profit-Sektor wird ein Bereich der Gesellschaft bzw. der Volkswirtschaft bezeichnet, der sich aufgrund seiner spezifischen Funktionen, organisatorischen Strukturen sowie einer eigenen Handlungslogik von Staat, Markt und Privatsphäre abgrenzt.[16] Die Organisationen, die in diesem Bereich tätig sind, werden unter der Bezeichnung Non-Profit-Organisationen (NPOs) subsumiert. Der Sektor ist nicht nur hinsichtlich der Tätigkeitsfelder, in denen NPOs aktiv sind, sondern auch in Bezug auf deren Organisationsgrad, ihre Größe und Arbeitsinhalte durch große Heterogenität gekennzeichnet.[17] Dies drückt sich auch in einer komplexen Terminologie aus, die mit zahlreichen unterschiedlichen Bezeichnungen des Sektors jeweils diverse Organisationsmerkmale betont (z. B. Dritter Sektor, gemeinnütziger Sektor, Nicht-Regierungssektor, Sozialwirtschaft, Bürgersektor, Zivilgesellschaft).[18] Da der Non-Profit-Sektor zunächst als Residualgröße gegenüber den bekannten Sektoren Markt

---

[13] Vgl. Ben-Ner/VanHoomissen (1991), S. 28; Badelt (2003), S. 142; Young (2003), S. 162.
[14] Vgl. Anheier (2005), S. 120.
[15] Vgl. Hansmann (2003).
[16] Vgl. Zimmer/Priller (2004), S. 16.
[17] Vgl. Badelt (2002a), S. 3.
[18] Vgl. Anheier/Seibel (1993), S. 1; Priller/Zimmer (2000), S. 2f.
Demnach bezieht sich der Begriff der Bürgergesellschaft in diesem Zusammenhang auf individuelle Aktivitäten, d. h. auf eine gesellschaftliche Mikroebene, Dritter Sektor bezieht sich auf die Mesoebene der Organisationen, Zivilgesellschaft auf die Makroebene des sozialen Gefüges. Vor allem der Begriff der Zivilgesellschaft wird in den letzten Jahren verstärkt diskutiert. Die Zivilgesellschaft wird als „Gegenmacht" zu öffentlichen Instanzen und als gesellschaftliche Sphäre des bürgerschaftlichen Diskurses zur Lösung von Problemen von allgemeiner Bedeutung betrachtet.

und Staat aufgefasst wurde, entstanden viele Bezeichnungen aus Negativabgrenzungen zu diesen anderen Sektoren (z. B. non-profit, non-governmental).[19] Der Begriff des Non-Profit-Sektors wurde zu Beginn der 70er Jahre in den USA durch den Soziologen Etzioni geprägt, der hinwies auf „a third alternative, indeed sector [...] between the state and the market".[20]

Es existieren bis dato auch keine akzeptierte einheitliche Definition und kein allgemein akzeptierter Name für NPOs, viele Bezeichnungen werden vielmehr synonym verstanden, wie beispielsweise soziale Initiative, gemeinnützige Organisation oder Nichtregierungsorganisation. Als Grundlage für ein einheitliches Verständnis wird für die vorliegende Arbeit deshalb der definitorische Ansatz des Johns Hopkins (JH) Comparative Nonprofit Sector Projects übernommen. Dieses bisher einzige umfassende Forschungsprojekt zur sozial-ökonomischen Erfassung des Non-Profit-Sektors wurde 1990 initiiert. Ein internationaler und interdisziplinärer Forschungsverbund untersuchte bis 1995 in diesem Rahmen mit Hilfe eines komparativen Ansatzes systematisch den Non-Profit-Sektor in dreißig Ländern, um ein Bild der nationalen und internationalen Situation zu erlangen. Um einen internationalen Vergleich von NPOs zu ermöglichen, wurde für die Beschreibung von Organisationen, die im Non-Profit-Sektor aktiv sind, ein Merkmalskatalog von fünf konstitutiven Eigenschaften erarbeitet.[21] Die Ausprägungen dieser idealtypischen Merkmale sind länderspezifisch unterschiedlich, abhängig von der Stellung der beiden anderen Sektoren Markt und Staat.[22] Das JH-Project charakterisiert NPOs anhand der Merkmale (1) Nicht-Ausschüttung von Gewinnen, (2) Nicht-Staatlichkeit, (3) Selbstverwaltung und Autonomie, (4) Institutionalisierung und (5) Freiwilligkeit. Keines der Kriterien ist absolut trennscharf, vielmehr sind die Übergänge zwischen NPOs und Organisationen der anderen beiden Sektoren Staat und Markt oft fließend. Um als NPO bezeichnet zu werden, sollte eine Organisation alle fünf Kriterien wenigstens in einem Mindestmaß erfüllen.[23] Obwohl diese Definition ein breites Spektrum von verschiedenartigen Einrichtungen umfasst,

---

[19] Vgl. hierzu auch Lohmann (1989).

[20] Etzioni (1973), S. 315. Für einen historischen Überblick über Forschung im Bereich des Non-Profit-Sektors s. Zimmer/Priller (2004).

[21] Das Projekt wurde nach 1995 nicht fortgesetzt, weshalb keine aktuellen Zahlen über den Non-Profit-Sektor insgesamt existieren. Für weitere Informationen siehe www.ccss.jhu.edu. Vgl. Salamon/Anheier (1992a); Anheier/Salamon (2006).

[22] Auf die spezifisch deutsche Situation im Non-Profit-Sektor wird im Laufe des Kapitels noch detailliert eingegangen.
Für einen Überblick über die Definitionsproblematik sowie einen systematischen Definitionsansatz siehe Salamon/Anheier (1992a); Salamon/Anheier (1996), S. 13ff.; Anheier/Seibel (1993), S. 24ff. Da eine einheitliche Politik gegenüber einem in verschiedenen Ländern unterschiedlich definierten und etablierten Phänomen sehr schwierig ist, kommt länderspezifischen Charakteristika eine besondere Bedeutung zu. Vgl. Badelt (2002a), S. 7.

[23] Vgl. Badelt (2002a), S. 9f.

sind allen NPOs spezifische Stärken, aber auch Schwächen gemein, die mit dieser Organisationsform verbunden sind. Für die vorliegende Arbeit sind diese Merkmale insofern von Bedeutung, als sie es ermöglichen, Organisationen von Social Entrepreneurs dem Non-Profit-Sektor zuzuordnen (s. Kap. 3.2.2).

Das bedeutendste Merkmal zur Charakterisierung einer solchen Organisation stellt sicherlich das Gebot der Nicht-Ausschüttung von Gewinnen dar. Das oft missverstandene Attribut „Non-Profit" bedeutet in diesem Zusammenhang nicht, dass die Organisation keine Gewinne erwirtschaften darf. Vielmehr darf Gewinn keine primäre Zielgröße sein, dürfen Residualerträge nicht ausgeschüttet werden und ist somit die Form der Gewinnverwendung gesetzlich oder satzungsmäßig eingeschränkt: „No one has a legal claim to the organization's earnings, but such firms may … earn surpluses. These funds may be reinvested in the organization, kept as endowment, or used for other charitable purposes."[24]

Diese nicht auf Gewinnerwirtschaftung ausgerichtete Zielsetzung von NPOs wird auch als Sachzieldominanz bezeichnet.[25] Dieser Sachzieldominanz und dem Nicht-Ausschüttungs-Gebot wird in Deutschland in der Praxis durch den steuerrechtlichen Status der Gemeinnützigkeit Rechnung getragen. Wird eine Körperschaft gemäß §§ 51–68 Abgabenordnung (AO) als im juristischen Sinn gemeinnützig anerkannt, erhält sie Steuervergünstigungen bei allen wichtigen Steuerarten (z. B. bei der Gewerbe- und Körperschaftssteuer).[26] Um den Status der Gemeinnützigkeit zu erlangen, muss dieser von der Körperschaft bei den zuständigen Finanzbehörden beantragt werden. Hierfür muss die Organisation entsprechende formal-juristische Kriterien erfüllen und müssen die Aktivitäten den Anforderungen in der Abgabenordnung entsprechen. Die aus der Gemeinnützigkeit resultierende Steuerbefreiung wird alle drei Jahre überprüft.

Ein weiteres Abgrenzungskriterium stellt das Gebot der Nicht-Staatlichkeit dar. NPOs sind demnach privater Natur und damit institutionell und organisatorisch von staatlichen Einrichtungen unabhängig.[27] In der Praxis ist eine klare Abgrenzung auf-

---

[24] Rose-Ackerman (1996), S. 16. In der angelsächsischen Literatur wurde der Begriff des „Non-distribution Constraint" von Hansmann geprägt: „A nonprofit organization is one precluded from distributing, in financial form, its surplus resources to those in control of the organization." Hansmann (1986), S. 58.
Das europäische Verständnis des Non-Profit-Sektors ist hinsichtlich des Nicht-Ausschüttungs-Gebots historisch begründet ein breiter gefasstes Konzept: Hier steht vielmehr der soziale und gemeinnützige Zweck im Vordergrund, weshalb z. B. auch Genossenschaften zum Non-Profit-Sektor gezählt werden. In der Praxis spielt diese Differenzierung jedoch eine untergeordnete Rolle, da die Gewinnausschüttung in den betreffenden Organisationen vielfach gewissen Einschränkungen unterliegt [s. hierzu auch Kraus/Stegarescu (2005), S. 7.].

[25] Siehe für weitere Ausführungen zum Thema Ziele und Zielsystem auch Kapitel 4.5.1.
[26] Regelung in den §§ 51–68 AO.
[27] Vgl. Kraus/Stegarescu (2005), S. 6; Anheier/Salamon (2006), S. 91f.

grund staatlicher Finanzierung oder Trägerschaft oft nicht möglich. In Deutschland verwischen die Grenzen zwischen staatlicher und privater Wohlfahrt aufgrund des Subsidiaritätsprinzips[28] und es existieren fließende Übergänge und zahlreiche Mischformen aufgrund weitreichender Kontrollmöglichkeiten von staatlichen Vertretern, z. B. über Aufsichtsgremien.[29] Deshalb wird als weiteres Merkmal eine gewisse Selbstverwaltung und Entscheidungsautonomie von NPOs postuliert. Dies bedeutet, dass NPOs formal autonom gegenüber staatlichen Institutionen handeln können.[30]

NPOs sind des Weiteren gekennzeichnet durch ein Mindestmaß an Institutionalisierung. Voraussetzung hierfür ist kein formalrechtlicher Status oder die Festlegung auf eine bestimmte Rechtsform, vielmehr kann sich Institutionalisierung z. B. äußern in einem strukturierten Aufbau der Organisation, regelmäßigen Treffen oder anderen Merkmalen einer organisatorischen Kontinuität. Dies umfasst somit auch nichtregistrierte und informelle Gruppen wie beispielsweise Bürgerinitiativen, solange formalisierte Entscheidungsstrukturen oder Verantwortlichkeiten existieren. Ausgeschlossen sind von der Gruppe der NPOs demnach spontane, lediglich auf singuläre, temporär begrenzte Anlässe bezogene Aktivitäten.[31]

Das fünfte Charakteristikum für NPOs besteht in einem Mindestmaß an Freiwilligkeit. Dieses Kriterium bezieht sich zum einen auf die Mitgliedschaft in diesen Organisationen (Bedingung ist also eine freiwillige Selbstbindung und keine Zwangsmitgliedschaft wie z. B. in manchen Berufsverbänden üblich, die die Erteilung einer Lizenz an die Bedingung der Mitgliedschaft knüpfen) wie auch auf die Übertragung von Ressourcen (NPOs erhalten diese in Form von Geld- oder Sachspenden sowie in Form von Arbeitsleistung). Es herrscht jedoch kein Konsens hinsichtlich der Frage, ob beide Aspekte kumulativ gelten oder alternativ zutreffen können.[32]

Die Gruppe der NPOs kann in sich weiter unterteilt werden. Ansatzpunkte für eine Kategorisierung sind z. B. der „locus of organisational control", d. h. die Frage, ob die NPO mitgliederbasiert ist oder nicht, sowie eine Unterteilung hinsichtlich ihrer Leistungsempfänger, Größe, Einkommensquellen, Trägerschaft, Rechtsform, etc.[33] Hinsichtlich der Zuordnung einzelner NPOs zu gewissen Tätigkeitsfeldern sei auf die von Salamon/Anheier speziell entwickelte Klassifizierung, die International Classification of Nonprofit Organizations (ICNPO), hingewiesen.[34] Die verschiedenen

---

[28] Das Subsidiaritätsprinzip postuliert die Vorrangigkeit der Eigenverantwortung und privater Institutionen gegenüber staatlicher Unterstützung, s. auch Kapitel 2.2.

[29] Vgl. Anheier/Seibel (1993); Badelt (2002a), S. 9.

[30] Vgl. Badelt (2002a), S. 9.

[31] Vgl. Salamon/Anheier (1996), S. 14; Badelt (2002a), S. 8.

[32] Vgl. Salamon/Anheier (1996), S. 14f.; Eichhorn (2001), S. 49f.; Badelt (2002a), S. 9.

[33] Für eine umfassende Typologie von NPOs s. Horak (1993), S. 25ff.; Schwarz/Purtschert/Giroud (1999), S. 21f.

[34] Vgl. Salamon/Anheier (1992b); Anheier et al. (1997a), S. 16ff.

Kombinationen und Ausprägungen dieser Merkmale führen zu unterschiedlichen Typen von NPOs und damit auch zu spezifischen Managementherausforderungen.[35]

2.2   Historie und Bedeutung des Non-Profit-Sektors in Deutschland

Die Entwicklung des Non-Profit-Sektors erfolgte in Deutschland – im Gegensatz zu den meisten anderen Ländern – nicht als Antithese zu gewinnorientierten Unternehmen oder zum Staat, sondern vielmehr im Zusammenspiel mit diesen.[36] Diese spezifische historische Entwicklung drückt sich auch aus in den drei grundlegenden Prinzipien der (1) Selbstverwaltung, (2) Gemeinwirtschaft und (3) Subsidiarität, die der Beziehung zwischen den drei Sektoren zugrunde liegen und die ökonomische Basis des Non-Profit-Sektors in Deutschland darstellen.[37]

Der Grundsatz der Selbstverwaltung erlaubt nicht zuletzt die Delegation staatlicher Aufgaben an NPOs, in denen diverse Stakeholder durch gewählte Organe der Selbstverwaltung agieren, jedoch immer innerhalb gesetzlicher Rahmenbedingungen oder unter staatlicher Aufsicht. Dies führte zur Entstehung eines stark strukturierten Verbändesystems im Wirtschafts- und Berufsleben. Ein Beispiel hierfür ist die Tarifautonomie zwischen Gewerkschaften und Arbeitgeberverbänden.[38]

Das Prinzip der Gemeinwirtschaft impliziert die Idee eines alternativen Weges „sowohl zum Kapitalismus als auch zum Sozialismus".[39] Es beinhaltet die Verpflichtung zur gegenseitigen Hilfe sowie das Verbot der individuellen Gewinn- oder Vermögensmaximierung. Die Bedarfsdeckung steht bei gemeinwirtschaftlichen Organisationen im Vordergrund des Handelns, weshalb die Preise nur die Kosten decken sollten. Dies führte vor allem im Wohnungswesen zur Entstehung zahlreicher Einrichtungen, in der Regel als Genossenschaften bezeichnet.[40]

Das Subsidiaritätsprinzip ist mit Abstand das ökonomisch bedeutungsvollste Prinzip im deutschen Non-Profit-Sektor und stellt heute einen der Eckpfeiler deutscher Sozialpolitik dar.[41] Hervorgegangen aus Spannungen zwischen religiösen und

---

[35] Vgl. Eichhorn (2001), S. 51f.; Greiling (2007), S. 31f.

[36] Vgl. Badelt (2002a), S. 6f.; Anheier/Seibel (1993), S. 4, geben einen sehr guten Überblick über die historische Entwicklung des Non-Profit-Sektors in Deutschland.

[37] Vgl. Salamon/Anheier (1996), S. 85f.; Anheier et al. (2002), S. 22f.; Evers/Schulze-Böing (2001), S. 122.

[38] Vgl. Anheier (1997), S. 30ff. Das Selbstverwaltungsprinzip resultiert aus dem Konflikt zwischen Staat und Bürgern im 19. Jahrhundert und ermöglichte die Entwicklung von NPOs in einer autokratischen Gesellschaft.

[39] Anheier et al. (2002), S. 22.

[40] Vgl. Anheier et al. (2002), S. 22.

[41] Vgl. Salamon/Anheier (1996), S. 88.

säkularen Positionen bezüglich der Reichweite staatlicher Macht und Verantwortlichkeit wurde der Begriff zum Synonym für die Vorrangigkeit der Eigenverantwortung und privater Institutionen gegenüber staatlicher Unterstützung.[42] Es bedeutet, dass der Staat nur dann tätig wird, wenn das Individuum selbst oder private Einrichtungen grundlegende Bedürfnisse nicht erfüllen können. Darüber hinaus haben kleinere öffentliche Einheiten auf kommunaler oder regionaler Ebene bei der Erbringung sozialer Dienstleistungen Vorrang gegenüber größeren Einheiten der staatlichen Verwaltung. Das Subsidiaritätsprinzip vereint somit Elemente der Dezentralisierung und Privatisierung.[43]

In Deutschland umfasst die Gruppe der NPOs insbesondere eingetragene und gemeinnützige Vereine, Verbände des Wirtschafts- und Berufslebens, Gewerkschaften, Kammern, Einrichtungen der freien Wohlfahrtspflege, Parteien, Stiftungen, gemeinnützige GmbHs, Verbraucherorganisationen, Selbsthilfegruppen, Bürgerinitiativen und Umweltschutzgruppen, die vorrangig Dienstleistungsorganisationen sind.[44] Die meisten Arbeitsplätze in NPOs sind in den Teilsektoren Gesundheitswesen und soziale Dienste angesiedelt.[45] Diesen staatsnahen und zum großen Teil staatlich finanzierten Bereichen stehen eher staatsferne zivilgesellschaftliche Strukturen gegenüber:[46] Fast die Hälfte der Bevölkerung hat 2008 mindestens einem Verein angehört, die Anzahl der Sport- und Freizeitvereine betrug zu diesem Zeitpunkt über 500.000.[47] Ebenso hat sich die Zahl der Stiftungen in Deutschland beträchtlich erhöht: Nach Angaben des Bundesverbands deutscher Stiftungen existierten 2008 16.406 Stiftungen in Deutschland. Die Zahl der Neugründungen allein belief sich 2008 auf über 1.000.[48]

---

[42] Vgl. Kraus/Stegarescu (2005), S. 31f. zur Entstehung des Subsidiaritätsprinzips.

[43] Vgl. Anheier et al. (2002), S. 22ff.

[44] Vgl. Anheier et al. (2002), S. 25f.; Schwarz/Purtschert/Giroud (1999), S. 20.

[45] Vgl. Anheier (1997); V & M Service GmbH (2008), S. 35ff.
Dies hängt damit zusammen, dass diese Bereiche am stärksten vom Subsidiaritätsprinzip geprägt sind. Deshalb entfallen auch zwei Drittel aller Arbeitsplätze im Dritten Sektor auf diese Bereiche, vgl. Badelt (2002a), S. 3.

[46] Vgl. Kraus/Stegarescu (2005), S. 31.

[47] Vgl. V & M Service GmbH (2008); Anheier et al. (1997a), S. 64; Anheier et al. (1997a), S. 33f. Anheier führt dies vor allem auf eine zunehmende Heterogenisierung der Bevölkerung bei gleichzeitig steigendem Wohlstand zurück.

[48] Vgl. Bundesverband Deutscher Stiftungen (2009).
Das Maecenata Institut in Berlin geht sogar von 18.000 Stiftungen aus. Die Unterschiede in den Angaben rühren u. a. von der Schwierigkeit her, nicht rechtsfähige und treuhänderische Stiftungen nur unvollständig erfassen zu können. Nicht mit eingerechnet sind hier auch die kirchlichen Stiftungen, die allein kirchlicher Stiftungsaufsicht unterliegen. Nach Schätzungen liegt ihre Zahl um ein Vielfaches über der Zahl der Stiftungen des bürgerlichen Rechts (ca. 100.000). Hinzu kommen die nicht eingetragenen Vereine, Selbsthilfegruppen, Klubs, Gewerkschaften, Genossenschaften, gGmbHs. Vgl. Maecenata (2006), S. 5ff.

Die Gesamtzahl der Organisationen im Non-Profit-Sektor in Deutschland wird daher auf rund eine Million geschätzt.[49]

Trotz zahlreicher statistischer Erfassungsprobleme[50] ist die Bedeutung des Non-Profit-Sektors als Wirtschaftsfaktor unumstritten: Wie Daten des JH-Projects belegen, waren 1995 in Deutschland ca. 1,5 Millionen Vollzeitarbeitsplätze in diesem Bereich angesiedelt, was 4,9 Prozent der Gesamtzahl der in der Volkswirtschaft Beschäftigten entspricht. Der im Non-Profit-Sektor generierte Umsatz entsprach zu diesem Zeitpunkt ca. 3,9 Prozent des Bruttoinlandsprodukts.[51] Das JH-Project errechnete darüber hinaus eine Verdoppelung der Anteile der Arbeitsplätze im Non-Profit-Sektor an der Gesamtbeschäftigung in Deutschland von 1960 bis 1995. Wie in Abbildung 1 erkennbar, ist die Zahl der Beschäftigten im Non-Profit-Sektor prozentual stärker angestiegen als im privatwirtschaftlichen oder öffentlichen Sektor.[52]

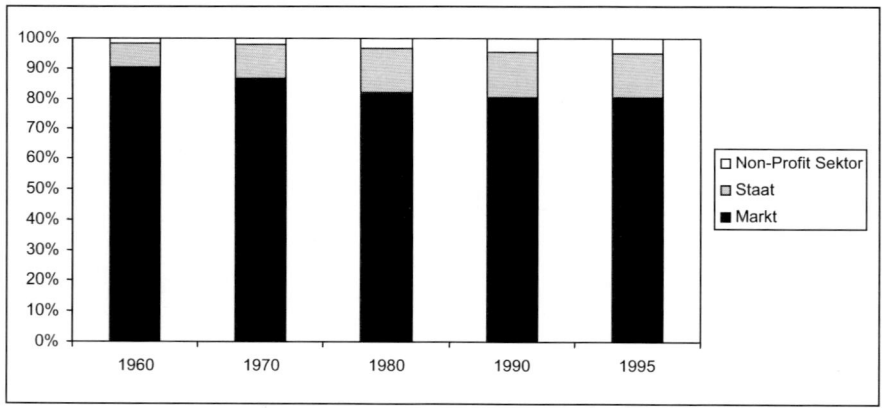

Abbildung 1: Beschäftigungsentwicklung im Non-Profit-Sektor in Deutschland 1960–1995
Quelle: Eigene Darstellung in Anlehnung an JH Comparative Nonprofit Sector Project.

Andere Forschungsprojekte haben eine ähnliche Entwicklung festgestellt: Nach einer Analyse des Instituts der deutschen Wirtschaft ist die Zahl der Beschäftigten im Non-Profit-Sektor im Zeitraum von 1997 bis 2005 um 16 Prozent gewachsen, während die Gesamtzahl der Erwerbstätigen um lediglich 4 Prozent gestiegen ist.[53]

---

[49] Vgl. Maecenata (2006), S. 5.

[50] Es existieren keine amtliche Statistik und kaum volkswirtschaftliche Daten über die wirtschaftliche Bedeutung von NPOs. Siehe hierzu auch Kraus/Stegarescu (2005), S. 9f.

[51] Vgl. Anheier et al. (2002), S. 27.

[52] Vgl. Anheier et al. (2002), S. 34f.

[53] Vgl. Kowalski (2006).

Das Institut für Arbeitsmarkt und Berufsforschung (IAB) der Bundesagentur für Arbeit geht auf der Basis des IAB-Betriebspanels im Jahr 2000 von 1,9 Millionen Beschäftigten im Non-Profit-Sektor aus, was 5,7 Prozent der Erwerbstätigen entspricht.[54]

Würde man ehrenamtlich Beschäftigte mit einbeziehen, würden weitere 1,26 Millionen Vollzeitarbeitsplätze mit in die Berechnung einfließen. Diese ehrenamtlichen und freiwilligen Mitarbeiter sind vor allem in den Bereichen Kultur und Erholung aktiv (überwiegend in Sportvereinen), in denen 35 Prozent aller ehrenamtlichen Tätigkeiten geleistet werden. Auffallend ist auch die spezifische Beschäftigtenstruktur des Sektors: Im Jahr 1990 waren 69 Prozent der Arbeitskräfte laut JH-Project Frauen, gegenüber 41 Prozent in der Gesamtwirtschaft (IAB: 72 Prozent im Non-Profit-Sektor gegenüber 43 Prozent in der Gesamtwirtschaft im Jahr 2000). Dies ist unter anderem auf einen großen Anteil an Teilzeitarbeitsplätzen zurückzuführen.[55]

Auch wenn in den letzten Jahren keine weiteren Erhebungen hinsichtlich Beschäftigung und Umsatz im Non-Profit-Sektor durchgeführt wurden, ist davon auszugehen, dass sich das kontinuierliche Wachstum seit den 1960er Jahren weiter fortgesetzt hat (Näheres hierzu in Kap. 2.4).[56] Der deutsche Non-Profit-Sektor liegt damit im internationalen Vergleich in Bezug auf Größe und Wachstum im Mittelfeld.[57] Es vollzieht sich jedoch nicht nur hinsichtlich der Größe ein bedeutender Wandel im Non-Profit-Sektor. So agieren NPOs zunehmend global, gehen vermehrt Partnerschaften mit dem erwerbswirtschaftlichen Sektor, Universitäten sowie öffentlichen Einrichtungen ein und wenden statt kurativer Maßnahmen verstärkt präventive und systematische Lösungsansätze an.[58] Zu beobachten sind auch einschneidende Veränderungen auf Seiten der Beschäftigten: So möchten ehrenamtlich Engagierte verstärkt projektbezogen arbeiten und vermeiden langfristige Verpflichtungen aufgrund zunehmender Mobilität und Individualisierungstendenzen.[59]

Hinsichtlich seiner Finanzierung weist der Non-Profit-Sektor in Deutschland im internationalen Vergleich eine besondere Einnahmenstruktur auf. Wie in Abbildung 2 erkennbar, stellen öffentliche Mittel mit ca. zwei Dritteln die Haupteinnahmequelle dar. Dies ist vor allem auf das stark ausgeprägte Subsidiaritätsprinzip zurückzuführen, das durch seine Fixierung im Bundessozialhilfegesetz den Staat dazu verpflichtet, die Verbände der Freien Wohlfahrtspflege bei der Erfüllung ihrer Aufgaben zu

---

[54] Vgl. Bellmann/Dathe/Kistler (2002).

[55] Vgl. Anheier et al. (1997a), S. 31ff.; Bellmann/Dathe/Kistler (2002).

[56] Vgl. Zimmer/Priller (2004), S. 55; Anheier (1997), S. 45ff.

[57] Vgl. Anheier (1997), S. 67ff.

[58] Vgl. Bornstein (2006), S. 14f.

[59] Vgl. Baumgartner (2009).

unterstützen.[60] Mit einem Anteil von 12 Prozent des Einkommens aus wirtschaftlicher Tätigkeit, d. h. aus dem Verkauf von Produkten und Dienstleistungen, liegt der Non-Profit-Sektor in Deutschland unter dem westeuropäischen Durchschnitt von 31 Prozent.[61] Das private Spendenaufkommen, das in Deutschland 3 Prozent des Finanzierungsbedarfs der NPOs deckt, ist hingegen im Vergleich zu anderen europäischen Ländern mit ähnlichen Wohlfahrtsmodellen nur knapp überdurchschnittlich. So ermittelte das Berliner Wissenschaftszentrum für Sozialforschung ein Spendenaufkommen in Höhe von 101 Euro pro Person pro Jahr.[62] Das Statistische Bundesamt kommt aufgrund der Auswertung der Einkommensteuerstatistik zu ähnlichen Ergebnissen: Es beziffert das steuerlich anerkannte Spendenvolumen auf 2,9 Milliarden Euro von insgesamt 8,5 Millionen Steuerpflichtigen. Dies entspricht einer steuerlich anerkannten Spende in Höhe von 337 Euro je spendendem Steuerpflichtigen bzw. 103 Euro je Steuerpflichtigem.[63]

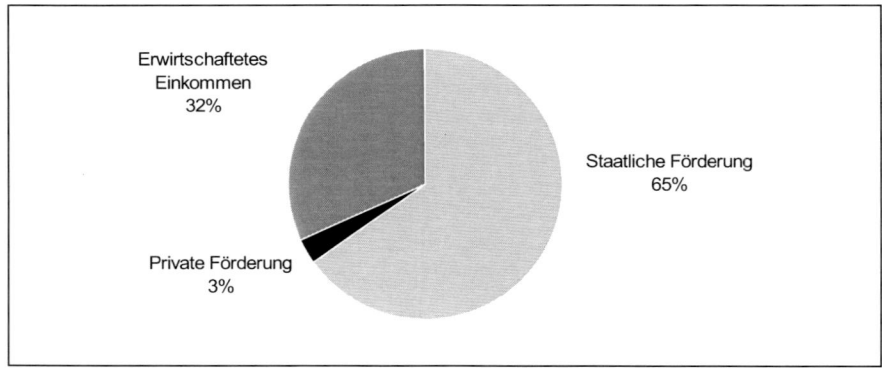

Abbildung 2: Finanzierungsstruktur des Non-Profit-Sektors in Deutschland im Jahr 1995
Quelle: Eigene Darstellung in Anlehnung an JH Comparative Nonprofit Sector Project.

---

[60] Vgl. Anheier (1997), S. 51f.
Für mehr Informationen zu den Verbänden der Wohlfahrtspflege s. auch Kapitel 2.4.2.
In Bereichen wie dem Gesundheitswesen, in denen das Subsidiaritätsprinzip in großem Ausmaß zur Geltung kommt, ist der Anteil öffentlicher Mittel am Gesamtfinanzierungsvolumen noch höher.

[61] Vgl. Anheier et al. (2002), S. 39; Kraus/Stegarescu (2005), S. 13.

[62] Vgl. Priller/Sommerfeld (2005), S. 12ff.; TNS Emnid (2004): Für die Jahre 1990 bis 2000 wurde ein Spendenaufkommen von ca. 80 Euro je Spender ermittelt. Dieses erhöhte sich 2001 um 20 Prozent auf 101 Euro. Als Ursache hierfür wird ein gewisser „Euro-Einführungseffekt" angenommen: Ein Teil der Spender hat offenbar bei Einführung des Euro die jährliche Spendensumme nicht reduziert, sondern spendet weiterhin den gleichen Betrag in Euro statt in Mark. Auch anteilig am Realeinkommen ist das Spendenvolumen nach 2001 gestiegen.

[63] Vgl. Buschle (2006).

2.3   Ökonomische Theorien des Non-Profit-Sektors

Nach dieser allgemeinen Einführung zur Definition von Non-Profit-Organisationen und ihrer gesellschaftlichen und wirtschaftlichen Bedeutung werden im Anschluss ökonomische Theorien erläutert, die die Gründe für das Entstehen von NPOs analysieren. Hierzu werden bei den nachfrageorientierten Ansätzen die Public-Good-Theorie sowie die Contract-Failure-Theorie dargestellt, angebotsseitig die Stakeholder- und die Entrepreneurship-Theorie.

2.3.1   Public-Good-Theorie

Bei den nachfrageseitigen Erklärungsansätzen befasst sich die Public-Good-Theorie mit den Besonderheiten von öffentlichen Gütern als Entstehungsgrund für NPOs. Öffentliche Güter, auch Kollektivgüter genannt, sind durch zwei Eigenschaften gekennzeichnet: Zum einen durch Nicht-Rivalität im Konsum, d. h. der Konsum des Gutes durch ein Individuum verringert nicht die Quantität des Gutes, die anderen zur Verfügung steht. Zum anderen durch Nicht-Ausschließbarkeit, d. h. der Ausschluss von der Nutzung solcher Güter ist nicht oder nur mit unverhältnismäßig hohem Aufwand möglich.[64] Die Existenz öffentlicher Güter führt deshalb zum sog. „free-rider-Problem"[65] und einem Versagen der Preismechanismen, weshalb privatwirtschaftliche Unternehmen diese Güter überhaupt nicht oder nur in ungenügender Quantität bereitstellen. Dieses Versagen effizienter Allokationssysteme auf privaten Märkten begründet gemäß der Public-Good-Theorie die Bereitstellung gewisser Güter und Dienstleistungen durch den Staat.[66]

Der öffentliche Sektor wird somit bei Marktversagen durch die Bereitstellung öffentlicher Güter als Garant sozialer Leistungen aktiv.[67] Doch in der Praxis vermag es auch der Staat zuweilen nicht, dieses Marktversagen zu kompensieren. So werden staatliche Entscheidungen maßgeblich durch Wählerpräferenzen beeinflusst und dadurch vor allem öffentliche Güter angeboten, die von der Mehrheit gewünscht werden.[68] Eine

---

[64] Vgl. Samuelson (1954), S. 387; Gazier/Touffut (2006), S. 1f.; Ben-Ner (2006), S. 42ff.; Musgrave/Musgrave/Kullmer (1994), S. 6ff.

[65] Das „free-rider-Problem", auch Trittbrettfahrerproblem genannt, entsteht, wenn jemand den Nutzen eines Gutes erhält, ohne dafür zu bezahlen.

[66] Da für die Theorie des Dritten Sektors hier nur die Rolle öffentlicher Güter von Bedeutung ist, wird in diesem Zusammenhang nur auf die Allokationsfunktion des Staats eingegangen, nicht auf seine Distributions-, Stabilisierungs- oder Budgetfunktion, s. hierzu Musgrave/Musgrave/Kullmer (1994), S. 6ff.

[67] Für einen Überblick über mögliche staatliche Reaktionen auf dieses Marktversagen s. Steinberg (2006), S. 120ff., Vgl. Ben-Ner (2006), S. 51f.

[68] In diesem Zusammenhang sei darauf hingewiesen, dass in einem Zweiparteiensystem die Minderheit eine große Gruppe darstellen kann. Vgl. Weisbrod (1986). *(Fortsetzung auf S. 16)*

heterogene Nachfrage nach öffentlichen Gütern kann aufgrund der Präferenzen des Medianwählers nicht befriedigt werden und führt unweigerlich zu einer quantitativen staatlichen Unterversorgung mit öffentlichen Gütern.[69] Dieses kombinierte Markt- und Staatsversagen bei der Bereitstellung öffentlicher Güter begründet, so die Theorie, die Existenz von Non-Profit-Organisationen.

Weisbrod (1977), der sich in der Public-Good-Theorie als Erster mit der ökonomischen Funktion des Non-Profit-Sektors beschäftigt hat,[70] sieht die Existenz von Non-Profit-Organisationen daher in deren Funktion als Mitanbieter öffentlicher Güter begründet:[71] Das hinsichtlich Quantität begrenzte und hinsichtlich Qualität standardisierte staatliche Angebot von Kollektivgütern wird durch Organisationen des Non-Profit-Sektors ergänzt, die nicht nur flexiblere Mengen, sondern auch eine größere Produktvielfalt anbieten können.[72]

Die Public-Good-Theorie erklärt somit die Entstehung des Non-Profit-Sektors mit staatlichen Defiziten bei der Bereitstellung von öffentlichen Gütern. Ihre inhärente Heterogenitätsannahme ist gut geeignet für die Erklärung von Unterschieden hinsichtlich der Größe des Non-Profit-Sektors im internationalen Vergleich.[73] Einschränkend ist jedoch anzumerken, dass viele Angebote von NPOs keine öffentlichen Güter im engeren Sinne sind, da sie nur für eine bestimmte Gruppe angeboten werden.[74] Weitere Schwachpunkte der Theorie liegen in ihrer Fokussierung auf

---

[68] *(Fortsetzung von S. 15)* Das Median Voter Theorem (bei kollektiven Entscheidungsmechanismen wie z. B. im Mehrheitswahlrecht) wurde bewiesen von Bowen (1943), Black (1948); für direkte Demokratien von Hotelling (1929), für repräsentative Demokratien von Downs (1957), s. auch Steinberg (2006) S. 135.

[69] Vgl. Steinberg (2006), S. 122; Slivinski (2003), S. 68f. Die Public-Good-Theorie wird deshalb auch als Heterogeneity Theory oder Governmental-Failure Theory bezeichnet. Für einen Überblick über empirische Studien zur Public-Good-Theorie s. Steinberg (2006), S. 127ff.

[70] Vor Weisbrod waren Non-Profit-Organisationen auch schon Gegenstand ökonomischer Untersuchungen. Diese nahmen allerdings die Existenz von NPOs als gegeben hin und setzten diese voraus, statt nach Gründen für ihre Entstehung zu suchen; s. hierzu auch Steinberg (2006), S. 119.

[71] Vgl. Weisbrod (1977); Horak (1993), S. 63f.

[72] Vgl. James/Rose-Ackerman (1986), S. 27; Weisbrod (1977).
Wähler, deren Nachfrage nach einem öffentlichen Gut nicht befriedigt wird, können entweder migrieren („vote with your feet"), kommunale Verwaltungen gründen, Marktalternativen suchen oder gemeinnützige Organisationen gründen, s. Weisbrod (1986), S. 27ff.

[73] Die Heterogenitätsthese besagt, dass der Non-Profit-Sektor umso größer ist, je heterogener die Nachfrage nach Kollektivgütern ist. In homogenen Gesellschaften müsste der Non-Profit-Sektor demnach kleiner sein als in heterogenen Gesellschaften. Für einen Überblick über empirische Studien hierzu s. Kingma (1997), S. 139f.; Young (1998b), S. 191.

[74] Vgl. Horak (1993), S. 64; Anheier (2005), S. 123. Ein Beispiel für ein quasi-öffentliches Gut ist die Verkehrsinfrastruktur, s. Beutel (2006), S. 341f.

Nachfrage und Effizienz, die wichtige Begründungen für die Existenz des Non-Profit-Sektors, wie z. B. affiliative Verhaltensweisen oder das Streben nach sozialer Gerechtigkeit, unberücksichtigt lassen.[75] Der Hauptkritikpunkt bei Weisbrods Ansatz wird darin gesehen, dass er nicht erklärt, weshalb anstelle von Non-Profit-Organisationen nicht private erwerbswirtschaftliche Unternehmen öffentliche Güter anbieten.[76] Diese Schwachstelle greift Hansmann in seiner Contract-Failure-Theorie auf.

2.3.2   Contract-Failure-Theorie

Während Weisbrod die Existenz von Non-Profit-Organisationen in Abgrenzung zum staatlichen Sektor untersucht, erklärt die Contract-Failure-Theorie (auch Trust-Theorie genannt) die Entstehung des Non-Profit-Sektors durch asymmetrische Informationsverteilung auf bestimmten Märkten und damit in Abgrenzung zur Bereitstellung öffentlicher Güter durch erwerbswirtschaftliche Unternehmen.[77] Unter „Contract" versteht Hansmann die Beziehung zwischen dem Anbieter und dem Abnehmer eines öffentlichen Guts.[78] Er führt aus, dass NPOs vor allem in den Bereichen existieren, in denen der Abnehmer nicht in der Lage ist, die Qualität des Angebots zu beurteilen: „Nonprofits of all types typically arise in situations in which [...] consumers feel unable to evaluate accurately the quantity or quality of a service a firm produces for them."[79] Dies bedeutet, dass der Anbieter einen Informationsvorsprung hinsichtlich einiger Transaktionsmerkmale gegenüber dem Abnehmer besitzt. In diesem Zusammenhang werden drei Arten der Informationsasymmetrie unterschieden, die Vertrauensprobleme zwischen Leistungserbringer und Leistungsnehmer verursachen können:[80]

– Das Produkt oder die Dienstleistung sind zu komplex oder zu technisch (z. B. medizinische Fragestellungen);

– der Leistungsnehmer ist körperlich oder geistig nicht in der Lage, das Produkt oder den Service zu beurteilen (z. B. Kinderkrippen);

– derjenige, der für die Leistung bezahlt, ist nicht auch Leistungsnehmer (z. B. Katastrophenhilfe).

---

[75] Vgl. Steinberg (2006), S. 128f.

[76] Vgl. Hansmann (1980); Hansmann (2003); Ortmann/Schlesinger (1997).

[77] Vgl. Hansmann (1980); James/Rose-Ackerman (1986), S. 19ff.

[78] Vgl. Hansmann (1980); Hansmann (1987). Er übernimmt damit hinsichtlich Informationsasymmetrien teilweise Gedanken aus der Prinzipal-Agenten-Theorie (s. auch Kap. 4.2.2).

[79] Hansmann (1987), S. 29.

[80] Vgl. Young (1998a), S. 193.

Dadurch, dass NPOs dem Nicht-Ausschüttungs-Gebot unterliegen, haben sie keinen finanziellen Anreiz, Leistungsnehmer zu benachteiligen, indem sie, z. B. weniger als die gewünschte Menge oder öffentliche Güter minderwertiger Qualität anbieten. Das Nicht-Ausschüttungs-Gebot schützt damit die Leistungsnehmer vor opportunistischen Anbietern und macht NPOs vertrauenswürdiger.[81] Die Contract-Failure-Theorie[82] erklärt damit die Existenz von NPOs aufgrund von (1) Marktversagen in Form von Informationsasymmetrien und (2) Annahmen über das Verhalten NPOs durch das Nicht-Ausschüttungs-Gebot („Signal des Vertrauens").

Das zentrale Theoriemerkmal des Nicht-Ausschüttungs-Gebots ist jedoch differenziert zu betrachten: Zum einen existieren zur Reduzierung von Informationsasymmetrien auch andere Möglichkeiten als die Gründung einer NPO, wie beispielweise staatliche Regulierung, die Einführung von Zertifizierungen oder Standards etc.[83] Auch erfolgt keine Unterscheidung zwischen NPOs und staatlichen Institutionen, die auch einem Nicht-Ausschüttungs-Gebot unterliegen und ebenfalls tätig werden könnten.[84] Hier ist die Public-Good-Theorie von Weisbrod als Erklärungsansatz (s. Kap. 2.3.1) komplementär.[85] Hinsichtlich ihres Arguments von der Vertrauenswürdigkeit der Non-Profit-Organisationen bleibt die Contract-Failure-Theorie darüber hinaus eine Erklärung schuldig, weshalb in Bereichen wie Krankenhäusern, Altenpflege etc. durchaus auch private Anbieter tätig sind.[86]

Des Weiteren ist zu beachten, dass das Nicht-Ausschüttungs-Gebot zwar für Anbieter direkte finanzielle Anreize zur Benachteiligung von Leistungsnehmern verringert. Es führt jedoch nicht automatisch zu einer positiven Motivation, sich vertrauenswürdig zu verhalten. Auch wenn Non-Profit-Manager nicht primär monetäre Ziele verfolgen, können sie trotzdem motiviert sein, nicht im Sinne des Konsumenten zu handeln, wenn persönliche Ziele wie beispielweise der berufliche Aufstieg dadurch beeinflusst werden können.[87] Dies führt zwangsläufig zu Ineffizienzen. Die Gründung einer NPO aufgrund von Kontraktversagen kommt nur dann zustande,

---

[81] Vgl. Steinberg (1987), S. 122; Hansmann (1980), S. 884f.

[82] Siehe zu den Voraussetzungen für die Anwendbarkeit der Contract-Failure-Theorie auch Ortmann/Schlesinger (1997).

[83] Vgl. Ben-Ner/Gui (2003), S. 1; Steinberg/Gray (1993), S. 300; Young (1998a), S. 193f.

[84] Vgl. Steinberg/Gray (1993), S. 299.

[85] Die Public-Good-Theorie besagt, dass die heterogene Nachfrage nach öffentlichen Gütern aufgrund der Präferenzen des Medianwählers durch den Staat nicht befriedigt werden kann. S. Kapitel 2.3.1.

[86] Eine Erklärungsmöglichkeit sieht die Koexistenz von NPOs und erwerbswirtschaftlichen Unternehmen in diesen Bereichen aufgrund eines langsamen Informationsflusses über die Qualität des Angebots oder aufgrund langsamer Reaktion von NPOs auf schnell ansteigende Nachfrage nur als temporär an, siehe hierzu Steinberg/Gray (1993).

[87] Vgl. Steinberg/Gray (1993), S. 301f.; Ortmann/Schlesinger (1997). S. 102f.

wenn der Nutzen aus der Vertrauenswürdigkeit die Ineffizienzen, die aus der Organisationsform der NPOs resultieren, überwiegt.[88] Die empirische Überprüfung dieser Zusammenhänge ist jedoch äußerst schwierig.[89]

2.3.3 Stakeholder-Theorie

Für Ben-Ner reichen nachfrageorientierte Theorien allein nicht aus, um die Existenz von Non-Profit-Organisationen zu erklären. Neben der Frage, weshalb NPOs von Abnehmern nachgefragt werden, erörtert er, weshalb überhaupt NPOs gegründet werden, welche Leistungen anbieten. Ausgangspunkt seiner Stakeholder-Theorie[90] (auch Consumer-Control-Theory oder Kontrollansatz) sind – wie in der Contract-Failure-Theorie – Konflikte zwischen nachfrage- und angebotsseitigen Anspruchsgruppen aufgrund von Informationsasymmetrien (s. Kap. 2.3.2.). Der Zusammenschluss dieser Stakeholder zur Gründung einer NPO mit dem Ziel, die eigene Nachfrage zu befriedigen, stellt somit die institutionelle Lösung dar, um eine Kontrollmöglichkeit über das Angebot zu erlangen (bspw. Sportvereine).[91] Durch die Integration von Leistungsanbietern und Leistungsnehmern entfallen die antagonistische Beziehung und das Informationsgefälle zwischen den Parteien und ein Schutz von Leistungsnehmern ist nicht mehr notwendig.[92] Diese vertikale Integration und die dadurch entstehende direkte Kontrolle der NPO durch ihre Stakeholder ist demnach Voraussetzung für die Fähigkeit von NPOs, Markt- und Staatsversagen zu korrigieren.[93]

Voraussetzung für die Gründung einer NPO als Konfliktlösung ist jedoch, dass diese für die verschiedenen Stakeholdergruppen bei der Organisationsgründung und den kollektiven Entscheidungsprozessen Effizienzvorteile mit sich bringt, also „when they are more effective in providing a particular good or service than other possible institutional arrangements",[94] d. h. staatliche oder privatwirtschaftliche Organisationen. Diese Bedingung trifft folglich nur auf mitgliederkontrollierte NPOs zu.[95] Darüber hinaus sind nicht alle Stakeholder in der Lage, NPOs zu gründen und

---

[88] Krashinsky hat in diesem Zusammenhang Hansmanns Theorie um den Transaktionskosten-ansatz erweitert. Demnach reduziert das Nicht-Ausschüttungs-Gebot Transaktionskosten, insbesondere den Kontrollaufwand seitens der Konsumenten. Vgl. Krashinsky (1986), S. 121f.

[89] Vgl. Horak (1993), S. 66. Für einen Überblick über empirische Untersuchungen zur Hansmanns Ansatz s. Steinberg/Gray (1993).

[90] Das Konzept der „Stakeholder" kommt aus der Organisationstheorie, vgl. Jones/Wicks (1999).

[91] Vgl. Ben-Ner (1986); Ben-Ner/VanHoomissen (1991).

[92] Vgl. Ben-Ner (1986), S. 94f.

[93] Vgl. Ben-Ner/Gui (2003), S. 18f.; Ben-Ner/VanHoomissen (1991), S. 28.

[94] Krashinsky (1997), S. 149; Ben-Ner/VanHoomissen (1991); Ben-Ner/Gui (2003), S. 7ff.

[95] Vgl. Ben-Ner/Gui (2003), S. 7.

zu kontrollieren, sondern dies ist u. a. abhängig vom Einkommens- und Bildungs-
niveau der betroffenen Stakeholder.[96]

2.3.4   Entrepreneurship-Theorie

Eine weitere angebotsorientierte Theorie zur Entstehung des Non-Profit-Sektors ist
die Entrepreneurship-Theorie. Da diese Theorie von zentraler Relevanz für die späteren Ausführungen zum Phänomen des Social Entrepreneurship ist, wird auf die historische Entwicklung und die verschiedenen Definitionsansätze genauer eingegangen.

Der Begriff Entrepreneurship bezeichnet ein Themengebiet mit zahlreichen Fa-
cetten, was nicht zuletzt daher rührt, dass es in diversen wissenschaftlichen Fachrich-
tungen mit unterschiedlichen Zielsetzungen und Methoden erforscht wird.[97] In
Deutschland erfährt das Phänomen vor allem seit Ende der 1990er Jahre zunehmende Beachtung. In Forschung und Lehre erlebt die Entrepreneurship-Forschung einen
regelrechten Boom: Nachdem 1998 der erste Lehrstuhl ausschließlich für Entrepreneurship eingerichtet wurde, zählt der Förderkreis Gründungs-Forschung e. V. zu
Beginn des Jahres 2007 54 Entrepreneurship- bzw. Existenzgründungsprofessuren in
Deutschland.[98]

Zu Beginn der Entwicklung der Disziplin Entrepreneurship wurden vorrangig die
volkswirtschaftliche Dimension und die ökonomischen Funktionen des Phänomens
untersucht. Zum ersten Mal erwähnt wurde der Begriff im 18. Jahrhundert durch Cantillon (1680–1734) in seinem posthum veröffentlichten Buch „Essai sur la Nature du
Commerce en Général" (1755). Für Cantillon ist Kernelement von Entrepreneurship
das damit verbundene Risiko; er bezeichnet Entrepreneurship als Selbständigkeit mit
unsicheren Einkünften und den Entrepreneur als eine Person, die nach Gewinn strebt
und dabei ein ökonomisches Risiko eingeht.[99] Im 19. Jahrhundert legte Say (1834) den
Schwerpunkt seiner Überlegungen zu diesem Thema auf die Allokation von Ressourcen; Hauptfunktion des Entrepreneurs ist demnach die Koordination der Produktionsfaktoren.[100] Für den Wirtschaftswissenschaftler Schumpeter (1952), der als Pionier
der Entrepreneurship-Forschung im 20. Jahrhundert gilt, ist Entrepreneurship vorrangig gekennzeichnet durch Innovation und Neuartigkeit von Produkten und Prozessen sowie die Realisierung neuer Faktorkombinationen durch schöpferische Zerstö-
rung.[101] Während Schumpeter von einem ökonomischen Marktgleichgewicht ausgeht,

---

[96] Vgl. Ben-Ner/VanHoomissen (1991), S. 50f.
[97] Vgl. Low/MacMillan (1988), S. 140; Hebert/Link (1989), S. 39; Fallgatter (2002), S. 81.
[98] Vgl. Förderkreis Gründungs-Forschung (FGF) e.V. (2009).
[99] Vgl. Cantillon (1931), S. 47f.; Fallgatter (2002), S. 12f.
[100] Vgl. Say (1834), S. 285.
[101] Vgl. Schumpeter (1952), S. 138.

das durch den Entrepreneur zerstört wird, sucht dieser jedoch nach Auffassung Kirzners (1973) nach Marktungleichheiten und nützt diese als Arbitrageur zu seinem Vorteil. Zentrales Merkmal des Entrepreneurs ist nach Kirzner seine Fähigkeit, unternehmerische Gelegenheiten zu identifizieren und diese zu nutzen.[102] Für Casson (2003) hingegen ist die wichtigste wirtschaftliche Funktion von Entrepreneurship das Treffen von wertenden Entscheidungen über den Einsatz von knappen Ressourcen. Entrepreneurs nehmen so eine wichtige volkswirtschaftliche Koordinationsfunktion wahr.[103]

Stevenson/Jarillo (1990) heben neben dieser volkswirtschaftlichen Perspektive die Bedeutung zweier weiterer grundlegender Theorieströmungen der Entrepreneurship-Forschung hervor.[104] Der psychologische oder soziologische Ansatz befasst sich mit der Untersuchung der Person des Unternehmers, den Ursachen für sein Handeln, seinen Qualifikationen und Persönlichkeitseigenschaften; dieser Ansatz geht davon aus, dass Entrepreneurs über ausgeprägte Persönlichkeitsmerkmale verfügen, die sie von anderen Personen unterscheiden und sie für die Rolle des Entrepreneurs besonders befähigen.[105]

Die dritte Strömung untersucht das Phänomen aus betriebswirtschaftlicher Perspektive: Das „wie" des Entrepreneurship steht im Vordergrund, d. h. Management, Strategie, Prozesse und Strukturen sind Untersuchungsobjekt.[106] Die von Sahlman, Stevenson und anderen Vertretern der Harvard Business School eingenommene Prozessperspektive im Entrepreneurship erscheint auch für die Erstellung eines Reportingmodells am besten geeignet und wird daher für die vorliegende Arbeit übernommen. Entrepreneurship wird in diesem Sinn definiert als „the pursuit of opportunity without regard to resources currently controlled".[107]

---

[102] Vgl. Kirzner (1973), S, 37ff., 48, 72ff.

[103] Vgl. Casson (2003), S. 20f. „Judgemental Decisions" sind für Casson Entscheidungen, bei denen verschiedene Individuen mit den gleichen Zielen in ähnlichen Situationen zu unterschiedlichen Ergebnissen gelangen, z. B. aufgrund subjektiver Einschätzung bzw. divergierender Interpretation der Sachlage oder unterschiedlichem Zugang zu relevanten Informationen.

[104] Vgl. Stevenson/Jarillo (1990), S. 18.
Als Vertreter der volkswirtschaftlichen Perspektive sind vor allem Cantillon, Schumpeter und in neuerer Zeit Kirzner und Casson zu sehen. Die von Stevenson/Jarillo in Erinnerung gerufenen Theoretisierungen von Entrepreneurship gehen letztlich, wie das Wort und auch seine deutsche Entsprechung zeigen, auf eine allgemein verbreitete Wahrnehmung von Unternehmern und Unternehmertum zurück.

[105] Vgl. zu diesem sog. „Traits"-Ansatz McClelland (1961); Collins/Moore/Unwalla (1964).

[106] Vgl. Fallgatter (2004), S. 23.
Einen Überblick über verschiedene Entrepreneurship-Definitionen gibt auch Fallgatter (2002), S. 15ff.

[107] Stevenson (1999b), S. 10. Dieser prozessuale Charakter sowie die Bedeutung der Unternehmerperson sind für die vorliegende Arbeit von grundlegender Bedeutung und werden bei der Ableitung der Definition von Social Entrepreneurs wieder aufgenommen. S. Kapitel 3.2.1.

Tabelle 1: Überblick über ökonomische Theorien des Non-Profit-Sektors

	Theorie	Kernaussage	Stärken	Schwächen
Nachfrageorientierte Ansätze	Public-Good-Theorie (auch Heterogenitätstheorie, Kollektivguttheorie, Government-Failure-Theorie)	Unbefriedigte und heterogene Nachfrage nach öffentlichen Gütern führt zur Entstehung von NPOs als Mitanbietern dieser Güter	Erklärung des Non-Profit-Sektors in Abgrenzung gegenüber der staatlichen Bereitstellung	Ansatz deckt nur einen Teil des Tätigkeitsspektrums von NPOs ab Erklärt nicht, weshalb keine privatwirtschaftlichen Unternehmen einspringen
	Contract-Failure-Theorie (auch Trust-Theorie, Vertrauenswürdigkeitsthese, Market-Failure-Theorie)	Nicht-Ausschüttungs-Gebot schützt Leistungsnehmer vor opportunistischen Anbietern und macht NPOs vertrauenswürdiger bei Marktversagen durch Informationsasymmetrien	Erklärung des Non-Profit-Sektors in Abgrenzung gegenüber Bereitstellung durch erwerbswirtschaftliche Unternehmen	Gilt nur für Märkte, in denen sich noch keine Qualitätsstandards etabliert haben Zielkonflikte zwischen der Organisation und ihren Mitgliedern bleiben unberücksichtigt
Nachfrageorientierte Ansätze	Stakeholder-Theorie (auch Consumer-Control-Theorie, Kontrollansatz)	Zusammenschluss von Stakeholdern zur Gründung einer NPO als institutionelle Lösung für die Beseitigung von Informationsasymmetrien und zur Befriedigung der eigenen Nachfrage	Erklärung des Non-Profit-Sektors aus dem Zusammenfallen der Interessen von Anbietern und Nachfragenden	Gilt nur für mitgliederorientierte NPOs Nicht alle Stakeholder sind zu einer Organisationsgründung in der Lage / wollen diese
	Entrepreneurship-Theorie	NPOs als Ergebnis einer Institutionswahl von ideell motivierten Entrepreneurs	Erklärung der Gründung von NPOs, auch wenn kein Marktversagen vorliegt	Empirisch kaum überprüfbar Ansatz deckt nur einen Teil des Tätigkeitsspektrums von NPOs ab

Quelle: Eigene Darstellung.

Ebenso wie für Ben-Ner und seine Stakeholder-Theorie sind auch für die Entrepreneurship-Theorie rein nachfrageorientierte Ansätze zur Erklärung der Existenz des Non-Profit-Sektors nicht ausreichend. Vielmehr wird zusätzlich zur Nachfrage nach einer bestimmten Organisationsform auch ein Individuum benötigt, das die NPO gründet.[108] Die Entrepreneurship-Theorie begründet über das Engagement des Gründenden, weshalb NPOs auch dann gegründet werden, wenn kein Marktversagen vorliegt. Sie erklärt damit die Existenz von NPOs als Ergebnis einer Institutionswahl von ideell motivierten Entrepreneurs, „the result of a specific form of entrepreneurial behavior".[109] Diese verhaltensorientierte Sichtweise geht davon aus, dass Entrepreneurs von diversen heterogenen Motiven geleitet sind. Young hat in diesem Zusammenhang aus Fallstudien verschiedene Prototypen von Entrepreneurs abgeleitet, die, ausgehend von individuellen Präferenzen oder Bedürfnissen, einen bestimmten Sektor oder eine bestimmte Organisationsform wählen. Entrepreneurs, deren Zielsetzung nicht auf einer monetären Motivation basiert, sondern bei denen die Maximierung eines ideellen Nutzens im Vordergrund steht, gründen für diesen Zweck NPOs, da diese Organisationsform besser mit nichtmonetär ausgerichteten Zielen kompatibel ist. NPOs entstehen somit aus einem Interesse an unternehmerischer Initiative, bei der erwerbswirtschaftliche Ziele nachrangig und ideelle Ziele vorrangig sind.[110] Die empirische Überprüfung dieser verhaltenstheoretischen Hypothesen ist jedoch sehr problematisch: Motivationen selbst können nur schwer gemessen werden, man kann daher nur Rückschlüsse aus gewissen Verhaltensweisen ziehen.[111]

Zusammenfassend kann festgehalten werden, dass die dargestellten Theorien zur Erklärung der Entwicklung von NPOs komplementär sowohl nachfrage- als auch angebotsorientierte Erklärungsansätze liefern. Diese Theorien bilden auch die Grundlage für weitergehende Verhaltensannahmen (und sind in Tabelle 1 nochmals überblickartig zusammengestellt).[112] Besonders die Entrepreneurship-Theorie ist für die Erklärung des Phänomens Social Entrepreneurship in den nächsten Kapiteln von zentraler Bedeutung.

2.4   Erklärungsansätze für die wachsende Bedeutung von Social Entrepreneurship

Bisherige Lösungsansätze von staatlichen und Non-Profit-Organisationen für nachhaltige gesellschaftliche Veränderungen reichen offensichtlich nicht aus angesichts

---

[108] Vgl. Badelt (2003), S. 151.
[109] Badelt (2003), S. 140. S. auch James/Rose-Ackerman (1986), S. 51ff.
[110] Vgl. Young (1986); Young (2003); Badelt (2003), S. 150ff.
[111] Vgl. Badelt (2003), S. 151.
[112] Vgl. Greiling (2007), S. 19.

einer zunehmenden sozialen Ungleichheit, die sich ausdrückt in beispiellosen Vermögensgewinnen und Wohlstand bei einem Teil der Bevölkerung und einer gleichzeitigen dramatischen Zuspitzung der Not bei einem anderen, anwachsenden Teil der Bevölkerung.[113] Es hat sich daher seit Beginn der 1980er Jahre ein Phänomen im Non-Profit-Sektor herausgebildet, das als Social Entrepreneurship bezeichnet wird.[114] Ein Social Entrepreneur, ein spezieller Typus des Entrepreneurs, ist eine Person, die ein gesellschaftliches Problem mit unternehmerischen Methoden lösen möchte (zu einer genaueren Definition und verschiedenen Merkmalen des Social Entrepreneurs s. Kap. 3). Einzelne Social Entrepreneurs hat es schon immer gegeben, doch ihre wachsende Anzahl und die verstärkte Aufmerksamkeit, die ihnen in den letzten Jahren zuteil wird, sind bemerkenswert.[115]

In der Literatur werden zwei makrodynamische Entwicklungen für die verstärkte Gründung von Organisationen durch Social Entrepreneurs verantwortlich gemacht: zum einen die Krise des traditionellen Sozialstaats, die zu einem unzureichenden Angebot von Sozialleistungen geführt hat sowie zum anderen ein zunehmender Wettbewerb im Non-Profit-Sektor.[116] Weitere Treiber dieser Entwicklung sind außerdem neue Finanzierungsmodelle im Non-Profit-Sektor. Diese Einflussfaktoren werden im Folgenden in Bezug auf Deutschland näher dargestellt.

---

[113] Beispielhaft seien an dieser Stelle die gravierendsten sozialen Probleme angeführt, wie sie der Human Development Report (HDR) 2007/2008 benennt; der HDR wird jährlich von dem United Nations Development Programme (UNDP) in Auftrag gegeben und untersucht die soziale Entwicklung weltweit:

Armut: eine Milliarde Menschen leben weltweit von weniger als 1 US$ am Tag, 40 Prozent der Weltbevölkerung (2,6 Milliarden) leben mit weniger als 2 US$ pro Tag.

Ernährung: Ca. 28 Prozent der Kinder in Entwicklungsländern sind unterernährt.

Kindersterblichkeit: Ca. 10 Millionen Kinder sterben jährlich vor dem fünften Lebensjahr.

Gesundheit: Ca. 40 Millionen Menschen sind weltweit mit HIV/AIDS infiziert, 3 Millionen sterben jährlich daran. 350–500 Millionen Menschen sind malariakrank, eine Million stirbt jährlich daran.

Vgl. Watkins (2007b); Nicholls (2006), S. 1.

[114] Der Begriff kann als „Sozialunternehmer" übersetzt werden. Eine treffende deutsche Übersetzung existiert jedoch nicht, weshalb in der vorliegenden Arbeit durchgängig der englische Begriff verwendet wird.

[115] Als historische Beispiele gelten Franz von Assisi (Gründung geistlicher Orden), Florence Nightingale (Pionierin der Krankenpflege), Wilhelm von Humboldt (Konzeption der modernen Universität), Friedrich von Bodelschwingh (Gründer der v. Bodelschwinghschen Anstalten Bethel) oder Friedrich Wilhelm Raiffeisen (Begründer der Genossenschaften). Letzterer bot Muhammad Yunus die Inspiration für die Gründung der Grameen-Bank. Siehe hierzu Bornstein (2006), S. 12f.; Gergs (2007), S. 27f.; Wei-Skillern et al. (2007), S. 1ff.; Achleitner (2007), S. 57; Mort/Weerawardena/Carnegie (2003), S. 85f.

[116] Vgl. Perrini/Vurro (2006), S. 60f.; Borzaga/Santuari (2000), S. 3; Martin (2004), S. 9ff.; Hartigan (2004), S. 1f.; Salamon (1994), S. 115f.; Defourny (2001a); Mulgan (2006), S. 78ff.

2.4.1 Krise des traditionellen Soziaistaats

Nachlassendes Wirtschaftswachstum, wachsende Arbeitslosigkeit, Folgen der Globalisierung sowie einschneidende demographische Veränderungen und die weltweite Finanzkrise haben den Druck auf die ohnehin bereits stark belasteten öffentlichen Haushalte in Deutschland verstärkt.[117] Diese sozialstaatliche Krise ist vor allem deshalb bedeutsam, da sie weder vorübergehend noch schnell behebbar ist, sondern Ausdruck der strukturellen Probleme des industriellen Wohlfahrtsstaats:[118] Diese werden zum einen durch zunehmende finanzielle Belastungen bei gleichzeitig abnehmenden öffentlichen Mitteln verursacht. Zusätzlich sieht sich der Staat mit Kritik und Vertrauensverlust bezüglich seiner staatlichen Aktivitäten konfrontiert, da er in der Öffentlichkeit und auch in der Forschung als unflexibel und bürokratisch wahrgenommen wird.[119] Offensichtlich ist die Leistungsfähigkeit staatlicher Einrichtungen erschöpft und mit ihren hierarchischen Strukturen und zentralisierten Entscheidungsprozessen sind sie nicht in der Lage, angemessen und zeitnah auf immer komplexere soziale Probleme zu reagieren.[120] Der Staat scheint den durch die Globalisierung verursachten sozialen Problemen und der immer schnelleren Entwicklung von der Produktions- zur Wissensgesellschaft nicht gewachsen zu sein.[121] Diese „Government Failure" nimmt zu und dadurch, so lässt sich im Sinne der Public-Good-Theorie der Zusammenhang knapp darstellen (s. Kap. 2.3.1), auch die Nachfrage nach Non-Profit-Organisationen. Modernisierungstheoretisch kann an dieser Stelle argumentiert werden, dass nach dem nationalstaatlichen und dem wohlfahrtsstaatlichen Konsens des 19. und 20. Jahrhunderts ein neuer Gesellschaftsvertrag erarbeitet werden muss, in dem der Zivilgesellschaft eine bedeutende Rolle zukommt.[122]

---

[117] Vgl. Kraus/Stegarescu (2005), S. 5f.
So wird vom Bundesfinanzministerium für die Jahre 2010 bis 2013 mit einer Finanzierungslücke i. H. v. 316 Milliarden Euro gerechnet. Diese Summe umfasst allerdings noch nicht die Kosten aus dem Investitions- und Tilgungsfonds sowie die Belastungen, die aus den Ausfallrisiken des SoFFIn, des Sonderfonds Finanzmarktstabilisierung, entstehen. Dies stellt die höchste Neuverschuldung in der Geschichte der Bundesrepublik dar. Vgl. Bundesministerium der Finanzen (2009); Zeit online (2009).

[118] Vgl. Zimmer/Priller (1997), S. 266f.

[119] Vgl. Leadbeater (1997), S. 9; Anheier et al. (1997b), S. 13ff.

[120] Vgl. Salamon (1994), S. 110f.; Bornstein (2006), S. 348.

[121] Vgl. Reis (1999), S. 2.
Der Zusammenhang von Globalisierung und zunehmenden globalen Disparitäten kann als gegeben angesehen werden, auch wenn Kausalitätszusammenhänge nicht eindeutig bestimmt werden können. Siehe für einen Überblick über empirische Untersuchungen und eine Diskussion von Ursachen auch Amin (2004).

[122] Vgl. Priller/Zimmer (2000), S. 1f.

2.4.2   Zunehmender Wettbewerb im Non-Profit-Sektor

Auch im Non-Profit-Sektor hat sich die Situation in den letzten dreißig Jahren grundlegend verändert:[123] Die stark wachsende Anzahl gemeinnütziger Organisationen hat den Wettbewerb im Non-Profit-Sektor verstärkt. Eine Entwicklung, die sich voraussichtlich auch in Zukunft fortsetzen wird, da eine Konsolidierung dieses zersplitterten Marktes durch den Mangel von Eigentum bei NPOs nicht unterstützt wird. Verschärft wird die Situation durch den privilegierten Status der sechs etablierten Wohlfahrtsverbände, die als quasi-staatliche Subunternehmen agieren:[124] Die wichtige Rolle des Staates als Geldgeber und die historisch bedingte Entwicklung haben zu engen Verflechtungen zwischen öffentlichen Einrichtungen und Spitzenverbänden der freien Wohlfahrtspflege, dem sog. Neo-Korporatismus, geführt. Diese gegenseitige Abhängigkeit von Staat und Teilen des Non-Profit-Sektors hat eine zunehmende Bürokratisierung der Hilfsorganisationen zur Folge. NPOs werden zunehmend als staatsfixiert, ineffizient, ineffektiv und träge betrachtet. Spenden- und Veruntreuungsskandale haben das Vertrauen in NPOs weiter geschmälert.[125]

Verstärkt wird die Konkurrenz der NPOs um abnehmende staatliche Hilfsgelder durch privatwirtschaftliche Unternehmen, die ebenfalls auf den Markt drängen, vor allem im Gesundheitsbereich.[126] Theoretisch betrachtet könnte dies zum einen daher

---

[123] Vgl. Borzaga/Santuari (2000), S. 11ff.

[124] Diese sind: Arbeiterwohlfahrt, Deutscher Caritasverband, Der Paritätische Wohlfahrtsverband, Deutsches Rotes Kreuz, Diakonisches Werk, Zentralwohlfahrtsstelle der Juden in Deutschland. Kraus/Stegarescu (2005), S. 16f.: Die genannten Organisationen sind historisch gewachsene, konfessionell, humanitär oder weltanschaulich geprägte Institutionen, die in der Bundesarbeitsgemeinschaft der freien Wohlfahrtspflege (BAGFW) zusammengeschlossen sind. Hierbei handelt es sich um ein Kartell von Wohlfahrtsverbänden, das 1924 gegründet wurde. Die Mitgliedschaft in der BAGFW ist mit besonderen Privilegien verbunden und sicherte bis vor kurzem eine Monopolstellung für die Erbringung sozialer Dienstleistungen und die Zusammenarbeit mit dem Staat.

[125] Vgl. Anheier (1997), S. 58ff.; Dees (2001), S. 1; Salamon (1994), S. 199, Kraus/Stegarescu (2005), S. 34; Heinze/Olk (1981).
Salamon (1987) hat in diesem Zusammenhang den Begriff der „voluntary failure theory" geprägt. Dieses Versagen des Non-Profit-Sektors kann demnach resultieren aus (1) philanthropic insufficiency (vor allem aufgrund von „free-rider"-Problematiken oder fehlender finanzieller Anreize für NPO-Manager), (2) philanthropic particularism, d. h. der Tendenz von NPOs, sich auf spezifische Gruppen zu konzentrieren, und (3) philanthropic paternalism, d. h. der Gefahr, dass Mitarbeiter von NPOs Probleme so bekämpfen, wie sie selbst sie empfinden, anstatt wie Betroffene sie empfinden.
So hat die Aberkennung des Spendensiegels bei UNICEF Deutschland aufgrund intransparenter Fundraising-Praktiken einen Spendenrückgang i. H. v. sechs Millionen Euro verursacht. Vgl. Diehl (2002).

[126] Vgl. Dees (1998), S. 55; Kraus/Stegarescu (2005), S. 34f. So wurde z. B. durch das Pflegegesetz 1994 der unbedingte Vorrang von privaten Trägern vor öffentlichen Trägern festgeschrieben und die Wohlfahrtsverbände verloren ihre Vorrangstellung und wurden mit anderen gemeinnützigen Organisationen und gewinnorientierten Unternehmen gleichgestellt.

rühren, dass – wie anlässlich der Kritik an der Contract-Failure-Theorie angedeutet (s. Kap. 2.3.2) – das für den Leistungsnehmer vorteilhafte Nicht-Ausschüttungs-Gebot für die Vertrauenswürdigkeit von NPOs nicht mehr zentral ist, da, z. B. durch die Einführung von Zertifizierungen oder Qualitätsstandards, auch private Anbieter vertrauenswürdig sein können. Zum anderen könnte es auch sein, dass sich Reputation und Qualität von NPOs allgemein verschlechtert haben und Leistungsnehmer NPOs schlicht weniger vertrauen als früher. Dadurch schwindet deren institutioneller Vorteil gegenüber erwerbswirtschaftlichen Anbietern.[127]

Der steigende Wettbewerb und der Vertrauensverlust im Non-Profit-Sektor haben den Druck auf Hilfsorganisationen zu einer weiteren Professionalisierung erhöht.[128] Geldgeber gewinnen so mehr Einfluss und können Anforderungen hinsichtlich Effizienz, Effektivität und Transparenz leichter durchsetzen.[129] Anheier et al. merken diesbezüglich an, dass der Aufschwung des Non-Profit-Sektors im Zusammenhang mit der allgemeinen wirtschaftlichen Entwicklung von einer industriellen hin zu einer postindustriellen Struktur steht, vor allem hinsichtlich des Wachstums des Dienstleistungsbereichs. Die Grundsätze des Sektors, z. B. in Bezug auf das Subsidiaritätsprinzip oder das Verhältnis zwischen Staat und Kirchen, stammen jedoch aus der industriellen Epoche. Das Festhalten staatlicher und kirchlicher Einrichtungen sowie der großen Interessensverbände an diesen Prinzipien lässt sich schwer mit neuen gesellschaftlichen Herausforderungen verbinden.[131] Parallel hat in noch viel größerem Ausmaß als die Anzahl der NPOs die Anzahl hilfsbedürftiger Menschen weltweit zugenommen.[131] Dies führt zu einer steigenden Nachfrage nach sozialen Lösungen, die von den klassischen Anbietern, öffentlichen Einrichtungen und NPOs, immer weniger befriedigt werden kann.[132]

2.4.3   Neue Finanzierungsmodelle und weitere Treiber

Gleichzeitig hat sich die Art, wie soziale Projekte finanziert werden, verschoben. Zum einen wurden durch die Einführung von Konzepten des New Public Managements staatliche Förderungen und Subventionen zunehmend durch leistungsvertragliche Arrangements ersetzt. Grundüberlegung dieser veränderten Finanzierungspraktiken ist, dass finanzielle Unterstützung verstärkt für konkret definierte Leistungen und weniger für grundsätzliche Zweckerfüllung gemeinnütziger Organisationen zu-

---

[127] Vgl. Greiling (2007), S. 11ff.
[128] Vgl. Anheier (1997), S. 42.
[129] Vgl. Martin (2004), S. 12.
[130] Vgl. Anheier et al. (2002), S. 42.
[131] Vgl. Watkins (2007b).
[132] Vgl. Nicholls (2006), S. 1f.

gesagt wird.[133] Zum anderen hat die Bedeutung sozialer Investitionen für die Asset Allocation von Stiftungen und weiterer institutioneller Anleger sowie für Privatanleger zugenommen, die neben einer finanziellen auch eine soziale oder ökologische Rendite erzielen möchten.[134] Hingewiesen sei in diesem Zusammenhang auch auf eine neue Spendergeneration vermögender New-Economy-Gründer (z. B. ebay, Microsoft, Google), die ihre Expertise und Finanzierungsansätze auf den Non-Profit-Sektor übertragen und damit den Begriff der Venture Philanthropy begründet haben.[135]

Beschleunigt wird diese Entwicklung zusätzlich durch den Anstieg der Lebenserwartung in der zweiten Hälfte des 20. Jahrhunderts und das außerordentliche Wachstum einiger privater Vermögen, was zu einem verstärkten sozialen Engagement einzelner Personen zu Lebzeiten führt.[136] Weitere Treiber dieser Entwicklung sind die verbesserten Informationstechnologien und die Verbreitung von Massenmedien, wodurch gesellschaftliche Probleme stärker ins Bewusstsein rücken.[137] Dies führt zur Entstehung alternativer Angebote durch einzelne Individuen.

In der Gesamtschau zeigt sich, dass die Herangehensweisen zur Lösung gesellschaftlicher Probleme nach dem Verfall der klassischen Ideologien (Kapitalismus vs. Kommunismus) in geringerem Ausmaß als früher politisch besetzt sind, vielmehr dominieren pragmatische, weniger ideologische Ansätze.[138] Dies führt im Ergebnis zur

---

[133] Vgl. Meyer (2007), S. 60; Schedler/Proeller (2000).

[134] Man spricht hier auch von einer Double Bottom Line für die gleichzeitige Verfolgung ökonomischer wie gesellschaftlicher Ziele und einer Triple Bottom Line, wenn zusätzlich ökologische Ziele verfolgt werden. Vgl. hierzu Emerson/Bonini/Brehm (2003); Emerson (2003). Für Stiftungen wird das sog. Mission-Related-Investment immer wichtiger, d. h. Anlagestrategien, die das gleiche Ziel verfolgen wie die geförderte Projektarbeit. Vgl. hierzu Tasch/Dunn (2001); Godeke/Bauer (2008). Viele Privatanleger, aber auch viele institutionelle Anleger investieren zunehmend in sog. Socially Responsible Investment Funds. So umfasste das im deutschen Aktieninvestment verwaltete Anlagevolumen in SRI-Fonds 2007 26 Milliarden Euro, siehe hierzu Finanzökologen (2009); Domini (2001); Social Investment Forum (2007).

[135] Vgl. Martin (2004), S. 12f.; Achleitner (2007), S. 60f. Der Begriff der Venture Philanthropy ist in der Literatur nicht eindeutig definiert. Diese neue Art der Finanzierung sozialer Zwecke resultiert vor allem aus systematischen Problemen der Stiftungsfinanzierung. Bei der Venture Philanthropy werden Ansätze der Venture-Capital-Finanzierung auf soziale Investitionen übertragen. Nach John (2006) sind Kernelemente ein hohes Engagement, eine maßgeschneiderte Finanzierung, eine mehrjährige und auch nichtfinanzielle Unterstützung, der Aufbau organisatorischer Kapazitäten und Performancemessung. Während sich in den USA und in UK bereits einige Venture-Philanthropie-Fonds etabliert haben, existiert bis dato in Deutschland nur ein Fonds, BonVenture (s. www.bonventure.de).

[136] Vgl. Salamon/Sokolowski/List (2003), S 1. Ben-Ner/Gui (2003), S. 20f.: „The saliency of 'agency' (search for meaning through action) among a person's need is likely to increase with wealth and education."

[137] Vgl. Bornstein (2006), S. 19; Anheier/Leat (2006), S. 11.

[138] Vgl. Bornstein (2006), S. 16ff.

Anwendung marktorientierter Praktiken zur Bewältigung sozialer Probleme und es ist ein Einzug von Unternehmertum und Wettbewerb in den Non-Profit-Sektor zu beobachten.[139] Die Erfahrung aus dem klassischen Entrepreneurship, dass Innovationen vor allem in kleinen Einheiten entstehen, wird mit dem Konzept des Social Entrepreneurship in den Non-Profit-Sektor übertragen.[140] Zusammenfassend kann festgehalten werden, dass das Phänomen des Social Entrepreneurship in einem komplexen Zusammenspiel von politischen, ökonomischen und soziale Veränderungen auf globaler, nationaler und regionaler Ebene entstanden ist.

---

[139] Vgl. Bacchiega/Borzaga (2003), S. 27f. Bzgl. Reaktionen des Markts auf „Voluntary Failure", s. Steinberg (2006), S. 127; Helmig/Michalski (2007), S. 310.

[140] Vgl. Drucker/Gendron (1996).

3 Merkmale und Umfeld von Social Entrepreneurship

Im folgenden Kapitel werden die für ein spezifisches Reporting im Social Entrepreneurship relevanten Charakteristika dieses Typus des Entrepreneurs dargestellt und diskutiert. Danach erfolgen eine Einführung in die Grundlagen und Determinanten eines Reportings im Allgemeinen sowie ein Überblick über existierende Methoden der Erfolgsmessung im Social Entrepreneurship, bevor im letzten Kapitel ein eigenes Reportingmodell entwickelt wird.

3.1 Definitorische Merkmale

Geprägt wurde der Terminus Social Entrepreneurship von Drayton, dem Gründer von Ashoka[141], bereits in den 1980er Jahren. Seit Ende der 1990er Jahre wird das Phänomen auch verstärkt in Forschung und Lehre behandelt.[142] Einen großen Schub erfuhr die Auseinandersetzung mit diesem Themenfeld dann vor allem ab 2006 mit einer speziellen Ausgabe des Journal of World Business, den richtungweisenden Büchern von Nicholls und Mair et al. sowie der Verleihung des Friedensnobelpreises an einen Social Entrepreneur, Muhammad Yunus, und die von ihm gegründete Grameen Bank.[143]

Trotz dieses wachsenden Interesses in Literatur und Praxis hat sich noch keine einheitliche Definition herausgebildet, was ein Social Entrepreneur genau ist. Was die Empirie anbelangt, existieren bis dato fast ausschließlich Einzelfallbetrachtungen oder fallstudienbasierte Untersuchungen. Die zur Entwicklung grundlegender, verallgemeinerbarer Einsichten auf diese explorative Herangehensweise notwendigerweise folgenden vergleichenden theoretischen Modelle sowie eine Konzeptualisierung stehen noch aus.[144] Theoretisch trägt – wie schon bei der Untersuchung des klassi-

---

[141] Für mehr Informationen zu Ashoka s. Kapitel 3.3.1.

[142] So erschien 1998 bspw. der wegweisende Artikel von Dees „The meaning of Social Entrepreneurship". Vgl. Steinerowski/Jack/Farmer (2008); Dees (2001); Johnson (2000); Thompson/Alvy/Lees (2000); Zadek/Thake (1997).
Für einen Überblick über Social-Entrepreneurship-Zentren an Universitäten s. Nicholls (2006), S. 8f.

[143] Vgl. hierzu auch Mort/Weerawardena (2008), S. 211.

[144] Vgl. Light (2008), S. 1f.; Vgl. Mort/Weerawardena (2008), S. 212ff.: Moss/Lumpkin/Short (2008), S. 2.
Fallstudien zum Thema Social Entrepreneurship sind zu finden u. a. auf www.ashoka.org, www.grameen-info.org.

schen Entrepreneurship – die Vielschichtigkeit des Phänomens und dementsprechend die Notwendigkeit der Verknüpfung mehrerer wissenschaftlicher Disziplinen zu definitorischen Problemen bei. Allein an der Verbindung der Begriffe „Social" und „Entrepreneur" zur Beschreibung eines speziellen Entrepreneurtypus wird diese Komplexität ablesbar.[145] Eine zusätzliche Schwierigkeit innerhalb der deutschsprachigen Forschung besteht in der ausgedehnten Verwendung englischer Begriffe, die nicht exakt ins Deutsche übersetzt werden können.

Diskutiert wird in der Literatur in diesem Zusammenhang die Reichweite einer potenziellen Social-Entrepreneurship-Definition. Zwar kann eine möglichst weit gefasste Definition sinnvoll sein, um möglichst viele soziale Initiativen unter dem Begriff des Social Entrepreneurship zu subsumieren und dadurch die wahrgenommene Größe und Bedeutung des Phänomens und daraus folgend auch Finanzierungsmöglichkeiten für diese Gruppe zu verbessern. Die Einbeziehung unterschiedlichster Phänomene in einer weiten Definition birgt jedoch die Gefahr, dass der Begriff unscharf bzw. bedeutungslos oder beliebig und eine zielgerichtete Ressourcenallokation verhindert wird.[146]

Light fasst das Problem folgendermaßen zusammen: „The challenge is not to define social entrepreneurship so broadly that it becomes just another word that gets bandied about in funding proposals and niche building. [...] At the same time, social entrepreneurship should not be defined so narrowly that it becomes the province of the special few that crowd out potential support and assistance for individuals and entities that are just as special, but less well known."[147]

Das folgende Kapitel enthält daher ein tabellarischer Überblick über definitorische Ansätze des Social Entrepreneurship. Im Anschluss werden die für ein Reporting in diesem Bereich notwendigen Elemente des Phänomens herausgearbeitet und vier konstitutive Merkmale abgeleitet: (1) das unternehmerische Element, (2) die Organisationsgründung, (3) die Innovation sowie (4) die Social Value Proposition. Die ersten drei Merkmale dienen zur Abgrenzung des Phänomens gegenüber anderen Akteuren des Non-Profit-Sektors. Der Fokus des Kapitels liegt jedoch auf der schwierigeren Differenzierung des Social zum klassischen Business Entrepreneur durch die Social Value Proposition. In diesem Zusammenhang werden weitere Charakteristika zur Unterscheidung verschiedener Typen von Social Value Propositions vorgestellt und diskutiert. Diese umfassen die Einkommensgenerierung, die Replizierbarkeit, die Skalierbarkeit sowie das Impact Level. Das Kapitel endet mit einem Überblick über die spezifische Situation von Social Entrepreneurship in Deutschland.

---

[145] Vgl. Mair/Martí (2005), S. 36; Zahra et al. (2008), S. 4.
[146] Vgl. Martin/Osberg (2007).
[147] Light (2005), S. 23f.

Grundlegend sei in diesem Zusammenhang noch auf zwei Aspekte hingewiesen: Zum einen ist Social Entrepreneurship ein multidimensionales Konstrukt. Die einzelnen Dimensionen des Phänomens können unterschiedliche Ausprägungen haben und diese Ausprägungen können sich im Zeitablauf auch ändern. Zum zweiten zeichnen die meisten Definitionen ein stark idealisiertes Bild des Social Entrepreneurs. Dees, einer der Vordenker im Social Entrepreneurship, wies daher einmal darauf hin, dass seine eigene Definition eine idealtypische Darstellung ist, die in der Realität kaum anzutreffen sein wird.[148]

Die nachfolgende Tabelle (s. S. 34–38) gibt einen Überblick über existierende Definitionen von Social Entrepreneurship und des Social Entrepreneurs. Die in der Tabelle knapp wiedergegebene Analyse dieser Definitionen ergab vier konstitutive Merkmale von Social Entrepreneurship, deren nähere Betrachtung in diesem Kapitel die Grundlage für die Entwicklung eines Reportings darstellen wird: (1) ein unternehmerisches Element, (2) Organisationsgründung, (3) Innovation sowie (4) Social Value Proposition.

3.2 Konstitutive Merkmale von Social Entrepreneurs

Als Ergebnis einer Analyse der oben dargestellten Definitionen können also vier konstitutive Merkmale von Social Entrepreneurs ableitet werden: (1) ein unternehmerisches Elemente, (2) die Organisationsgründung. (3) die Innovation sowie (4) die Social Value Proposition.

3.2.1 Unternehmerisches Element

Zentrales Charakteristikum eines Social Entrepreneurs ist seine unternehmerische Herangehensweise.[149] Dieses aus dem Begriff des Entrepreneurs abgeleitete Merkmal bezieht sich sowohl auf die Person des Entrepreneurs wie auch auf den Prozess des Social Entrepreneurship.[150] Was die Person betrifft, wird für generelle Charakte-

---

[148] Vgl. Dees (2001), S. 4.

[149] Direkt so bezeichnet u. a. in Achleitner/Pöllath/Stahl (2007), S. 7; Barendsen/Gardner (2004), S. 43; Fueglistaller/Müller/Volery (2004), S 227ff.; Hibbert/Hogg/Quinn (2001), S. 288; Mort/Weerawardena/Carnegie (2003), S. 76. Indirekt wird dieses Merkmal in Definitionen aufgegriffen durch Elemente aus Entrepreneurship-Definitionen wie „pursuit of opportunities", vgl. Dees (2001); Mair/Noboa (2003); Martin/Osberg (2007); Thompson/Alvy/Lees (2000); Zahra et al. (2008) oder „identification/use of available resources", vgl. Leadbeater (1997); Nicholls (2006).

[150] Fallgatter spricht in diesem Zusammenhang von einer „Ausrichtung auf die Unternehmerperson und den unternehmerischen Prozess", vgl. Fallgatter (2002), S. 26.

Tabelle 2: *Definitionen von Social Entrepreneurship und Social Entrepreneur*
1 = Unternehmerisches Element (Kap. 3.2.1) 2 = Organisationsgründung (Kap. 3.2.2) 3 = Innovation (Kap. 3.2.3) 4 = Social Value Proposition (Kap. 3.2.4)
Quelle: Eigene Darstellung

Autor (Jahr)	Titel	Social Entrepreneur(ship) Definition	1	2	3	4
Achleitner/ Pöllath/Stahl (2007)	*Finanzierung von Sozialunternehmern*	**Social Entrepreneur** im Sinne dieses Buches ist eine Person, die primär ein soziales Problem lösen will und sich dazu eines unternehmerischen Ansatzes bedient.	x		x	x
Alvord/Brown/ Letts (2004)	*Social Entrepreneurship and Social Transformation: An Exploratory Study*	**Social entrepreneurship** creates innovative solutions to immediate social problems and mobilizes the ideas, capacities, resources, and social arrangements required for sustainable social transformations.	x		x	x
Austin/Stevenson/ Wei-Skillern (2006)	*Social and Commercial Entrepreneurship – Same, Different, or Both*	We define **social entrepreneurship** as innovative, social value creating activity that can occur within or across the nonprofit, business, or government sectors.			x	x
Barendsen/ Gartner (2004	*Is the Social Entrepreneur a New Type of Leader?*	**Social entrepreneurs** are individuals who approach a social problem with entrepreneurial spirit and business acumen.	x			
Bornstein (2006)	*How to Change the World. Social Entrepreneurs and the Power of New Ideas*	**Social entrepreneurs** are people with new ideas to address major problems who are relentless in the pursuit of their visions, people who simply will not take „no" for an answer, who will not give up until they have spread their ideas as far as they possibly can.	x		x	x
Boschee/ McClurg (2003)	*Towards a Better Understanding of Social Entrepreneurship - Some Important Distinctions*	A **social entrepreneur** is any person, in any sector who uses earned income strategies to pursue a social objective, and a social entrepreneur differs from a traditional entrepreneur in two ways: earned income strategies of social entrepreneurs are tied directly to their mission and social entrepreneurs are driven by double bottom line, not only financial results.	x			

Autor (Jahr)	Titel	Social Entrepreneur(ship) Definition	1	2	3	4
Brinckerhoff (2000)	*Social Entrepreneurship - The Art of Mission-Based Venture Development*	**Social entrepreneurs** have these characteristics: • They are constantly looking for new ways to serve their constituencies and to add value to existing services. • They are willing to take reasonable risk on behalf of the people that their organization serves. • They understand the difference between needs and wants. • They understand that all resource allocations are really stewardship investments. • They weigh social and financial return of each of these investments. • They always keep mission first, but know that without money, there is no mission output.	X	X	X	
Caloia (2003)	*The social entrepreneur*	The **social entrepreneur** creates and manages a firm which is committed to its workers, investing in human resources, developing care for nature and the community and concerned with the long-term dimensions of performance.	x	x		
Cho (2006)	*Politics, values and social entrepreneurship: a critical appraisal*	[...] a quite general working definition of **social entrepreneurship**: a set of institutional practices combining the pursuit of financial objectives with the pursuit and promotion of substantive and terminal values		x		
Dees (2001)	*The Meaning of Social Entrepreneurship*	**Social entrepreneurs** play the role of change agents in the social sector, by: • Adopting a mission to create and sustain social value (not just private value). • Recognizing and relentlessly pursuing new opportunities to serve that mission. • Engaging in a process of continuous innovation, adaptation, and learning. • Acting boldly without being limited by resources currently in hand, and • Exhibiting heightened accountability to the constituencies served and for the outcomes created.	x	x	x	
Drayton (2005)	*Social Entrepreneurs- Creating a Competitive and Entrepreneurial Citizen Sector*	A leading **social entrepreneur** is defined by: • has a powerful, new system change idea • exhibits (goal-setting and problem-solving) creativity • entrepreneurial quality (someone with a special trait who must absolutely change an important pattern across his whole society) • ethical fiber	x		x	

Autor (Jahr)	Titel	Social Entrepreneur(ship) Definition	1	2	3	4
Fowler (2000)	NGDOs as a moment in history: Beyond aid to social entrepreneurship or civic innovation?	**Social entrepreneurship** is the creation of viable (socio-)economic structures, relations, institutions, organisations and practices that yield and sustain social benefits.		x		x
Fueglistaller/ Müller/Volery (2004)	Social Entrepreneurship	**Social Entrepreneurship** ist die Verbindung von unternehmerischem Denken und Handeln mit sozialen Zielen, sei es von professionellen Unternehmen, die ihre soziale Verantwortung wahrnehmen, oder von sozialen/kulturellen Unternehmen/ Non-Profit-Unternehmen, die durch Entrepreneurship ihre sozialen Ziele besser verwirklichen wollen oder die beide Zieldimensionen gleichberechtigt miteinander verknüpfen möchten.	x	x		
Hibbert/Hogg/ Quinn (2001)	Consumer response to social entrepreneurship: The case of the Big Issue in Scotland	**Social entrepreneurship** can be loosely defined as the use of entrepreneurial behaviour for social ends rather than for profit objectives, or alternatively, that the profits generated are used for the benefit of a specific disadvantaged group.	x			x
Kramer (2005)	Measuring Innovation: Evaluation in the Field of Social Entrepreneurship	The term „Social Entrepreneur" refers to (…): One who has created and leads an organization, whether for-profit or not, that is aimed at creating large scale, lasting, and systemic change through the introduction of new ideas, methodologies, and changes in attitude.	x	x	x	x
Leadbeater (1997)	The rise of the social entrepreneur	**Social entrepreneurs** will be one of the most important sources of innovation. Social entrepreneurs identify under-utilised resources – people, buildings, equipment – and find ways of putting them to use to satisfy unmet social needs.	x	x		
Light (2005)	Searching for Social Entrepreneurs: Who They Might Be, Where They Might be Found, What They Do	A **social entrepreneur** is an individual, group, network, organization, or alliance of organizations that seeks sustainable, large-scale change through pattern-breaking ideas in what and/or how governments, nonprofits, and businesses do to address significant social problems.		x	x	x

Autor (Jahr)	Titel	Social Entrepreneur(ship) Definition	1	2	3	4
Mair/Noboa (2003)	*Social Entrepreneurship: How Intentions to Create a Social Enterprise get formed*	**Social Entrepreneurship** is the innovative use of resource combinations to pursue opportunities aiming at the creation of organizations and/or practices that yield and sustain social benefits.	x	x		
Martin, R.L./Osberg (2007)	*Social Entrepreneurship: The Case for Definition*	We define **social entrepreneurship** as having the following three components: (1) Identifying a stable but inherently unjust equilibrium that causes the exclusion, marginalization, or suffering of a segment of humanity that lacks the financial means or political clout to achieve any transformative benefit on its own. (2) Identifying an opportunity in this unjust equilibrium, developing a social value proposition, and bringing to bear inspiration, creativity, direct action, courage, and fortitude, thereby challenging the state's hegemony; and (3) forging a new, stable equilibrium that releases trapped potential or alleviates the suffering of the targeted group, and through imitation and the creation of a stable ecosystem around the new equilibrium ensuring a better future for the targeted group and even society at large.	x			x
Mort, G.S./Weerawardena/Carnegie (2003)	*Social Entrepreneurship: Towards Conceptualisation*	**Social entrepreneurship** is a multidimensional construct involving the expression of entrepreneurially virtuous behaviour to achieve the social mission, a coherent unity of purpose and action in the face of moral complexity, the ability to recognise social value-creating opportunities and key decision-making characteristics of innovativeness, proactiveness and risk-taking.	x	x	x	x
Nicholls, A. (2006)	*Social Entrepreneurship: New Models of Sustainable Social Change*	**Social entrepreneurship** are innovative and effective activities that focus strategically on resolving social market failures and creating new opportunities to add social value systematically by using a range of resources and organizational formats to maximize social impact and bring about change.		x	x	x
Perrini/Vurro (2006)	*Social entrepreneurship: Innovation and social change across theory and practice*	... **social entrepreneurs** are change promoters in society; they pioneer innovation within the social sector through the entrepreneurial quality of a breaking idea, their capacity building aptitude, and their ability to concretely demonstrate the quality of the idea and to measure social impacts. We define **social entrepreneurship** as a dynamic process created and managed by an individual or team (the innovative social entrepreneur), which strives to exploit social innovation with an entrepreneurial mindset and a strong need for achievement, in order to create new social value in the market and community at large.	x		x	x

Autor (Jahr)	Titel	Social Entrepreneur(ship) Definition	1	2	3	4
Prabhu (1999)	*Social entrepreneurial leadership*	**Social entrepreneurial leaders** are persons who create and manage innovative entrepreneurial organizations or ventures whose primary mission is the social change and development of their client group.		x	x	x
Robinson (2006)	*Navigating social and institutional barriers to markets: How social entrepreneurs identify and evaluate opportunities*	I define **social entrepreneurship** as a process that includes: the identification of a specific social problem and a specific solution … to adress it; the evaluation of the social impact, the business model and the sustainability of the venture; and the creation of a social mission-oriented for-profit or a business-oriented nonprofit entity that pursues the double (or triple) bottom line.		x		x
Thompson/Alvy/Lees (2000)	*Social Entrepreneurship - A New Look at the People and the Potential*	**Social entrepreneurs** are people "who realise where there is an opportunity to satisfy some unmet need that the state welfare system will not or cannot meet, and who gather together the necessary resources (generally people, often volunteers, money and premises) and use these to ‚make a difference'".	x			
Waddock/Post (1991)	*Social Entrepreneurs and Catalytic Change*	**Social entrepreneurs** are private sector citizens who play critical roles in bringing about catalytic changes in the public sector agenda and the perception of certain social issues.				
Zahra et al. (2008)	*A Typology of social entrepreneurs: Motives, search processes and ethical challenges*	**Social Entrepreneurship** encompasses the activities and processes undertaken to discover, define, and exploit opportunities in order to enhance social wealth by creating new ventures or manageing existing organizations in an innovative manner.	x	x	x	

Quelle: Eigene Darstellung.

ristika auf die Strömung der sog. Traits-Ansätze in der klassischen Entrepreneurship-Forschung verwiesen, die die Persönlichkeitsmerkmale in den Vordergrund stellt.[151] Für ein Reporting im Social Entrepreneurship ist zu beachten, dass diese Personenzentrierung ebenfalls berücksichtigt werden muss.

Kritiker betonen in diesem Zusammenhang, dass der Fokus sowohl in der Wissenschaft als auch in der Praxis zu sehr auf der Persönlichkeit des Social Entrepreneurs liege und zu wenig auf seinem konkreten Handeln. Nach dieser Logik birgt die Betonung der Person die Gefahr, dass daraus ein falsch verstandener Personenkult und eine unzureichende Berücksichtigung der Organisation folgen. Ein weiteres Argument für einen über die Person hinausgehenden Definitionsansatz ist, dass durch die Beschränkung der Betrachtung auf eine Person viele Initiativen ausgeschlossen werden, die wesentliche Ideen zur Lösung gesellschaftlicher Probleme hervorbringen, aber keine Führungsfigur haben. Ein personenzentriertes Konzept kann vom eigentlich zentralen Lösungsansatz ablenken, zudem sind in der Praxis unternehmerische Prozesse oft von Teams aus mehreren Personen getrieben.[152] Diese Anmerkungen müssen bei der Konzeption eines Reportings mit bedacht werden, was für die folgenden Ausführungen unter anderem impliziert, dass auch dann Gründungsteams mit gemeint sind, wenn von „dem" Social Entrepreneur die Rede ist.

So unterschiedlich die bekannten sozialen Unternehmungen auch sind und so schwierig eine einheitliche Definition daher ist,[153] so lassen sich doch drei Elemente unternehmerischer Herangehensweise herausarbeiten, die allen gemein sind: Sykes bezeichnet dies für den klassischen Entrepreneur als „envisioning", „enabling", „enacting", Martin und Osberg für den Social Entrepreneur als „(1) Identifying a stable but inherently unjust equilibrium ...; (2) identifying an opportunity in this unjust equilibrium, developing a social value proposition ...; and (3) forging a new, stable equilibrium".[154] Im Sinne von Martin/Osberg wird auch in der vorliegenden Arbeit davon ausgegangen, dass alle drei Handlungen durch eine Person oder eine kleine Gruppe von Personen erfolgen.

Wie in der klassischen Harvard-Definition von Entrepreneurship[155] und bei Martin/Osberg wird neben der Person des Entrepreneurs auch der unternehmerische Prozess als Kernelement von Social Entrepreneurship diskutiert. Diese Prozess-

---

[151] Siehe auch Kapitel 2.3.4.

[152] Vgl. Nicholls/Cho (2006), S. 99; Light (2006), S. 48ff.
Der Fokus liegt jedoch nach wie vor (wie im klassischen Entrepreneurship) mehr auf der einzelnen Unternehmerpersönlichkeit als auf dem sog. „Collective Entrepreneurship". Vgl. Spear (2006), S. 405.

[153] Siehe für Persönlichkeitsmerkmale von Social Entrepreneurs Barendsen/Gardner (2004); Strauch (2009).

[154] Martin/Osberg (2007), S. 30; Sykes (1999), zitiert nach Thompson (2008), S. 153.

[155] S. hierzu auch Kapitel 2.3.4.

perspektive, die bei der Analyse von Social Entrepreneurship in der Literatur dominiert, unterstreicht die Dynamik des Phänomens.[156] Die zeitliche Dimension ermöglicht eine Integration der verschiedenen sequenziellen Stufen von Social Entrepreneurship, d. h. von der Ausarbeitung einer Geschäftsidee über die Vorbereitung
der Organisationsgründung und die eigentliche Gründung bis hin zu einer etablierten
Organisation und ihren Aktivitäten.[157]

Die dieser Arbeit zugrunde liegende Prozessperspektive scheint aufgrund der
oben angeführten Argumente zur Analyse des Phänomens Social Entrepreneurship
besonders geeignet. Social Entrepreneurs sind in diesem Sinne unternehmerisch, indem sie z. B. traditionelle Versorgungsstrukturen aufbrechen, die Logik von Aufgabenteilung und Wertschöpfungsketten in den sozialen Sektor einführen oder sich
auf die effektivsten und am meisten benötigten Programme fokussieren, was zu einer
signifikanten Reallokation von Ressourcen führen kann.[158]

Das unternehmerische Element im Social Entrepreneurship bezieht sich somit sowohl auf die Person wie auch den Prozess. Beiden Komponenten muss in einem Reporting Rechnung getragen werden.

3.2.2   Organisationsgründung

3.2.2.1 Institutioneller Kontext von Social Entrepreneurship

In der Organisationstheorie wird zwischen einem funktionalen und einem institutionellen Organisationsbegriff unterschieden. Funktional versteht man unter Organisation die Tätigkeit der zielorientierten Steuerung in einem sozialen System mit mehreren Mitgliedern.[159] Für eine definitorische Abgrenzung des Social Entrepreneurship gegenüber ähnlichen Konzepten ist jedoch vor allem der institutionelle Organisationsbegriff von Bedeutung. Dieser bezeichnet als Organisation das soziale Gebilde
selbst, das dauerhaft ein Ziel verfolgt und eine formale Struktur aufweist, mit deren
Hilfe Aktivitäten der Mitglieder auf das verfolgte Ziel ausgerichtet werden sollen.[160]

---

[156] Vgl. Mair/Martí (2005), S. 38f.; Nicholls (2006), S. 20ff.
[157] Vgl. Fallgatter (2002), S. 20.
     Da in der Praxis meist erst durch eine Ex-post-Betrachtung, nach erfolgreicher Etablierung,
     ein Prozess als Entrepreneurship erkannt werden kann, bleiben nicht erfolgreiche Entrepre-
     neurs oft unberücksichtigt. Im Rahmen dieser Arbeit werden jedoch alle Vorhaben ab der
     Umsetzung eingeschlossen, unabhängig davon, ob sie erfolgreich sind oder nicht. Vgl. Fall-
     gatter (2002), S. 24; Peredo/McLean (2006), S. 59 sowie Kapitel 3.2.2.3.
[158] Vgl. Boschee (1995), S. 2.
[159] Vgl. Laux/Liermann (2005). S. 1ff.
     Für einen Überblick über verschiedene organisationstheoretische Ansätze s. Bea/Göbel
     (1999).
[160] Vgl. Kieser/Kubicek (1976), S. 1.

Diese Definition kann durch eine Erörterung der fünf grundlegenden Organisationsmerkmale weiter präzisiert werden:

(1) Zielgerichtetheit:

Die spezifische Zielgerichtetheit, auch als Zweckbezogenheit bezeichnet, betont die Bedeutung der Organisationsziele als Verhaltensmaxime für die Organisationsmitglieder. Diese Ziele müssen in einem formalen und legitimierten Prozess als solche deklariert werden, d. h. ein rein zufälliges Zusammenwirken mehrerer Personen stellt keine Organisation dar.[161]

(2) Auf Dauer angelegte Verfolgung der Ziele:

Dieses Merkmal dient der Abgrenzung gegenüber kurzfristigen Zusammenschlüssen von Menschen. Dabei bedeutet eine dauerhafte Verfolgung nicht, dass Veränderungen der Organisation und ihrer Ziele ausgeschlossen sind. Vielmehr wird hiermit auf die Erhaltung des Zusammenschlusses abgezielt, der nicht von vornherein befristet sein oder nur für einen Einzelfall gelten darf.[162]

(3) Organisationsmitglieder:

Organisationen entstehen immer durch einen Zusammenschluss von mindestens zwei Personen, die in die Organisation integriert oder eingebunden sind.[163] Organisationsmitglieder sind dabei jedoch nur in ihrer Mitgliedsrolle (Partialinklusion) und nicht als ganze Person mit einer Vielfalt sozialer Rollen (Totalinklusion) Teil der Organisation. Über diese Konstruktion der Mitgliedschaft grenzen sich Organisationen gegenüber ihrer Umwelt ab.[164]

(4) Formale Organisationsstrukturen:

Die formale Struktur einer Organisation ist ein hinsichtlich Art und Umfang gekennzeichnetes System von geltenden Regeln, mit Hilfe deren das Verhalten der Mitglieder auf die Organisationsziele ausgerichtet wird. Inhalt dieser Regeln sind vor allem Aufgaben, Aufgabenträger, Sachmittel sowie Informationen. Organisationsstrukturen dienen der Koordination arbeitsteiliger Aufgabenerfüllung. Die einzelnen Elemente des Regelungssystems werden in Aufbau- und Ablaufbeziehungen verbunden.[165]

---

[161] Vgl. Kieser/Kubicek (1976), S. 2ff.
   Für weitere Ausführungen zu den Zielen von Social Entrepreneurs siehe auch Kapitel 3.2.

[162] Vgl. Kieser/Kubicek (1976), S. 7.

[163] Dies läuft dem Konzept der Personenzentrierung im Entrepreneurship nicht zuwider, da mit dieser Bedingung in der Definition keine spezifische Aufgabenteilung verbunden ist.

[164] Vgl. Laux/Liermann (2005), S. 2; Kieser/Kubicek (1976), S. 8ff.; Scherm/Pietsch (2007), S. 5ff.

[165] Vgl. Schmidt (2002), S. 2ff.; Kieser/Kubicek (1976), S. 14ff.

(5) Aktivitäten der Organisationsmitglieder:

Eine Präzisierung der Aktivitäten der Organisationsmitglieder erfolgt durch die unter (4) angesprochene regelhafte Organisationsstruktur. Diese Aktivitäten stehen direkt oder indirekt in einem Bezug zu den Organisationszielen.[166]

Unternehmerisches Handeln allein führt demnach nicht zwingend zur Gründung einer Organisation; umgekehrt wird nicht bei jeder Organisationsgründung unternehmerisch gehandelt.[167] Es herrscht daher in der Literatur Uneinigkeit darüber, ob Social Entrepreneurs für ihr Handeln zwingend eine Organisation benötigen und ob der Aufbau bzw. die Gründung einer Organisation definitorisches Element des Social Entrepreneurs ist.

Was die Frage nach der grundsätzlichen Notwendigkeit einer Organisation anbelangt, ist davon auszugehen, dass der Social Entrepreneur für die Implementierung und die Skalierung seines Lösungsansatzes zur Erreichung eines neuen sozialen Gleichgewichts eine Organisation benötigt. Für eine Gruppe von Autoren ist hierbei die Gründung einer neuen Organisation für einen Social Entrepreneur jedoch nicht zwingend notwendig. So kann dieser Auffassung nach Social Entrepreneurship in der unternehmerischen Leitung bereits existierender Organisationen oder Organisationseinheiten bestehen.[168] Waddock und Post zeigen in diesem Zusammenhang Anfang der 1990er Jahre in einem der ersten Artikel über Social Entrepreneurship eine Entwicklung vom Public Leader über den Public und Policy Entrepreneur zum Social Entrepreneur auf.[169] Für Mair/Martí und andere unterscheidet sich der Social Entrepeneur gerade durch den organisationalen Kontext, d. h. durch seine Aktivitäten in Organisationen von losen Initiativen wie z. B. von Aktivisten.[170] Unternehmerisches Handeln in existierenden privatwirtschaftlichen Organisationen wird in diesem Kontext als Corporate Social Entrepreneurship (auch Social Intrapreneurship), solches in öffentlichen Institutionen als Civic Entrepreneurship bezeichnet.[171]

Zusammenfassend kann festgehalten werden, dass für eine Subsumierung unter dem Begriff des Social Entrepreneurs bei der betreffenden Person bzw. Gruppe min-

---

[166] Vgl. Kieser/Kubicek (1976), S. 24.

[167] Vgl. Sharma/Chrisman (1999), S. 13. Drucker zitiert nach Davis (2002), S. 5.

[168] Vgl. Austin/Stevenson/Wei-Skillern (2006); Light (2005); Zahra et al. (2008); Defourny (2001b), S. 11; Boschee (1995), S. 4.

[169] Vgl. Waddock/Post (1991), S. 394f.

[170] Vgl. Mair/Martí (2005), S. 3.

[171] Vgl. Kramer (2005); Robinson.
Zum Thema Corporate Entrepreneurship siehe Guth/Ginsberg (1990), S. 5; Hornsby/Kuratko/Zahra (2002), S. 254; Fallgatter (2002), S. 20.
Zum Thema Civic Entrepreneurship siehe Henton/Melville/Walesh (1997); Leadbeater/Goss (1998).

destens die Absicht bestehen muss, eine Organisation zu gründen. Die Gründung einer Organisation ist somit definitorischer Bestandteil von Social Entrepreneurship. Im Weiteren erfolgt eine Spezifizierung dieses Charakteristikums hinsichtlich der Form der Organisationsgründung sowie durch eine zeitliche Betrachtung.

3.2.2.2 Formen der Organisationsgründung

Es existieren in der Literatur verschiedene Systematisierungen von Gründungsformen.[172] Für den Kontext des Reportings von Relevanz ist eine Differenzierung zwischen originären und derivativen, Existenz- und Unternehmensgründungen, Einzel- und Teamgründungen sowie verschiedenen Rechtsformen.[173] Diese Unterscheidungen sind insofern wichtig, als die einzelnen Gründungsformen hinsichtlich Wachstum, Entwicklungsperspektive und Ressourcenbedarf unterschiedliche Problemstrukturen und unterschiedliche Anforderungen an ein Reporting aufweisen.[174]

Eine grundlegende Differenzierung kann zum einen anhand der Dimension „Strukturexistenz" erfolgen.[175] Dies erlaubt eine Unterscheidung in originäre und derivative Gründungen.[176] Unter einer originären Gründung versteht man den „völlige(n) Neuaufbau (einer Organisation) ohne Rückgriff auf evtl. vorhandene Unternehmensteile".[177] Derivative Gründungen, auch strukturverändernde Gründungen genannt, haben ihren Ursprung in bestehenden Organisationen, welche durch einen Gründer oder ein Gründungsteam übernommen und mehr oder minder unverändert fortgeführt werden. Es wird daher oft von Übernahme oder Nachfolge gesprochen.[178]

Eine weitere Differenzierung von Organisationsgründungen kann durch eine Abgrenzung der Unternehmens- von der Existenzgründung erfolgen.[179] Beide Formen führen zu einer Organisationsgründung. Doch während die Unternehmensgründung objektorientiert an das Entstehen einer neuen Organisation anknüpft, ist die Existenzgründung stärker subjektorientiert und stellt meist eine Replizierung existierender Geschäftsideen dar.[180]

---

[172] Vgl. Szyperski/Nathusius (1999); Unterkofler (1989).

[173] Vgl. Klandt (1999), S. 33ff.

[174] Vgl. Brüderl/Preisendörfer/Ziegler (1998), S. 23; Fallgatter (2002), S. 27.

[175] Vgl. für eine ausführliche Systematisierung von Organisationsgründungen Szyperski/Nathusius (1999).

[176] Vgl. Fallgatter (2002), S. 26ff.; Volkmann/Tokarski (2006), S. 27ff.

[177] Szyperski/Nathusius (1999), S. 27.

[178] Vgl. Klandt (1999), S. 35; Fallgatter (2002), S. 27.

[179] Geprägt wurde diese Differenzierung von Szyperski/Nathusius (1999), S. 27ff.

[180] Vgl. Fallgatter (2002), S. 21ff. Beispiele für Existenzgründer sind Handwerker, Rechtsanwälte oder Ärzte, die sich selbständig machen.

Für die Unterscheidung zwischen Einzel- und Teamgründungen ist ausschlaggebend, wie viele Personen am Gründungsprozess beteiligt sind. Gründungsteams verfügen normalerweise über ein breiteres Qualifikationsspektrum und erhöhen so die Erfolgschancen der Organisation. Auch wird das unternehmerische Risiko so auf mehrere Gründer verteilt. Je mehr Personen jedoch am Gründungsprozess beteiligt sind, desto komplizierter können Entscheidungsprozesse werden.[181] Um die im Konzept des Entrepreneurship verankerte Akteurszentrierung zu berücksichtigen (s. Kap. 3.2.1), werden nur Gründungen durch eine oder mehrere Personen und nicht Gründungen, bei denen ganze Organisationen Gründungspartner sind, berücksichtigt. Originäre Gründungen, bei denen ein einzelner oder eine kleine Gruppe von Gründern maßgeblichen konzeptionellen Einfluss auf die Gründung haben, werden auch als Organisationsgründungen im engeren Sinne bezeichnet.[182]

Die folgende Graphik veranschaulicht das Spektrum an möglichen Organisationsgründungen.[183] Für ein Reporting im Social Entrepreneurship sind aus den genannten Gründen Organisationsgründungen im engeren Sinn sowie Spin-offs (grau hinterlegt) relevant.

Eine letzte Unterscheidungsmöglichkeit von Organisationen kann anhand der gewählten Rechtsform erfolgen. Social Entrepreneurs können in Deutschland theoretisch in jeder Rechtsform agieren, es existieren keine formal-juristischen Erfordernisse.[184] Wie in Kapitel 2.1 angeführt, werden jedoch nur diejenigen Organisationen zur Gruppe der Social Entrepreneurs gezählt, die Residualerträge nicht an Eigentümer ausschütten.[185] Ob ein Social Entrepreneur in einer for-profit oder not-for-profit Rechtsform agiert, hängt davon ab, welchem gesellschaftlichen Problem sich die Organisation widmet, den vorhandenen Ressourcen, lokalen Rahmenbedingungen sowie unzähligen weiteren Einflussfaktoren. Dees und Anderson plädieren daher dafür, Social Entrepreneurship kontextneutral zu untersuchen, d. h. unabhängig von der Rechtsform.[186]

---

[181] Vgl. Volkmann/Tokarski (2006), S. 28f.
Es herrscht in der Literatur Uneinigkeit darüber, ab wie vielen Personen von einer Teamgründung gesprochen werden kann. Mit Lechler/Gemünden (2003) wird in dieser Arbeit von Teamgründungen gesprochen, wenn mindestens zwei natürliche Personen eine Organisation gründen.

[182] Vgl. Fallgatter (2002), S. 27.

[183] Bemerkenswert ist, dass im Vordergrund der existierenden Definitionen die Person des Social Entrepreneurs sowie seine Tätigkeit, der Prozess des Social Entrepreneurship, stehen. Selten werden die Organisation oder die Unternehmensart beschrieben. Vgl. Fojcik/Koch (2009).

[184] Vgl. Mair/Martí (2005), S. 39; Dees/Anderson (2004), S. 22; Kapitel 3.3.3.

[185] Die Schwierigkeiten bei der Ausschüttung von Gewinnen haben in manchen Ländern zur Gründung neuer Rechtsformen geführt, bspw. die Community Interest Company in Großbritannien. Vgl. www.cicregulator.gov.uk.

[186] Vgl. Anderson/Dees (2006), S. 155f.

	Originäre Gründung	Derivative Gründung
Gründer	Organisationsgründung im engeren Sinn	Betriebsübernahme
Mehrere Gründer	Teamgründung (Organisationsgründung im engeren Sinn)	Betriebsübernahme durch ein Team
Gründer und etablierte Organisation	Spin-off (Gründung bei grundlegender konzeptioneller Einflussnahme durch den Gründer)	Franchisenahme, Vertragsbeteiligung
Etablierte Organisation	Organisationsgründung im weiteren Sinne	Akquisition, Fusion
Mehrere etablierte Organisationen	Joint Venture	„Verändertes" Joint Venture

Abbildung 3: Formen von Organisationsgründungen
Quelle: Eigene Darstellung in Anlehnung an Fallgatter (2002), S. 27.

Die weiteren Ausführungen beziehen sich somit nicht auf alle Gründungen, sondern nur auf originäre Organisationsgründungen durch einen Gründer oder eine Gruppe von Gründern oder auf die Kooperation eines Gründers mit einer etablierten Organisation. Gründungen aus bestehenden Organisationen heraus und Existenzgründungen bleiben ausgeschlossen.

3.2.2.3 Zeitliche Dimension der Organisationsgründung

Der Gründungsprozess umfasst nicht nur den konstitutiven förmlichen Gründungsakt, vielmehr werden unterschiedliche Phasen von der Entstehung der Gründungsidee über die Planung und das Wachstum der Organisation bis zu ihrer Auflösung, sei es aufgrund der Erledigung der Aufgabe, sei es mit dem Ausscheiden des Gründers oder aus anderen Gründen, unterschieden.[187] Die Länge der Phasen kann dabei von Fall zu Fall variieren.[188] Eine Unterscheidung der verschiedenen Organisationsphasen ist insofern von Bedeutung, als verschiedene Organisationen in einer Phase oft eine

---

[187] Vgl. Klandt (1999), S. 106ff.; Fallgatter (2002), S. 28f.
Für einen Überblick über den Prozess der Gründungsentscheidung im Social Entrepreneurship siehe Guclu/Dees/Anderson (2002).

[188] Vgl. Dowling/Drumm (2003), S. 15.

gewisse Problemhomogenität aufweisen.[189] Auch knüpfen weiterreichende Überlegungen u. a. hinsichtlich Umfang und Bedeutung von Reporting an diese Phasen mit ihren unterschiedlichen Fragestellungen, Zielen und Schwierigkeiten an.[190]

Die für die Abbildung von Organisationen im Zeitablauf entwickelten Phasenmodelle orientieren sich alle am Produktlebenszyklus. Lebenszyklusmodelle gehen davon aus, dass Wandel in Unternehmen immanent ist und alle Unternehmen gewisse Phasen oder Entwicklungsstufen durchlaufen. Art sowie Herkunft der Auslöser dieser Veränderungsprozesse sind in der Literatur umstritten. Gemeinsam ist allen Modellen, dass die Phasen sequenziell-kumulativ aufeinander folgen.[191]

Angewandt auf Social Entrepreneurship können fünf Phasen der Entwicklung der Organisation über die Zeit unterschieden werden:[192]

(1) Pilotphase:

Zu Beginn hat der Entrepreneur bzw. das Team nicht nur die Neigung und die Idee, sondern auch den Willen zur Gründung. Dieser Gründungswille äußert sich bspw. in der Entwicklung eines Prototyps oder erstem Fundraising. Das Geschäftsmodell ist zu diesem Zeitpunkt noch nicht in großem Umfang in der Praxis erprobt, auch eine Organisation ist noch nicht zwingend gegründet, weshalb in diesem Zusammenhang auch von der Vorgründungsphase gesprochen wird.[193]

(2) Gründungsphase:

Zu diesem Zeitpunkt wird eine Organisation formell gegründet, hat jedoch noch primär informelle Strukturen und wird vom Gründer oder dem Gründungsteam dominiert. Das Produkt oder die Dienstleistung ist neu im jeweiligen Themenfeld oder neu vor Ort und wird zum ersten Mal in die Praxis umgesetzt.

(3) Wachstumsphase:

Die Gründung war erfolgreich und der Fokus der Organisation liegt jetzt auf dem Wachstum. Besondere Bedeutung hat in dieser Phase die Finanzierung, die für eine Skalierung des Lösungsansatzes von fundamentaler Bedeutung ist.[194]

---

[189] Vgl. Mintzberg (1984), S. 213ff.; Van De Ven/Poole (1995); Fallgatter (2002), S. 27.
[190] Vgl. Miller/Friesen (1983), S. 341; Fallgatter (2002), S. 172.
[191] Vgl. Fallgatter (2002), S. 171ff.
[192] Vgl. Fallgatter (2002), S. 171ff.; Greiner (1972), S. 37ff.; Kramer (2005), S. 17ff.
Für einen Überblick über Literatur zum Thema „Corporate Life Cycle" s. Miller/Friesen (1983), S. 340.
[193] Vgl. Fueglistaller/Müller/Volery (2004), S. 389.
Für eine ausführliche Darstellung der einzelnen Phasen siehe Klandt (1999), S. 108ff.
Für eine Darstellung des Entscheidungsprozesses und der individuellen Gründungsmotivation im Social Entrepreneurship siehe Mair/Noboa (2003).
[194] Vgl. James (1973), S. 70.

(4) Reife- und Etablierungsphase:

In dieser Phase verlangsamt sich die Wachstumsrate, da die Märkte entweder saturiert sind (d. h. das soziale Problem beinahe gelöst ist) oder andere Anbieter auftreten. Die Organisation ist für ihren Lösungsansatz bekannt und finanziell nachhaltig aufgestellt.[195]

(5) Erweiterungs- und Erneuerungsphase:

Das gesellschaftliche Problem ist gelöst und/oder alle Leistungsadressaten wurden erreicht. Es wird in dieser Phase die Entscheidung getroffen, ob auf dem derzeitigen Niveau nachkommende Leistungsadressaten weiter bedient werden oder ob man sich einer neuen Fragestellung zuwendet. Bis dato nicht diskutiert wird die Frage, wie lange eine Organisation als Entrepreneurial Venture gilt und ab wann von einer etablierten Organisation gesprochen wird.

Die folgende Abbildung illustriert die Abgrenzung des Entrepreneurs hin zu ähnlichen Konzepten durch die Dimensionen Organisationsgründung und unternehmerisches Element.

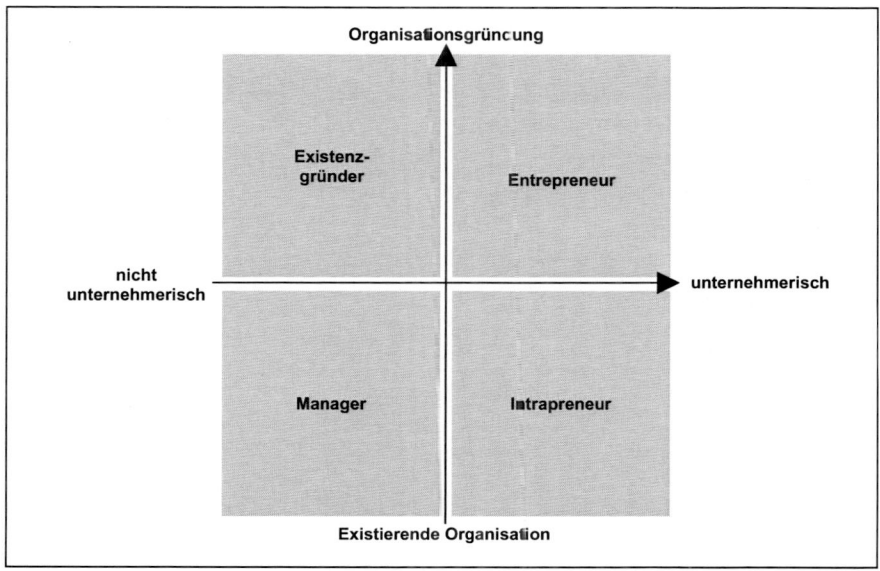

Abbildung 4: Abgrenzung des Entrepreneurs gegenüber anderen Konzepten durch die
Merkmale unternehmerische Herangehensweise und Organisationsgründung
Quelle: Eigene Darstellung.

---

[195] Vgl. James (1973), S. 70f.

3.2.3   Innovation

3.2.3.1 Begriffsbestimmung

Was das Merkmal der Innovation als definitorischen Bestandteil des Begriffs Social Entrepreneur angeht, gibt es in der Literatur – ebenso wie in der klassischen Entrepreneurship-Forschung – geteilte Meinungen. Für die Mehrheit ist ein innovativer Ansatz zur Lösung eines gesellschaftlichen Problems Voraussetzung, um als Social Entrepreneur zu gelten.[196] Denn nur so kann ein Social Entrepreneur von einer sozialen Initiative abgegrenzt werden, die bereits existierende Bedürfnisse mit etablierten Methoden befriedigt. Solche Initiativen sind ebenso wie Social Entrepreneurship zur Lösung sozialer Probleme notwendig, beide haben jedoch oft unterschiedliche Organisationsstrukturen sowie unterschiedliche Prozesse und benötigen daher verschiedene Unterstützungsmechanismen.[197]

Die Innovation als Element unternehmerischen Handelns wurde bereits von Schumpeter diskutiert, der die diskontinuierliche „Durchsetzung neuer Kombinationen" als zentrales definitorisches Element des Entrepreneurs ansah.[198] Im Lauf der Zeit wandelte sich diese volkswirtschaftliche Betrachtungsweise der Innovation hin zu einer in der aktuellen Literatur vorherrschenden betriebswirtschaftlichen Perspektive mit dem Fokus auf Produkt- und Prozessinnovationen.[199]

Eine Innovation kann definiert werden als „neue Problemlösung technischer, wirtschaftlicher, organisatorischer oder sozialer Art, die im Unternehmen oder am Markt umgesetzt wird".[200] Wichtig ist dabei, dass die Innovation nicht nur gedanklich entsteht, sondern auch realisiert wird.[201] Dabei muss eine Innovation nicht zwingend etwas vollständig Neues sein, sondern kann auch eine „Erneuerung" oder signifikante

---

[196] Vgl. Zahra et al. (2008); Shaw/Carter (2005); Austin/Stevenson/Wei-Skillern (2006); Dees (2001); Drayton (2005); Leadbeater (1997); Kramer (2005); Mair/Noboa (2003); Nicholls (2006).

[197] Vgl. Thompson (2008), S. 151f.

[198] Vgl. Schumpeter (1952), S. 100f.
Schumpeter führt konkret fünf Arten von Innovationen an:
(1) Erschließung eines neuen Absatzmarktes, auf dem ein Industriezweig noch nicht eingeführt war, egal, ob dieser Markt schon vorher existierte oder nicht;
(2) Herstellung eines neuen Gutes oder einer neuen Qualität eines Gutes;
(3) Einführung einer neuen Produktionsmethode;
(4) Erschließung einer neuen Bezugsquelle von Rohstoffen oder Halbfabrikaten;
(5) Durchführung einer Neuorganisation wie bspw. die Schaffung einer Monopolstellung.
Vgl. Hauschildt (1993), S. 7ff.

[199] Vgl. Hauschildt (1993), S. 8ff.

[200] Volkmann/Tokarski (2006), S. 85.
Für einen Überblick über verschiedene Definitionen siehe Hauschildt (1993), S. 5f.

[201] Vgl. Stevenson (1999a), S. 12. Dies bezieht sich auf den Definitionsbestandteil „pursuit of opportunity".

Verbesserung darstellen. Ausschlaggebend ist, dass es sich bei einer Innovation um eine Neuerung innerhalb des Bezugssystems handelt, d. h. dass die Innovation neuartig für die Organisation oder eine Stakeholdergruppe ist.[202] Bergmann und Daub definieren daher Innovationen auch als „Ideen, die von einer bestimmten Gruppe als neu wahrgenommen und auch als nützlich anerkannt werden".[203] Damit wird auch das zweite definitorische Element der Innovation angesprochen, nämlich dass sie eine Verbesserung darstellen muss, d. h. die Innovation muss effektiver oder effizienter als existierende Alternativen sein.[204]

Der Begriff der Innovation ist von der Invention und der Imitation abzugrenzen. Unter Invention wird eine Erfindung bzw. die Entdeckung einer erstmaligen technischen Realisierung einer Problemlösung verstanden.[205] Inventionen stellen damit einen wichtigen Schritt auf dem Weg zur Innovation dar: Die Umsetzung einer Invention in ein marktfähiges Produkt wird als Innovation bezeichnet.[206] Innovationen können auch nach einer Unternehmensgründung zu einem späteren Zeitpunkt entwickelt werden. Umgekehrt kann eine am Beginn der Aktivitäten erfolgte Innovation die einzige während der gesamten Dauer der Aktivitäten sein.

Nach Drucker sind Innovationen von großer Bedeutung, da sie im Kontext von Entrepreneurship „Ressourcen mit neuen wohlstandsschaffenden Kapazitäten versehen".[207] Übertragen auf Social Entrepreneurs bedeutet dies, dass durch Innovationen im Non-Profit-Sektor soziale Wertschöpfung erfolgt, d. h. positiver gesellschaftlicher Wandel bewirkt wird. Sie sind die Grundlage für Entwicklungschancen, für Veränderung und dadurch für Verbesserungen, mit denen auf ein verändertes diskontinuierliches Umfeld reagiert werden kann. Die Rolle von Innovationen ist umso wichtiger, je dynamischer und komplexer der Kontext ist, in dem eine Organisation agiert.[208] Innovationen kommt daher im Social Entrepreneurship eine zentrale Rolle zu.

3.2.3.2 Art der Innovation

In Theorie und Praxis werden verschiedene Arten der Innovation unterschieden. Volkmann und Tokarski differenzieren hierbei zwischen einem engen und einem umfassenderen Innovationsverständnis.[209] Zum Innovationsverständnis im engeren Sinne gehö-

---

[202] Vgl. Welsch (2005), S. 32.

[203] Bergmann/Daub (2006), S. 54.
   Drucker spricht in diesem Zusammenhang von Innovation auch als „Veränderung von Wert und Befriedigung, die der Verbraucher aus Ressourcen erhält". [Drucker (1985), S. 62].

[204] Vgl. Phills Jr./Deiglmeier/Miller (2008), S. 37.

[205] Volkmann/Tokarski (2006), S. 83.

[206] Vgl. Volkmann/Tokarski (2006), S. 85f.

[207] Drucker (1985), S. 58; Martin (2004), S. 16.

[208] Vgl. Bergmann/Daub (2006), S. 54.

[209] Vgl. Volkmann/Tokarski (2006), S. 89f.

ren die Produkt- und die Prozessinnovation. Bei einer Produktinnovation handelt es sich um die Herstellung eines neuen Produkts oder einer Leistung oder einer verbesserten Produktqualität. Bei einer Prozessinnovation werden neue Technologien oder Verfahren angewandt, so dass bestehende Prozesse ersetzt, modifiziert oder ergänzt werden.[210] Bei einem umfassenderen Innovationsverständnis wird auch die organisatorische Innovation mit einbezogen. Diese Innovationsart, auch Strukturinnovation genannt, beinhaltet eine Veränderung in der Koordination der Leistungserstellungsprozesse, die jedoch nicht auf einer neuen Erfindung beruhen muss, sondern durch innovative Verbesserungen der Aufbau- und Ablauforganisation entsteht.[211] Darüber hinaus können Innovationen nach den klassischen betriebswirtschaftlichen funktionalen Bereichen im Unternehmen unterschieden werden.[212] Alle Innovationsarten stehen in einem engen Zusammenhang zueinander und bedingen sich gegenseitig.

Im Social Entrepreneurship sind klassische technische Innovationen mit der zunehmenden Bedeutung des Internets verstärkt anzutreffen. Darüber hinaus kann die Innovation z. B. in der Anwendung marktorientierter Ansätze auf soziale Probleme liegen, in innovativen Finanzierungslösungen, neuartigen Stakeholderbeziehungen, einer Intervention etc, d. h. es gibt gesellschaftliche, wirtschaftliche oder finanztechnische Innovationen.[213] Phills et al. definieren eine soziale Innovation daher als „a novel solution to a social problem that is more effective, efficient, sustainable, or just than existing solutions and for which the value created accrues primarily to society as a whole rather than private individuals".[214]

3.2.3.3 Grad der Innovation

Die Betrachtung des Innovationsgrads greift das für die Innovation zentrale Kriterium der wahrgenommenen Neuartigkeit auf. Dadurch können Innovationen auf einem Kontinuum mit den Ausprägungen evolutionär und revolutionär eingeordnet werden. Evolutionäre (oder inkrementelle) Innovationen sind gekennzeichnet durch einen geringen Innovationsgrad und stellen meist eine kontinuierliche Verbesserungs- oder Nachfolgeinnovation existierender Produkte, Prozesse oder Strukturen dar. Revolutionäre Innovationen dagegen erfolgen meist unstrukturiert sowie diskontinuierlich und haben fundamentale Folgen in Bezug auf die betroffenen Produkte, Prozesse oder Strukturen. Revolutionäre Innovationen werden daher auch als Pionier-, Basis- oder Breakthrough-Innovation bezeichnet.[215]

---

[210] Vgl. Volkmann/Tokarski (2006), S. 89f.
[211] Vgl. Volkmann/Tokarski (2006), S. 90.
[212] Vgl. Hauschildt (1993), S. 9.
[213] Vgl. Peattie/Morely (2008), S. 99.
[214] Phills Jr./Deiglmeier/Miller (2008), S. 36.
[215] Vgl. Volkmann/Tokarski (2006), S. 90f.

3.2 Konstitutive Merkmale von Social Entrepreneurs

Social Entrepreneurs werden oft als Social Innovators, Revolutionäre oder Kata-
lysatoren bezeichnet, weil für sie Innovationen zwingend notwendig sind angesichts
zunehmender und immer komplexerer sozialer Probleme.[216] So macht in der Praxis
beispielsweise die Organisation Ashoka ihre Unterstützung von Social Entrepreneurs
davon abhängig, dass diese innovative Produkte oder Dienstleistungen entwickelt
haben (zu mehr Informationen über Ashoka s. Kap. 3.3.1).

Der Innovationsgrad kann somit auf einem Kontinuum mit den extremen Ausprägungen hochinnovativ bei grundlegenden Neuentwicklungen sowie wenig innovativ
bei marginalen Detailänderungen dargestellt werden.[217]

3.2.4   Social Value Proposition

Ein viertes zentrales Merkmal, das Social Entrepreneurs auszeichnet, ist ihre sog.
„Social Value Proposition".[218] Diese soziale Dimension des unternehmerischen Handelns wird in der Literatur unterschiedlich beschrieben: als soziale Mission („social
mission"), soziale Wertschöpfung („social value creation")[219] oder als soziale Probleme, die gelöst werden.[220]

3.2.4.1   Social versus klassischer Business Entrepreneur

Nicholls bspw. unterteilt das soziale Element in (1) den gesellschaftlich relevanten
Kontext, d. h. das Themenfeld, in dem die Organisation agiert, (2) den sozialen Prozess, d. h. wie der Social Entrepreneur arbeitet, und zwar entlang der gesamten Wert-
schöpfungskette, und (3) die Ziele, die sozialer Natur sein müssen.[221] Ashoka fügt
dem noch das Auswahlkriterium „Ethical Fibre" hinzu, d. h. die Persönlichkeit des
Social Entrepreneurs zeichnet sich durch eine ethisch-soziale Dimension als zentrales Charakteristikum aus.[222] Häufig wird die soziale Dimension des Social Entrepreneurship auch über bestimmte soziale Zielgruppen definiert, die als benachteiligt
gelten. Eine reine Zielgruppenorientierung würde jedoch umfassende gesellschafts-

---

[216] Vgl. Dees (2001); Perrini/Vurro (2006).

[217] Vgl. Bergmann/Daub (2006), S. 53.

[218] Vgl. Achleitner/Pöllath/Stahl (2007); Alvord/Brown/Letts (2004); Boschee/McClurg (2003);
Dees (2001); Hibbert/Hogg/Quinn (2001); Leadbeater (1997); Light (2005); Mair/Noboa
(2003); Mort/Weerawardena/Carnegie (2003); Nicholls (2006); Prabhu (1999).

[219] Vgl. Dees (2001); Auerswald (2009).

[220] Vgl. Achleitner/Pöllath/Stahl (2007); Alvord/Brown/Letts (2004); Barendsen/Gardner (2004);
Light (2005).

[221] Vgl. Nicholls (2006). S. 13.

[222] Vgl. Nicholls (2006), S. 29f.; mehr Informationen zum Auswahlprozess von Ashoka unter
http://germany.ashoka.org/.

politische Veränderungen ausschließen. Ein Festmachen der sozialen Dimension an den Handlungsergebnissen eines Social Entrepreneurs wäre adäquater, ist jedoch schwierig, da sich Effekte oft erst mit großer Zeitverzögerung zeigen und der Nachweis von Kausalitäten schwierig ist. Die meisten Definitionen stellen daher auf das gesellschaftliche Ziel und die soziale Motivation ab.[223] Einigkeit herrscht dahingehend, dass das Vorhaben des Entrepreneurs auf nachhaltigen sozialen Wandel ausgerichtet ist.[224]

Dieses Merkmal dient in erster Linie der Abgrenzung des Social Entrepreneurs zum traditionellen Entrepreneur (auch „Business", „Commercial" oder „Economic" Entrepreneur). Hier nun jedoch eine Dichotomie zwischen reiner Gewinnorientierung bei den klassischen Business Entrepreneurs und altruistischen Motiven auf Seiten der Social Entrepreneurs zu sehen, wäre irreführend: Der klassische Business Entrepreneur kann neben monetären auch andere Motive verfolgen und der Social Entrepreneur kann auch aus Gründen der persönlichen Befriedigung handeln.[225] Da darüber hinaus die Motivation empirisch schwer zu untersuchen ist, wird für diese Arbeit im Sinne von Martin und Osberg auf die Social Value Proposition als definitorisches Kerncharakteristikum von Social Entrepreneurs und als Unterscheidungskriterium zwischen den beiden Typen des Entrepreneurs abgestellt.[226]

Während der Fokus von Social Entrepreneurs primär auf der Schaffung sozialer Werte liegt und ökonomische Wertschöpfung eine notwendige Voraussetzung für die Finanzierung ihrer sozialen Aktivitäten darstellt, ist die Value Proposition klassischer Business Entrepreneurs primär auf monetäre Ziele ausgerichtet.[227] Klassische Business Entrepreneurs können durch die Gründung eines privatwirtschaftlichen Unternehmens und die Schaffung von Arbeitsplätzen durchaus positive soziale Effekte erwirken, ebenso wie Social Entrepreneurs ökonomische Effekte verursachen können.[228] Der Social Entrepreneur strebt jedoch vorrangig durch direkte Wertschöpfung positive soziale Veränderung an, während die Social Value Creation von

---

[223] Vgl. Achleitner/Pöllath/Stahl (2007); Alvord/Brown/Letts (2004); Austin/Stevenson/Wei-Skillern (2006); Boschee/McClurg (2003); Fueglistaller/Müller/Volery (2004); Hibbert/Hogg/Quinn (2001); Leadbeater (1997); Mair/Noboa (2003); Prabhu (1999).

[224] Vgl. Light (2008), S. 11.

[225] Vgl. Mair/Martí (2005), S. 38f.; Martin/Osberg (2007), S. 39; Drucker (2007), S. 21.

[226] Vgl. Martin/Osberg (2007), S. 29; Wei-Skillern et al. (2007), S. 22ff.

[227] Vgl. Mair/Martí (2005), S. 28; Yitshaki/Lerner/Sharir (2008), S. 217; Shaw/Carter (2005), S. 420f.; Nicholls (2006), S. 13ff.

[228] So schreibt der Harvard Ökonom Barrio, dass Bill Gates mit der nach ihm und seiner Frau benannten Stiftung wahrscheinlich nie den gesellschaftlichen Effekt erreichen wird, den er durch Microsoft und die von ihm entwickelte Software erreicht hat. Auch zeigt er Zusammenhänge zwischen Armutsreduktion und Industrialisierung auf. Barro (2007), A17. Zu den ökonomischen Effekten von Social Entrepreneurs s. z. B. Harding (2004).

klassischen Business Entrepreneurs sich in positiven sozialen Externalitäten ausdrückt.[229]

Es existieren viele Merkmalsüberschneidungen zwischen Social und Business Entrepreneur.[230] Für eine Minderheit sind Social Entrepreneurs Unternehmer, deren Handeln primär auf die Erzielung von ökonomischem Erfolg ausgerichtet ist und die dabei sozialverantwortlich handeln.[231] Andere sehen Social Entrepreneurs als reine Non-Profit-Unternehmer, die ausschließlich sozialorientiert handeln, ohne dabei ökonomische Ziele zu verfolgen. Das Merkmal der Value Proposition kann daher am besten in einem zweidimensionalen Modell mit den beiden Achsen sozial und ökonomisch dargestellt werden (s. Abb. 5 im nächsten Unterkapitel).

Es kann in diesem Zusammenhang festgestellt werden, dass die klassische sektorale Betrachtungsweise und die Dichotomisierung von privatem (d. h. For-Profit-) und Drittem (d. h. Non-Profit-) Sektor sich zunehmend auflösen. Social Entrepreneurs können zwar grundsätzlich dem Non-Profit-Sektor zugeordnet werden, manche befinden sich jedoch an der Schnittstelle zwischen sozialem und wirtschaftlichem Sektor.[232] Viele Autoren sprechen in diesem Zusammenhang auch von „blurring of sector boundaries".[233] Führende Forschungsansätze im Entrepreneurship legen daher zunehmend den Fokus auf die sog. Double Bottom Line, d. h. die gleichrangige Verfolgung ökonomischer und sozialer Ziele.[234] Es ist auch möglich, dass Entrepreneurs im Laufe ihrer Aktivitäten von einer Gruppe zur anderen migrieren.[235]

3.2.4.2 Determinierung des Begriffs „sozial"

In diesem Zusammenhang muss jetzt noch auf die Bedeutung des Begriffs „sozial" selbst eingegangen werden. Die meisten Autoren nennen die direkte soziale Wertschöpfung zwar als zentrales Kriterium, das den Social Entrepreneur vom klassischen Business Entrepreneurs unterscheidet. Jedoch gehen – trotz der zentralen Bedeutung für das Konstrukt des Social Entrepreneurship – die wenigsten Autoren dezidiert auf den Begriff ein.[236] Die Schwierigkeit liegt vor allem darin, dass eine all-

---

[229] Vgl. Martin/Osberg (2007); Auerswald (2009), S. 52.

[230] Vgl. zu Analogien zur klassischen Entrepreneurshipforschung, z. B. hinsichtlich opportunity recognition, Zahra et al. (2008).

[231] Vgl. Fueglistaller/Müller/Volery (2004), S. 445.

[232] Vgl. Reis (1999), S. 2; Johnson (2000), S. 4; Nicholls (2006), S. 12.

[233] Vgl. Dees/Anderson (2004), S. 1.

[234] Bspw. Zahra et al. (2008).

[235] Ein Beispiel hierfür ist der indische Unternehmer Jamsetji Tata, der als Social Entrepreneur begann und mit der Ausdehnung seiner Aktivitäten zunehmend zum Business Entrepreneur wurde. Vgl. Auerswald (2009), S. 53.

[236] Vgl. Nicholls/Cho (2006), S. 100ff.; Cho (2006), S. 35.

gemeingültige Aussage darüber, was sozial ist, nicht nur räumlich und zeitlich differiert, sondern auch innerhalb einer pluralistischen, hoch dynamischen Gesellschaft kaum möglich ist.[237]

Cho sieht in diesem Zusammenhang ein weiteres Problem bei der Determinierung des Sozialen in dem monologischen Ansatz, durch den ein sozialer Missstand festgestellt wird.[238] Als monologisch bezeichnet Cho hier die Eingrenzung der Wahrnehmung auf diejenige des Social Entrepreneurs selbst, wie sie sich auch in Begrifflichkeiten wie „Reformer", „Revolutionär", oder Sätzen wie: „Social Entrepreneurs develop new approaches, their visions are bold" ausdrückt.[239] Dieser normative Beschreibungscharakter hat zur Entstehung oft sehr emotionaler Definitionen geführt.[240] Im Gegensatz zu einem solchen monologischen Ansatz steht der konsensorientierte, partizipative und dialogische Mitbestimmungsansatz, in dem gesellschaftliche Probleme und deren Lösungen gemeinsam mit allen Stakeholdern identifiziert werden.[241] Hier existiert eine Reibung zwischen dem akteurszentrierten, individualistischen Konzept des Entrepreneurs (in dem gleichzeitig nach übereinstimmender Meinung die größte Stärke des Konzepts liegt) und der gemeinschaftlichen, nachhaltigen Bekämpfung gesellschaftlicher Missstände. Nicholls und Cho regen daher an, dass der Social Entrepreneur zur Determinierung sozialer Probleme zusätzlich zu seiner eigenen, notwendigerweise monologischen Sichtweise den Dialog mit relevanten Stakeholdern sucht, um seine eigenen Hypothesen zu testen, und sie in den Entscheidungsprozess mit einbindet.[242]

Theoretisch kann soziale Wertschöpfung definiert werden als „the creation of benefits or reduction of costs for society – through efforts to address social needs and problems – in ways that go beyond the private gains and general benefits of market activity".[243] Sozial wird demnach als Abgrenzung zu privat verstanden. Für die Praxis in Deutschland kann als kleinster gemeinsamer Nenner für soziale Belange das Gemeinnützigkeitsrecht herangezogen werden.[244] Durch die Kombination der Merk-

---

[237] Vgl. Cho (2006), S. 40ff.

[238] Vgl. Cho (2006), S. 45ff.

[239] Z. B. bei Dees (2001).

[240] Z. B. bei Bornstein (2006) und Dees (2001).

[241] Vgl. Nicholls/Cho (2006), S. 106; Cho (2006).

[242] Vgl. Cho (2006), S. 54.

[243] Phills Jr./Deiglmeier/Miller (2008), S. 39.

[244] Die Gemeinnützigkeit einer Körperschaft ist normiert in § 52 Abgabenordnung (AO): „Eine Körperschaft verfolgt gemeinnützige Zwecke, wenn ihre Tätigkeit darauf gerichtet ist, die Allgemeinheit auf materiellem, geistigem oder sittlichem Gebiet selbstlos zu fördern." Gefördert werden u. a. Wissenschaft und Forschung, Religion, das öffentliche Gesundheitswesen und die Gesundheitspflege, die Jugend- und Altenhilfe, Kunst und Kultur, Denkmalschutz, Erziehung und Bildung, Naturschutz, Katastrophenschutz, Tierschutz, Entwicklungszusammenarbeit oder Verbraucherschutz.

male unternehmerische Herangehensweise und Social Value Proposition kann der Social Entrepreneur vom klassischen Business Entrepreneur und gegenüber Managern in Non-Profit- oder privatwirtschaftlichen Unternehmen abgegrenzt werden:

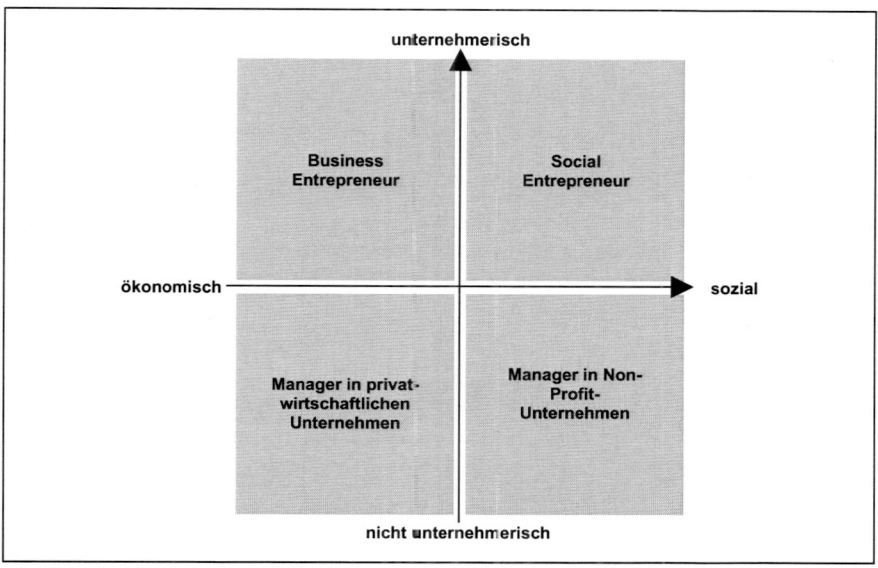

Abbildung 5: Abgrenzung des Social Entrepreneurs gegenüber anderen Konzepten durch die Merkmale unternehmerische Herangehensweise und Social Value Proposition
Quelle: Eigene Abbildung.

Die Social Value Proposition ist das zentrale Merkmal zur Unterscheidung eines Social Entrepreneurs von einem klassischen Business Entrepreneur. Innerhalb der Gruppe der Social Entrepreneurs existieren darüber hinaus unterschiedliche Typen von Social Value Propositions. Im Folgenden wird daher kurz auf die Bedeutung der Typenbildung und die theoretische Ableitung von Typen eingegangen, bevor einzelne Merkmale zur Differenzierung sozialer Wertschöpfungsansätze und ihre Ausprägungen vorgestellt werden.

3.2.4.3 Typologie von Social Value Propositions

Theoretische Grundlage der Typenbildung

Mit der Bildung einer Typologie können multidimensionale Konstrukte nach ihren Unterschieden und Gemeinsamkeiten gruppiert werden mit dem Ziel, die Komplexität von Untersuchungsbereichen durch die Berücksichtigung von Gemeinsamkeiten und Unterschieden zu reduzieren und durch diese Unterteilung einer differenzierten Analyse zugänglich zu machen.[245] Für die Entwicklung eines Reportings im Social Entrepreneurship und die Berücksichtigung verschiedener Social Value Propositions erscheint daher eine Typologie als geeignetes Strukturierungsinstrument.

Hierbei sollten sich die Social Value Propositions innerhalb einer Gruppe möglichst ähnlich sein (interne Homogenität) und sich von den anderen Gruppen möglichst stark unterscheiden (externe Heterogenität). Eine solche homogene Gruppe, die gemeinsame Eigenschaften aufweist, wird als Typus bezeichnet.[246] Bei der Gruppierung der verschiedenen Social Value Propositions ist zu beachten, dass – im Gegensatz zur Ebene des Typus – auf der Ebene der Typologie eine hinreichende Unterschiedlichkeit zwischen den gebildeten Typen erkannt werden kann.[247] Gleichzeit müssen alle Typen durch einen sog. Merkmalsraum, d. h. eine Gemeinsamkeit aller Typen, wie durch eine Klammer systematisch miteinander verbunden sein.

Die häufig synonym verwendeten Begriffe Typus und Klasse bezeichnen zwar beide ein Begriffsgefüge (Taxonomie) mit dem Ziel, Untersuchungsfelder zu ordnen. Im Unterschied zu einer Klassifikation mit klar definierten Merkmalsausprägungen und festen Grenzen werden zu einem Typus jedoch diejenigen Social Value Propositions zusammengefasst, die sich stark ähneln. Die Grenzen zwischen einzelnen Typen können nicht immer eindeutig festgelegt werden, die Übergänge sind vielmehr fließend. Typen können daher nie die Realität exakt abbilden. Social Value Propositions, die zu einem Typus zusammengefasst werden, ähneln sich somit nur, sind jedoch nicht vollständig gleich.[248] Eine Typologie kann daher auch als vorläufige Klassifikation bezeichnet werden, die eine „handhabbare Zusammenfassung der vielfältigen Elemente in den ursprünglichen Daten liefert und die für das Verständnis der Situation notwendige Grundelemente beinhaltet".[249]

Nachdem in einem ersten Schritt die Gemeinsamkeiten der Typen, d. h. der Merkmalsraum, herausgearbeitet worden sind (die soziale Dimension der Value Proposition), werden in einem nächsten Schritt die Differenzen innerhalb der Gruppe der Social Value Propositions abgeleitet und daraus verschiedene Typen gebildet.[250] Hierbei müssen alle Typen anhand der gleichen Merkmale charakterisiert werden, der Unterschied besteht nur in unterschiedlichen Merkmalsausprägungen.[251] Die Auswahl rele-

---

[245] Vgl. Elman (2005), S. 296.

[246] Vgl. Kluge (1999), S. 23ff.; Lazarsfeld (1937), S. 120.
Siehe für eine ausführliche Darstellung des Typusbegriffs und seiner Historie Kluge (1999).

[247] Vgl. Kluge (1999), S. 28.

[248] Vgl. Kluge (1999), S. 23ff.

[249] Barton/Lazarsfeld (1979) zitiert nach Lamnek (1993b), S. 106.

[250] Vgl. Lamnek (1993a), S. 241.

[251] Vgl. Kluge (1999), S. 30. Lazarsfeld und Barton sprechen daher auch vom Typus als Merkmalskombination.

vanter Merkmale und ihrer Ausprägungen erfolgt immer durch eine Analyse theoretischer und empirischer Literatur. Sie sollte so erfolgen, dass die identifizierten Merkmale charakteristisch für den Objektbereich der Social Value Propositions sind.[252] Es kann hierbei zwischen verschiedenen Arten von Merkmalen differenziert werden: (1) ein Charakteristikum ist ein Merkmal mit dichotomer Ausprägung, (2) eine Variable kann eine beliebige Anzahl von eindeutig messbaren Ausprägungen aufweisen und (3) ein abstufbares Merkmal ist ebenfalls mehrstufig, jedoch nur im Vergleich zu anderen Objekten messbar.[253]

Diese Art der Typologiebildung wird als heuristisch bezeichnet. In Abgrenzung zu einer empirischen Typologie werden aufgrund des anders gelagerten Erkenntnisinteresses heuristische Typologien durch deduktives Vorgehen aus theoretischen Überlegungen abgeleitet. Dies führt zur Konstruktion sog. Idealtypen, „die als begriffliche Werkzeuge und allgemeingültige gedankliche Modelle die Basis für eine theoretische Analyse liefern sollen".[254] Generell ist bei der Erstellung einer Typologie zu beachten, dass die Anzahl der Merkmale und deren Ausprägungen nicht so groß wird, dass die Typologie als solche nicht mehr anwendbar ist, sie sollte jedoch auch nicht unterspezifiziert sein.[255]

Für die vorliegende Arbeit werden im Folgenden in einem deskriptiven System aus der Literatur charakteristische Merkmale von Social Value Propositions abgeleitet und deren Ausprägungen bestimmt. Eine Untersuchung der jeweiligen analytischen Prinzipien, nach denen einzelne Typen formuliert und gegenüber anderen abgegrenzt werden, sowie eine empirische Überprüfung der Idealtypen ist jedoch für die Entwicklung eines Reportings im Social Entrepreneurship zu diesem Zeitpunkt nicht notwendig. Die identifizierten Merkmale sind Einkommensgenerierung, Skalierbarkeit, Replizierbarkeit und Impact Level. In Abbildung 7 sind diese mit ihren entsprechenden Ausprägungen dargestellt. Jedes Merkmal wird in den folgenden Kapiteln ausführlich erläutert.

Social Entrepreneurs und die Rolle der Einkommensgenerierung

Ein Merkmal der Social Value Proposition drückt sich aus in der Frage der Einkommensgenerierung und damit des Finanzierungsmodells von Social Entrepreneurs. Verfechter einer eng gefassten Definition von Social Entrepreneurship argumentieren, dass die Erwirtschaftung eigenen Einkommens, d. h. eine Innenfinanzierung, das

---

[252] Vgl. Horak (1993), S. 27ff.

[253] Vgl. Lazarsfeld (1937), S. 120ff.

[254] Kluge (1999), S. 59.
Empirische Typologien hingegen konstruieren durch induktives Vorgehen sog. Realtypen, vgl. Kluge (1999), S. 58ff.

[255] Vgl. Elman (2005), S. 299ff.

„entrepreneurial element" ausdrückt, den Kern der unternehmerischen Herangehensweise in Abgrenzung zu klassischen Non-Profit-Organisationen.[256] Die Organisation
eines Social Entrepreneurs, die eigenes Einkommen erwirtschaftet, wird als Social
Enterprise bezeichnet.[257] Social Enterprises sind damit eine hybride Organisationsform, die gleichzeitig soziale und ökonomische Wertschöpfung anstreben, worin sich
die sog. Double Bottom Line ausdrückt. Diese Kombination sozialer und ökonomischer Wertschöpfung wird auch als „Blended Value" bezeichnet.[258]

Social Enterprises können nach verschiedenen Gesichtspunkten differenziert
werden. Ein Unterscheidungskriterium ist die Höhe des generierten Einkommens:
Kann eine Social Enterprise ihre gesamten sozialen Aktivitäten durch selbst erwirt-
schaftetes Einkommen finanzieren, bezeichnet man diese Subgruppe als Social Business.[259] Dees und Anderson hingegen unterscheiden anhand der Rechtsform sog.
„For-profit Social Ventures", die den rechtlichen Status eines privatwirtschaftlichen
Unternehmens haben, von „Non-profit Business Ventures", die in einer gemeinnützigen Rechtsform agieren.[260] Alter differenziert zwischen drei Organisationsformen
und spricht von „mission-integrated orientation", „mission-related orientation" und
„unrelated to mission orientation".[261] Organisationen von Social Entrepreneurs, die
sich ausschließlich durch Spenden oder andere Arten der Außenfinanzierung finanzieren, werden als Social Venture bezeichnet.[262]

Die Anzahl und die Bedeutung von Social Enterprises werden nach Ansicht man-
cher Autoren in Zukunft weiter zunehmen. Vor allem durch zurückgehende staatliche
Finanzierung sind Social Entrepreneurs auf neue kreative Methoden des Fundraisings angewiesen.[263] Die Einkommensgenerierung jedoch als definitorisches
Merkmal von Social Entrepreneurs zu sehen, ist nicht zielführend: Wie in Kapitel
3.2.1 dargelegt, ist die Erwirtschaftung von Einkommen nicht Bestandteil des unternehmerischen Elements, sondern hängt unter anderem sehr stark vom gesellschaftlichen Problem, das Social Entrepreneurs bekämpfen, ab.[264] So wird z. B. der Einsatz
für Menschenrechte oder die Resozialisierung rechtsradikaler Jugendlicher nur sehr

---

[256] Vgl. Boschee/McClurg (2003), S. 2.

[257] Vgl. Alter (2004), S. 5; Mulgan (2006), S. 79.

[258] Vgl. Emerson (2003); Emerson/Bonini/Brehm (2003).

[259] Vgl. Oldenburg et al. (2009); Yunus (2006), S. 40ff.

[260] Vgl. Dees/Anderson (2004), S. 2ff.

[261] Vgl. Alter (2004), S. 16ff.

[262] Zu weiteren Informationen über die Finanzierung von Social Entrepreneurs siehe Achleit-
ner/Pöllath/Stahl (2007).

[263] Vgl. Defourny/Nyssens (2006), S. 4; Wei-Skillern et al. (2007), S. 135ff.

[264] Auf weitere Gründe für ein einkommensgenerierendes Geschäftsmodell und die damit verbundenen Schwierigkeiten wird an dieser Stelle nicht eingegangen. Siehe dazu Dees/Ander-
son (2004); Dees (1998).

schwer mit einem einkommensgenerierenden Modell verknüpfbar sein. Ausschlaggebend ist, dass Überschüsse nicht ausgeschüttet, sondern für den sozialen Zweck reinvestiert werden (s. Kap. 2.1).[265]

Zusammenfassend kann festgehalten werden, dass die Art der Einkommensstruktur für eine Definition als Social Entrepreneur unerheblich ist. Für ein Reporting ist allerdings die Frage ausschlaggebend, ob ein einkommensgenerierendes Geschäftsmodell existiert oder nicht und – in einem zweiten Schritt – wie die Finanzierung der Organisation im Detail aufgestellt ist und wie es um ihre Nachhaltigkeit und ihre Diversifizierung bestellt ist. Die Position der Organisation auf dieser Achse kann sich im Laufe ihrer Existenz verändern. Es ist darüber hinaus auch möglich, dass ein Social Enterprise zwar eine Social Value Proposition hat, aber keinen Gemeinnützigkeitsstatus.[266] Die Einkommensgenerierung von Social Entrepreneurs kann im Rahmen der Typologie auf einem Kontinuum dargestellt werden.

Skalierbarkeit

Ein weiteres Merkmal einer Social Value Proposition besteht in ihrer Skalierbarkeit. Hierunter wird die Möglichkeit der systematischen Vervielfältigung einer erfolgreichen sozialen Innovation durch den Social Entrepreneur verstanden. Dies muss nicht zwingendermaßen eine exakte Nachbildung aller Charakteristika der Social Value Proposition sein.[267] Vielmehr geht es um die Multiplizierung der sozialen Wirkung.[268] Alvord et al. haben daher in Anlehnung an Uvin drei Muster der Skalierung von Social Entrepreneurs identifiziert:[269]

(1) Ausdehnung der Reichweite und der Organisationsgröße, um mehr Menschen mit den angebotenen Produkten und Dienstleistungen zu erreichen;

(2) Ausweitung der Funktionen der Dienstleistungen, um bei den Kernzielgruppen noch stärkere positive Wirkung zu erzielen;

(3) Initiierung anderer Aktivitäten, die das Verhalten anderer Akteure beeinflussen, um indirekt einen stärkeren Impact zu erzielen.

Die Skalierbarkeit des Lösungsansatzes wird als wichtig angesehen und spielt für die Konzeption eines Reportings eine Rolle, da durch die überflüssige Duplizierung vieler Ansätze Ressourcen verbraucht werden. Clinton (2003) prägte diesbezüglich den Ausspruch: „Nearly every problem has been solved by someone, somewhere". Die Frustration bestehe darin, dass „we can't seem to replicate [those solutions] anywhere

---

[265] Vgl. Nicholls (2006), S. 19.

[266] Siehe hierzu auch Kapitel 3.3.3.

[267] Vgl. Dees/Anderson/Wei-Skillern (2002), S. 2ff.

[268] Vgl. Bradach (2003), S. 19.

[269] Vgl. Alvord/Brown/Letts (2004), S. 275ff.; Uvin/Jain/Brown (2000).

else".[270] Dieses Merkmal reagiert damit auf die diesbezüglich oft als mangelhaft angesehenen bisherigen Ansätze staatlicher Einrichtungen oder von NPOs. Darüber hinaus wird größeren Organisationen weniger Risiko beigemessen, sie gelten aufgrund von Skaleneffekten als effizienter und können ggf. durch Spezialisierung effektiver agieren.[271] Durch das Merkmal der Skalierbarkeit können auch sog. „Social Service Provider", die ein soziales Problem nur punktuell angehen, von Social Entrepreneurs unterschieden werden.[272]

Die Skalierungsstrategie hängt ab vom Innovationstyp, vom jeweiligen Geschäftsmodell, von den Finanzierungsmöglichkeiten und von der Komplexität des Lösungsansatzes, den der Social Entrepreneur verfolgt.[273] Die Skalierungsarten können von einer offenen Verbreitung über die Errichtung von Zweigstellen bis hin zu Social Franchising reichen.[274]

Die Skalierbarkeit einer Organisation hängt nach einer Studie von LaFrance et al. von folgenden Aspekten ab:

(1) Mission: Definition und Festhalten an der Kernmission;

(2) Struktur: Balance von Kontrolle und Flexibilität in der Organisationsstruktur;

(3) Erfassung: Artikulation der Wirkungskette und der Kausalitätszusammenhänge sowie Standardisierung der hauptsächlichen Abläufe und Komponenten;

(4) Kultur: Pflege und Aufrechterhaltung der Organisationskultur;

(5) Daten: Sammlung und Nutzung von Daten;

(6) Ressourcen: Verknüpfung des Fundraisings mit der Mission und Ausweitung der Ressourcenbasis;

(7) Führung und Governance: Etablierung von Entscheidungsprozessen, die Wachstum fördern und steuern.[275]

Skalierbarkeit kann auf einem Kontinuum mit den Ausprägungen sehr gut skalierbar bis schlecht skalierbar eingeordnet werden und ist damit ein abstufbares Mermal.

---

[270] Zitiert nach Bradach (2003), S. 19.

[271] Vgl. Taylor/Dees/Emerson (2002), S. 236ff.

[272] Martin und Osberg führen als Beispiel den Aufbau einer Schule für Aids-Waisen in Afrika an. Diese hilft zwar den betroffenen Kindern, führt ohne Ausbreitung des Konzepts jedoch nicht zu einem neuen Gleichgewicht auf gesellschaftlicher Ebene, die Wirkung bleibt lokal beschränkt. Vgl. Martin/Osberg (2007); Bornstein (2006); Kramer (2005).

[273] Vgl. Alvord/Brown/Letts (2004).
So wird bspw. ein Social Entrepreneur, der Capacity Building betreibt, zuerst die Funktionen seines Angebots ausweiten, um die Möglichkeiten zur Selbsthilfe bei der Zielgruppe weiter auszubauen (Nr. 2). Erst dann werden Aktivitäten auf andere Kundengruppen ausgeweitet.

[274] Vgl. Schöning (2007).

[275] Vgl. LaFrance et al. (2006); Light (2008), S. 67ff.; Bradach (2003).

Replizierbarkeit

Ein der Skalierbarkeit ähnlicher Begriff ist die Replizierbarkeit. Im Gegensatz zur Multiplikation durch den Social Entrepreneur selbst erfolgt bei der Replikation eine Verbreitung oder eine modifizierte Anwendung des Lösungsansatzes durch andere Institutionen.[276] Lokale, nichtreplizierbare Ansätze sind per se von vorneherein in ihrer möglichen Wirkungsreichweite beschränkt. Eine Vervielfältigung des Lösungsansatzes des Social Entrepreneurs kann daher als Indikator für seine Attraktivität und Qualität gesehen werden. Dies kann positiv bewertet werden, da sich dadurch die Anzahl der erreichten Stakeholder erhöht und damit auch ggf. die gesellschaftliche Wirkung und sollte daher in ein Reporting mit einfliessen.[277]

Greenhalgh et al. haben nach einer umfangreichen Literaturanalyse zur Verbreitung von Innovationen drei Arten der Replizierung identifiziert: (1) „let-it-happen": Verbreitung, die unvorhersehbar und ungeplant verläuft, (2) „help-it-happen": Verbreitung, die unterstützt und beeinflusst wird, (3) „make-it-happen": Verbreitung, die geplant und geordnet abläuft.[278] Abbildung 6 gibt einen Überblick über die verschie-

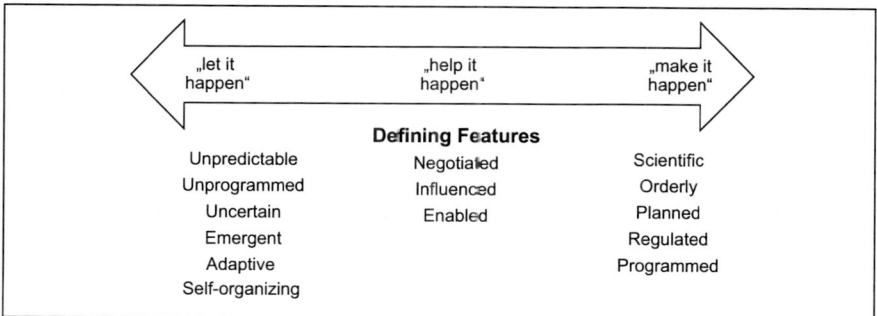

Abbildung 6: Arten der Replizierung
Quelle: Greenhalgh et al. (2004), S. 593.

---

[276] Vgl. Kramer (2005), S. 20ff.
Der Unterschied zwischen Skalierbarkeit und Replizierbarkeit kann am Beispiel von Dialog im Dunkeln veranschaulicht werden: Konzipiert als Ausstellung, in der blinde Menschen das Publikum durch völlig abgedunkelte Räume führen, um durch diesen Rollentausch ihre Welt erfahrbar zu machen, wurde die Idee in zahlreichen Ländern der Erde im Social-Franchise-Verfahren skaliert. Eine Replizierung des Ansatzes fand durch die Ausstellung Dialog im Stillen statt: Gehörlose Mitarbeiter führen die Besucher in kleinen Gruppen durch völlig schallisolierte Räume. Besucher erfahren die Welt der Gehörlosen durch nonverbale Kommunikation (für weitere Informationen s. www.dialog-im-dunkeln.de und www.dialog-im-stillen.de).

[277] So macht bspw. die Schwab Foundation for Social Entrepreneurship die Replizierbarkeit zum Auswahlkriterium für die von ihr geförderten Social Entrepreneurs.

[278] Vgl. Greenhalgh et al. (2004), S. 593.

denen Arten der Replizierung und ihre Merkmale. Beeinflusst wird die Möglichkeit zur Replizierung vor allem durch die Art der Innovation, den Replizierenden selbst sowie externe Rahmenbedingungen.[279]

Praktische Indikatoren für die Replizierbarkeit sind u. a. die erfolgte Nachahmung oder Kopie einer Idee durch andere sowie das Interesse der Politik oder anderer Meinungsbildner daran. Replizierbarkeit kann als abstufbares Merkmal auf einem Kontinuum mit den Ausprägungen sehr gut replizierbar bis schlecht replizierbar eingeordnet werden.

Impact Level

Unter Impact Level wird die Wirkungsreichweite in Bezug auf die Systemebene, auf der gesellschaftlicher Wandel stattfindet, verstanden. Generell können drei Systemebenen unterschieden werden: (1) die Makroebene, die sich auf die Gesellschaft als Ganzes bezieht, (2) die Mesoebene, die die Verbindung zwischen Mikro- und Makroebene darstellt und soziale Gebilde wie Familien, Gemeinden oder Organisationen umfasst, sowie (3) die Mikroebene, die sich auf die kleinste soziale Einheit, das Individuum, bezieht.[280]

Eine Unterscheidung der Social Value Propositions hinsichtlich des Impact Levels, auf dem sie ansetzen, ist aus zwei Gründen hilfreich: Zum einen muss den meisten sozialen Problemen auf mehreren Ebenen gleichzeitig begegnet werden, damit sich Missstände verringern.[281] Eine Differenzierung nach der Stufe des Impact Levels hilft somit bei einem besseren Verständnis des spezifischen Lösungsansatzes. Dies ist eine Grundbedingung für die Erstellung eines auf eine Organisation abgestimmten Reportings. Da gesellschaftlicher Wandel nur durch Aktivitäten auf allen Systemebenen bewirkt werden kann, ist es zum Zweiten für einen Investor im sozialen Bereich wichtig, ein ausgewogenes Portfolio über alle Systemebenen hinweg aufzubauen.[282]

Die folgende Abbildung fasst die verschiedenen Merkmale von Social Value Propositions und ihre Ausprägungen zusammen:

---

[279] Für detailliertere Ausführungen s. Greenhalgh et al. (2004), S. 594ff.; Light (2008), S. 70ff.

[280] Vgl. Doyle (2008), S. 9ff.
Alvord et al. zielen mit ihrem Vorschlag für eine Systematisierung sozialer Innovationen in die gleiche Richtung und sprechen von: (1) Transformational Innovation = Building local capacity, (2) Economic Innovation = disseminating a package of innovations, (3) Political Innovation = building a movement. Vgl. Alvord/Brown/Letts (2004), S. 267ff.

[281] Ein Beispiel hierfür ist das Problem häuslicher Gewalt: Hierbei muss zum einen den betroffenen Frauen selbst geholfen werden, es muss jedoch auch die Gemeinschaft, in der die Frauen leben, dafür sensibilisiert werden, sowie auf gesellschaftlicher Ebene die gesetzlichen Rahmenbedingungen für die Stärkung der Rechte der Frauen geschaffen werden.

[282] Vgl. Lumley/Langerman/Brookes (2005), S. 12.

Merkmal	Merkmalsausprägung		
Skalierbarkeit	Sehr gut	gut	schlecht
Replizierbarkeit	Sehr gut	gut	schlecht
Einkommensgenerierung	Ja	teilweise	Nein
Impact Level	Makroebene	Mesoebene	Mikroebene

Abbildung 7: Objektbereich von Social Value Propositions nach Merkmalen gegliedert
Quelle: Eigene Darstellung.

3.3   Umfeld von Social Entrepreneurship in Deutschland

Um die externen Rahmenbedingungen für ein Reporting im Social Entrepreneurship zu veranschaulichen, erfolgt an dieser Stelle ein Überblick über die spezifisch deutsche Situation von Social Entrepreneurship im Hinblick auf gesellschaftliche, politische und rechtliche Determinanten.[283]

3.3.1   Gesellschaftliche Determinanten

Im Vergleich zu angelsächsischen Ländern befindet sich die Entwicklung des Social Entrepreneurship in Deutschland noch am Anfang.[284] Dies hat mehrere Gründe, in denen sich historische Gegebenheiten und mentalitätsbedingte Faktoren mischen: Bisher ging man hierzulande mit Steuermitteln gegen soziale Missstände vor, entsprechend herrscht in der Bevölkerung nach wie vor ein stark ausgeprägtes Anspruchsdenken bezüglich der Bereitstellung staatlicher Sozialleistungen. Dies läuft dem Gedanken der Subsidiarität und Eigenverantwortung und damit der Gründung sozialer Organisationen zuwider.

Hinzu kommt eine generell schwach ausgeprägte unternehmerische Einstellung in Deutschland.[285] Eine weitere Ursache sind die historisch fest etablierten sozialen Sicherungssysteme und die vorherrschende Stellung von Staat, paritätischen Wohl-

---

[283] Vgl. Volkmann/Tokarski (2006), S. 60ff.; Vollmann (2008), S. 13ff.; Guclu/Dees/Anderson (2002).
Für einen umfassenden Überblick über Social Entrepreneurship in Deutschland siehe Vollmann (2008).

[284] Vgl. Achleitner (2007), S. 59.

[285] Vgl. Brixy et al. (2009), S. 10ff.

fahrtsverbänden und Kirchen bei der Lösung sozialer Probleme.[286] Diese Strukturen drücken sich auch in den Themenfeldern aus, in denen Social Entrepreneurs in Deutschland aktiv sind: Da die soziale Grundsicherung vom Staat übernommen wird, sind Social Entrepreneurs hierzulande vor allem in den Bereichen Beschäftigung, Integration und Bildung tätig, im Gegensatz zu weniger entwickelten Ländern, in denen bspw. die Versorgung der Bevölkerung mit Nahrungsmitteln oder Medikamenten im Vordergrund des Engagements sozialer Organisationen steht.

Eine weitere Ursache für die bisher noch relativ geringe Bedeutung von Social Entrepreneurship in Deutschland liegt auch in generellen Vorurteilen und negativen Assoziationen, die häufig mit unternehmerischem Engagement im Non-Profit-Sektor verbunden sind.[287] Ob aus einer traditionellen christlichen oder aus einer eher sozialistisch begründeten Kapitalismuskritik heraus erachten viele, zumal sozial engagierte Menschen, eine klare Trennung von Markt und Sozialem als erstrebenswert, da sie den Markt als Verursacher von Problemen, nicht als dessen Lösung ansehen. Bei großen Teilen der Bevölkerung findet sich eine grundlegende Ablehnung gegen die „Verwirtschaftlichung" des Non-Profit-Sektors und die „Vermarktung" von sozialen Missständen. Die Prinzipien der Wirtschaftlichkeit – d. h. die Erreichung eines gesetzten Ziels mit möglichst schonendem Ressourceneinsatz oder die Erzielung größtmöglichen Erfolgs mit gegebenen Mitteln – und der Rentabilität, also das Abzielen auf eine möglichst hohe Rendite für das eingesetzte Kapital, werden verwechselt oder gleichgesetzt. Es erscheint vielen Menschen mit altruistischer Überzeugung unvereinbar, Gutes zu tun und damit auch Geld zu verdienen.[288]

Es sind jedoch auch zahlreiche positive Entwicklungen in Deutschland zu beobachten wie bspw. das Anwachsen des zivilgesellschaftlichen Engagements. Im Zusammenhang mit dem Erstarken des bürgerschaftlichen Engagements[289] wird auch die Entstehung von Social Entrepreneurship in dem Maße zunehmend erfolgreicher sein, in dem die Zivilgesellschaft aktiver wird.[290] Verstärkte Unterstützung bekommen Social Entrepreneurs in Deutschland darüber hinaus seit ein paar Jahren von einer Reihe neuer privater Förderer. Hier sind vor allem die Netzwerke von Ashoka[291] und

---

[286] Vgl. Heinze/Olk (1981).

[287] Vgl. Dees (1998), S. 57ff.

[288] Vgl. Bassen/Roder (2009), S. 275ff.

[289] Vgl. Priller/Zimmer (2000), S. 13.

[290] Vgl. Vollmann (2008), S. 26ff.

[291] Ashoka – Innovators for the Public wurde 1980, als erste Organisation zur Förderung von Social Entrepreneurs, gegründet. Ashoka ist in über siebzig Ländern tätig und unterstützt die Aktivitäten von rund 2.000 sog. Fellows, die sich auf den unterschiedlichsten Gebieten engagieren, mit einem individuellen Lebensunterhaltsstipendium. In Deutschland hat die Tochtergesellschaft Ashoka Deutschland gGmbH seit 2006 insgesamt zwanzig Fellows in das Netzwerk aufgenommen. Vgl. Frischen (2007), S. 153ff.; www.ashoka.org.

3.3 Umfeld von Social Entrepreneurship in Deutschland

der Schwab Foundation[292] sowie der Venture-Philanthropy-Fonds BonVenture[293] zu nennen. Auch gehen privatwirtschaftliche Unternehmen und Social Entrepreneurs verstärkt Kooperationen ein.[294]

3.3.2 Politische Determinanten

Eine bedeutende politische Entwicklung ist der bereits in Kapitel 2.2 angesprochene Wandel vom klassischen Wohlfahrtsstaat hin zu einer aktivierenden Sozialpolitik.[295] Ausgelöst durch abnehmende staatliche Finanzierungsmöglichkeiten wird der staatliche Einfluss auf den Non-Profit-Sektor zunehmend geringer. Zusätzlich sieht die Politik ihre primäre Aufgabe in steigendem Maße in der Befähigung der Bürger zur Selbsthilfe sowie als Koordinatorin und Förderin sozialer Dienstleistungen. Durch den im internationalen Vergleich hohen Anteil staatlicher Finanzierung sozialer Aktivitäten (s. Kap. 2.2) und den nun einsetzenden Rückzug des Staates nimmt die Notwendigkeit für innovative neue Konzepte zur Lösung sozialer Probleme zu.[296] Die daraus folgende zunehmende Deregulierung und Privatisierung sowie die Zunahme von Wettbewerb im Non-Profit-Sektor führen zur Anwendung marktorientierter Ansätze und begünstigen die Entstehung von Social Entrepreneurship.

Einschränkend ist anzumerken, dass es noch keine staatliche Förderinfrastruktur speziell für Social Entrepreneurs in Deutschland gibt.[297] Auch werden Social Entrepreneurs allein nicht in der Lage sein, soziale Probleme umfassend zu lösen. Vielmehr sollte der Staat bereit sein, gute Ideen von Social Entrepreneurs zu kopieren und deren flächendeckende Verbreitung zu fördern.[298]

3.3.3 Rechtliche Determinanten

Obwohl die Grenzen zwischen dem privatwirtschaftlichen und dem Non-Profit-Sektor zunehmend verwischen, gibt es in Deutschland noch keine entsprechende Rechtsform für hybride Organisationen, die das Verfolgen sozialer Ziele (mit den

---

[292] Die Schwab Foundation for Social Entrepreneurship ist die zweite Förderorganisation für Social Entrepreneurs, die in Deutschland aktiv ist. Gegründet vom Initiator des World Economic Forums, Prof. Klaus Schwab, zeichnet die Stiftung jedes Jahr einen „Social Entrepreneur of the Year" aus, dem eine Teilnahme am Weltwirtschaftsforum ermöglicht wird. Weitere Informationen unter www.schwabfound.org.

[293] BonVenture ist der erste Venture-Philanthropie-Fonds in Deutschland (s. auch Kap. 2.4.3). Weitere Informationen unter www.bonventure.de.

[294] Vgl. Hafenmayer (2007), S. 185ff.

[295] Vgl. Vollmann (2008), S. 22ff.

[296] Vgl. Achleitner (2007).

[297] Vgl. Vollmann (2008), S. 30ff.

[298] Vgl. Achleitner (2006). Vgl. zu den Bedingungen hierfür die Ausführungen über Replizierbarkeit von Social Value Propositions unter Kapitel 3.2.4.3.

hiermit verbundenen steuerrechtlichen Vorteilen) und eine einkommensgenerierende Tätigkeit verknüpfen. Generell stehen alle Rechtsformen in Deutschland für Social Entrepreneurs zur Verfügung.[299] Da jedoch oft nur gewisse Teile der Organisation eines Social Entrepreneurs als gemeinnützig anerkannt werden, sehen viele sich mit dem Problem konfrontiert, sich zwischen dem privaten und dem sozialen Sektor entscheiden zu müssen. In der Praxis streben daher die meisten Social Entrepreneurs einen Gemeinnützigkeitsstatus an, mit dem verschiedene steuerliche Vorteile verbunden sind (s. Kap. 2.1).[300] Diese Schwierigkeiten stellen ganz klar einen Nachteil bei der Verbreitung von Social Entrepreneurship in Deutschland dar.

3.4   Zusammenfassung und Arbeitsdefinition von Social Entrepreneurship

Nach der ausführlichen Darstellung einzelner Merkmale von Social Entrepreneurs kann zum Abschluss dieses Kapitels eine Definition des Begriffs für die vorliegende Arbeit aufgestellt werden:

Ein Social Entrepreneur ist ein spezieller Typus des Entrepreneurs, der mit seiner Organisation durch das Anbieten einer Social Value Proposition unternehmerisch und innovativ positiven gesellschaftlichen Wandel bewirken möchte.

Ein akteurs- und prozessorientiertes unternehmerisches Element ist für die Definition des Social Entrepreneurs ebenso konstitutiv wie die Gründung einer Organisation (die durch eine oder mehrere Personen erfolgen kann), ein innovatives Produkt oder ein innovativer Prozess sowie die Anwendung einer Social Value Proposition. Diese kann anhand der Merkmale Einkommensgenererierung, Skalierbarkeit, Replizierbarkeit sowie Impact Level weiter spezifiziert werden.

Aufgrund aktueller gesellschaftlicher sowie politischer Veränderungen erscheint Social Entrepreneurship als große Chance, die drängenden gesellschaftlichen Probleme unserer Zeit zu bekämpfen.[301] Damit die Verbindung von wirtschaftlichem Denken und unternehmerischem Geist (jedoch nicht im Sinne von monetärer Gewinnorientierung) mit einem sozialen Ziel in Deutschland auf breiterer Ebene und erfolgreicher wirksam werden kann, muss jedoch neben Veränderungen auf der Wahrnehmungs- und Mentalitätsebene eine Systemveränderung in Richtung eines weiteren Ausbaus der politischen und rechtlichen Infrastruktur zur Unterstützung von Social Entrepreneurs erfolgen. Eine wichtige Voraussetzung dafür ist unter anderem die Messung des Erfolgs von Social Entrepreneurs und dessen professionelle Darstellung im Reporting. Ein Modell für die Gestaltung eines solchen Reportings wird in den nächsten Kapiteln abgeleitet.

---

[299] Zu einer ausführlichen Darstellung der verschiedenen Rechtsformen sowie ihrer Vor- und Nachteile siehe Pöllath (2007).

[300] Vgl. Linklaters (2006), S. 19ff.

[301] Vgl. Bornstein (2006), S. 346; Achleitner (2006).

4 Determinanten eines Reportings im Social Entrepreneurship

4.1 Grundlagen des Reportings

Wer in ein Unternehmen investiert, will darüber informiert sein, wie das Unternehmen arbeitet und in welchem Maße es seine Ziele erreicht. Werden Informationsbedürfnisse von (aktuellen und potenziellen) Investoren durch Organisationen nicht durch in der Einrichtung etablierte Mess- und Dokumentationssysteme erfüllt, so sind die aufgrund asymmetrischer Informationsverteilung entstehenden hohen Kosten der Informationsbeschaffung oft ausschlaggebend dafür, dass eine Investition nicht erfolgt.[302] Um eine bestmögliche Ressourcenallokation zu erzielen, benötigen Investoren aussagefähige Berichterstattung. Je transparenter und standardisierter diese Informationen sind, desto besser lassen sich zukünftige Renditen schätzen und Risiken einer Investition minimieren – und umso attraktiver wird eine Organisation aus Sicht des Investors. Eine nachvollziehbare Entscheidungsgrundlage erleichtert die Kapitalaufnahme. Diese Erleichterung der Kapitalaufnahme führt dann auch zu einer Senkung der Kosten der Kapitalbeschaffung und einer effizienteren Kapitalallokation.

Um Informationskosten zu senken, betreiben privatwirtschaftliche Unternehmen Berichterstattung durch Rechnungslegung.[303] Art und Umfang dieser Informationen sind in Deutschland weitestgehend kodifiziert und bestehen primär aus zahlenmäßigen Informationen.[304] Der Jahresabschluss ist bei privatwirtschaftlichen Unternehmen das entscheidende Instrument der Kommunikation mit den Investoren.[305] Das

---

[302] Vgl. Richter/Furubotn (1999), S. 51ff.

[303] Vgl. Schneck (1994), S. 571ff.
Bei notierten Unternehmen wird diese ergänzt durch freiwillige Investor-Relations-Aktivitäten. Vgl. Brennan/Tamarowski (2000); Lev (1992).

[304] Der Jahresabschluss umfasst handelsrechtlich normiert eine Bilanz und eine Gewinn- und Verlustrechnung. Für Kapitalgesellschaften muss zusätzlich ein Anhang und ein Lagebericht erstellt werden, vgl. Schneck (1994), S. 332; Botosan (1997). Für einen Überblick über Vorschriften der Rechnungslegung siehe bspw. Baetge/Kirsch/Thiele (2007), S. 26ff.

[305] Die Erfassung und Aufbereitung der Informationen erfolgt durch das Rechnungswesen. Hier ist auch die Schnittstelle zum Controlling zu sehen. Für eine ausführliche Darstellung verschiedener Controlling-Definitionen sowie für einen Überblick über die historische Entwicklung unterschiedlicher Controlling-Konzeptionen siehe Küpper (2001), S. 2ff.; Wall (2002),

(Fortsetzung auf S. 68)

Konzept des Reportings als umfassende Unternehmensberichterstattung, die neben der verpflichtenden auch die freiwillige Berichterstattung umfasst, hat seinen Ursprung im stärker investorenorientierten angelsächsischen Raum.[306] Reporting geht somit inhaltlich weiter als die deutsche traditionelle, in der Praxis gesetzlich normierte externe Rechnungslegung für Unternehmen. Mit dieser für Investoren attraktiven Eigenschaft, die zugleich erlaubt, auch komplexere Zusammenhänge darzustellen, ist Reporting das geeignete Konzept für eine Berichterstattung im Social Entrepreneurship.

Primärer Ansatzpunkt für die Ausgestaltung eines Reportings im Social Entrepreneurship ist das Verständnis von Sinn und Zweck eines solchen Instruments. Im vorliegenden Kapitel erfolgt daher zu Beginn ein Überblick über die generelle Funktion von Reporting, die Informationsvermittlung. Aufbauend auf der Prinzipal-Agenten- sowie der Stewardship-Theorie werden die beiden Subfunktionen der Informationsvermittlung, Entscheidungsunterstützung und Rechenschaftslegung, dargestellt. Nach dieser Darstellung der Funktion von Reporting erfolgt in einem nächsten Schritt die konkrete Bestimmung der Reportingadressaten sowie ihrer Informationsbedürfnisse. Bevor konkrete Inhalte eines Reportings im Social Entrepreneurship erörtert werden, erfolgt ein Überblick über grundlegende qualitative und quantitative Anforderungen, die ein Reporting erfüllen muss. Am Ende des Kapitels erfolgt dann die Darstellung der inhaltlichen Determinanten, d.h. der Zielsetzung, des Unternehmenserfolgs sowie des Risikos und der Organisational Capacity von Social Entrepreneurs.

Existierende Theorien zum Reportingwesen können aufgrund der Social Value Proposition, also des nichtfinanziellen Charakters der Ziele von Social Entrepreneurs (s. Kap. 3.2.4), nicht vollständig auf Reporting in diesem Bereich übertragen werden. Sie werden jedoch als theoretischer Ausgangspunkt verwendet und im weiteren Verlauf zunehmend an den Kontext des Social Entrepreneurship angepasst. Da das Rechnungswesen die Informationen erfasst, die in einem Reporting kommuniziert werden, bezieht sich diese Arbeit vorwiegend auf klassische Literatur und Theorie des Rechnungswesens.

---

[305] *(Fortsetzung von S. 67)* S. 68ff. Neben funktionalen Unterschieden existiert heute größtenteils durch Ausrichtung des Jahresabschlusses an gesetzlichen Bestimmungen auch eine institutionelle Trennung von Rechnungswesen und Controlling in Unternehmen, vor allem in Deutschland. In den USA wird schon länger ein integriertes Rechnungswesen praktiziert, dort ist das externe Rechnungswesen stets Bestandteil der Controllingaufgaben, vgl. Hebeler/Wurl (2002), S. 211; Stoffel (1995), S. 31.

[306] Vgl. Böcking (1998), S. 18ff.
Für eine Einführung in die wesentlichen Merkmale US-amerikanischer Rechnungslegung siehe Haller (1995).

4.2 Informationsvermittlung als Globalfunktion des Reportings

4.2.1 Informationsökonomische Vorüberlegungen

Das Grundproblem der Koordination wirtschaftlicher Aktivitäten sah bereits Hayek 1945 darin, dass kein Wirtschaftsakteur über alle relevanten Informationen verfügt.[307] Informationsbeschaffung und die damit verbundenen Kosten stellen somit einen maßgeblichen Einflussfaktor auf ökonomische Interaktionen dar. Informationen sind dabei jedoch nicht per se wertvoll, sie erlangen informationsökonomisch erst durch einen zielgerichteten Einsatz für spezifische Anwendungsbereiche Bedeutung. Sie sind nur dann von Nutzen, wenn sie Erwartungen ändern und die Wahl von Alternativen erwirken, die ohne Ausnutzung des Informationssystems nicht ergriffen worden wären.[308] Informations- und Berichtssysteme dienen somit als Mittel zur Zweckerreichung, indem sie eine Verbesserung bei der Entscheidungsfindung bieten.[309] Als Globalfunktion von Reporting wird daher in der Literatur die Informationsvermittlung für gegenwärtige und zukünftige Reportingadressaten angeführt.[310] Für alle rechnungslegenden Organisationen ist Reporting unter Wirtschaftlichkeitsaspekten daher kein Selbstzweck, sondern ein Instrument zur Erreichung dieser Informationsfunktion.[311]

Ein Reporting umfasst somit alle Informationen eines Unternehmens, die die Reportingadressaten bei der Beurteilung der Aktivitäten des Berichtenden maßgeblich unterstützen. Diese Informationsfunktion bezieht sich zum einen auf Informationen als Grundlage für zukünftige Entscheidungen über die Ressourcenallokation (ex ante), zum anderen auf Informationen als Grundlage für Rechenschaftslegung über die Ergebnisse der Berichtsperiode (ex post).[312] Beide Zielsetzungen werden im Folgenden weiter ausgeführt.

4.2.2 Reporting als Instrument der Entscheidungsunterstützung

Eine Subfunktion der Informationsvermittlung ist die Bedeutung des Reportings als Informationsinstrument bei Entscheidungen über eine zukünftige Ressourcen-

---

[307] Vgl. Hayek (1945), S. 530.

[308] Vgl. Ballwieser (1982), S. 780.

[309] Dies deckt sich mit einem pragmatischen Informationsverständnis. Vgl. Werner (1992), S. 6ff. Auch Küpper sieht die Bedeutung von Informationen vor allem in ihren Verwendungsmöglichkeiten begründet. Vgl. Küpper (2001), S. 160; Kruse (1978), S. 94.

[310] Die Begriffe Funktion und Zweck werden hier quasi synonym verwendet – in der Erfüllung seiner Funktion erreicht das Reporting den Zweck bzw. das Ziel der Informiertheit der Adressaten.

[311] Vgl. Böcking (1998), S. 44; KPMG (2003), S. 2; Streim (1986), S. 3; Löwe (2003), S. 57.

[312] Der Informationszweck ist demnach ein Globalzweck. Alle weiteren Funktionen können als Subfunktionen bzw. Teilzwecke gesehen werden. Vgl. Ernst (2002), S. 182; Baetge/Kirsch/Thiele (2007), 93ff.

allokation.[313] Für eine solche Entscheidung werden sowohl Informationen über mögliche, erwartete Erfolge (Prognosen) als auch solche über vergangene Zielerreichung benötigt. Die theoretische Annahme, auf der die Funktion der Entscheidungsunterstützung basiert, geht davon aus, dass Ressourcenallokation effizienter ist, wenn rationale ökonomische Entscheidungen möglich sind.[314] Informationen sind in diesem Kontext daher dann entscheidungsrelevant, wenn sie der Reduzierung von Informationsasymmetrien dienen.

Informationsasymmetrien entstehen, wenn mehrere Personen mit unterschiedlichem Wissensstand in Interaktion treten und die Beschaffung der Informationen unterschiedlich hohe Kosten verursacht. Erfolgt in diesem Zusammenhang aufgrund komparativer Effizienzvorteile die Beauftragung einer Person (oder einer Gruppe von Personen) durch eine andere Person zur Durchführung einer bestimmten Dienstleistung, zur Herstellung eines Produkts oder zur Herbeiführung eines bestimmten Erfolgs, stellt die Beziehung zwischen den Beteiligten ein sog. Prinzipal-Agenten-Modell dar.[315] Als Prinzipal wird in diesem Modell der Auftraggeber bezeichnet, der Auftragnehmer ist der sog. Agent, die Beziehung zwischen diesen beiden Personen wird durch die Prinzipal-Agenten-Theorie untersucht. Sie stellt bis heute das dominierende theoretische Paradigma in der Reportingliteratur dar.[316] Bezogen auf die hier

---

[313] Vgl. Framework IASB/FASB. In der englischsprachigen Literatur ist in diesem Zusammenhang von ‚Decision-Usefulness' die Rede.

[314] Vgl. Haller (1995), S. 9.
Für einen allgemeinen Überblick über das Decision-Usefulness-Paradigma und das Stewardship-Modell im Reporting s. Coy/Fischer/Gordon (2001).

[315] Vgl. Göbel (2002), S. 98ff.

[316] Vgl. Richter/Furubotn (1999), S. 163ff.; Böcking (1998), S. 24ff.; Nicholls (2005), S. 5.
Für die Prinzipal-Agenten-Theorie s. Eisenhardt (1989); Fama/Jensen (1983); Hoskisson et al. (1999); Jensen/Meckling (1976).
Innerhalb der Prinzipal-Agenten-Theorie können zwei Strömungen unterschieden werden: Der normative Ansatz setzt sich mit Gestaltungsempfehlungen für die Koordinierung optimaler Vertragsbedingungen auseinander [vgl. Breid (1995), S. 821; Elschen (1991), S. 1003; Kleine (1995), S. 28]. Der positive Ansatz befasst sich mit der Beschreibung und Erklärung tatsächlich beobachteter institutioneller Verträge [vgl. Fama (1980); Fama/Jensen (1983)]. Diese Unterscheidung ist jedoch rein theoretischer Natur und für die Praxis nicht relevant. Vgl. zu dieser dichotomen Klassifizierung auch Richter/Furubotn (1999), S. 165ff.; Eisenhardt (1989), S. 59ff.; Alparslan (2006), S. 38ff.
Ausgangspunkt für die Prinzipal-Agenten-Theorie war die Transaktionskostentheorie. Sie geht auf Coase (1937) zurück, der erstmals die Kosten von Markttransaktionen untersuchte und damit die Existenz von Unternehmen durch deren effizientere Abwicklung von Markttransaktionen erklärte [vgl. auch Coase (1988)]. Diese Ideen wurden u.a. von Williamson (1971) und Alchian (1969) weiterentwickelt. Viele Annahmen liegen beiden Theorien zugrunde, wie bspw. die der ‚Bounded Rationality' [s. Bea/Göbel (1999), S. 212; Göbel (2002), S. 109)] und das nutzenmaximierende Eigeninteresse als Handlungsprimat. Bei der Transaktionskostentheorie stehen jedoch das Unternehmen und verschiedene Governance-Strukturen im Mittelpunkt, die Prinzipal-Agenten-Theorie hingegen befasst sich mit Vertragsbeziehungen unabhängig von Unternehmensgrenzen, vgl. Eisenhardt (1989), S. 64.

diskutierten Zusammenhänge wäre der Prinzipal ein (potenzieller) Investor, der durch die Finanzierung eines Social Entreprenuers einen gesellschaftlichen Erfolg erzielen will.

Jensen und Meckling gelten als die wichtigsten Vertreter der Prinzipal-Agenten-Theorie, deren zentrale Annahme im Menschenbild des „Homo oeconomicus" liegt, des rationalen, den eigenen materiellen Nutzen maximierenden Entscheiders.[317] In einem Prinzipal-Agenten-Modell besitzt der Agent einen Informationsvorsprung, da er seine Anstrengungen, Kenntnisse und Absichten besser beurteilen kann als der Prinzipal, und es besteht die Gefahr, dass er diesen „diskretionären Handlungsspielraum"[318] opportunistisch ausnutzt. Besteht zusätzlich eine Interessendivergenz[319] zwischen den Akteuren, führt dies zu sog Agency-Problemen.[320] Es werden in diesem Zusammenhang zwei Arten von Informationsasymmetrien unterschieden: Zum einen die adverse Selektion (die asymmetrische Information vor Vertragsschluss), zum anderen das moralische Risiko (die asymmetrische Information nach Vertragsschluss).[321] Derartige Fragestellungen existieren in allen Organisationsarten und führen u. a. zur Implementierung von Monitoringmechanismen wie bspw. Reportingsystemen, um Informationsasymmetrien zu reduzieren.[322]

Analog zur Grundstruktur der Prinzipal-Agenten-Theorie lässt sich, wie angedeutet, auch die Beziehung zwischen einem Social Entrepreneur und den weiter un-

---

[317] Vgl. Streim (1986), S. 7ff.
Diesem Handlungsmodell liegen folgende Annahmen zugrunde: (1) Individualprinzip, (2) Prinzip der Problemorientierung, (3) Prinzip der Trennung zwischen Präferenzen und Restriktionen, (4) Rationalitätsprinzip, (5) Prinzip der Nicht-Einzelfall-Betrachtung, (6) Prinzip des methodologischen Individualismus. Vgl. Erlei/Leschka/Sauerland (2007), S. 2ff.; Richter/Furubotn (1999), S. 40; Göbel (2002), S. 23ff.

[318] Spremann (1990), S. 571.

[319] Diese Interessendivergenz ist zurückzuführen auf das Menschenbild des ‚Homo oeconomicus', siehe FN 317.

[320] Vgl. Göbel (2002), S. 100ff.
Es werden vier Arten von Problemen unterschieden:
(1) hidden characteristics, (2) hidden action, (3) hidden information, (4) hidden intention. Von Bedeutung nach Vertragsschluss zwischen Prinzipal und Agent sind vor allem (2) und (3). Vgl. Hartmann-Wendels (1989).

[321] Vgl. Richter/Furubotn (1999), S. 196ff.
Der Vertragsbegriff wird in diesem Zusammenhang sehr weit ausgelegt. Es werden darunter sämtliche Regelkomplexe verstanden, die geeignet sind, die Entscheidungen des Agenten zu definieren, zu beeinflussen und zu koordinieren. Vgl. Schweizer (1999), S. 5ff.; Alparslan (2006), S. 12ff.; Jost (2001), S. 13.

[322] Vgl. Eisenhardt (1989); Jensen/Meckling (1976); Picot/Dietl/Franck (1999), S. 93.
Weitere Lösungsmöglichkeiten für Prinzipal-Agenten-Konflikte sind im Hinblick auf die Interessendivergenz die Anreizstruktur für den Agenten sowie Bonding. Da diese Lösungsansätze für das vorliegende Thema des Reportings im Social Entrepreneurship nicht relevant sind, wird an dieser Stelle nicht weiter darauf eingegangen.

ten (in Kap. 4.4) erörterten Reportingadressaten, die soziale Organisationen auf verschiedene Arten unterstützen, interpretieren. Diese Unterstützer übertragen ihre Entscheidungsgewalt auf den Social Entrepreneur, da dieser die notwendigen Spezialkenntnisse zur Lösung eines gesellschaftlichen Problems aufbringt. Problematisch wird diese Vertragsbeziehung durch eine starke Intransparenz u. a. des Wertes und der Qualität der angebotenen Leistungen, die, wie in Kapitel 2.3.2 dargelegt, so charakteristisch für den Non-Profit-Sektor ist, dass sie teilweise als Grund für dessen Entstehen angesehen wird – und die auch das Nicht-Ausschüttungs-Gebot nicht vollständig zu beheben mag.[323] Diese intransparenten Märkte führen zu erheblichen Informationsasymmetrien und möglicherweise zu einer subjektiv wahrgenommenen und oft doch nur vermeintlichen Interessendivergenz zwischen den Beteiligten. Ein Beispiel hierfür könnten unterschiedliche Ansichten der Akteure hinsichtlich der Verwendung von Geldern sein. Durch die schwierige Messung sozialen Erfolgs (s. Kap. 5.2.2) wird diese Problematik weiter verschärft. Es ist an dieser Stelle zu beachten, dass der Prinzipal ex ante nicht weiß, ob der Agent sich opportunistisch verhalten wird. Er ist lediglich einem Risiko ausgesetzt und wird aufgrund seiner angenommenen Risikoaversion mit entsprechenden Instrumenten reagieren.[324] In einem solchen Fall kann ein Reporting Probleme zwischen Prinzipal und Agenten verringern, indem Informationen, c.p., zur Verfügung gestellt und dadurch Informationsasymmetrien verringert werden.

Trotz der grundlegenden Bedeutung der Prinzipal-Agenten-Theorie in der Betriebswirtschaftlehre ist ihre Anwendung nicht immer unproblematisch: Zum einen stehen bei einer Prinzipal-Agenten-Betrachtung die Interessen des Resource Providers im Mittelpunkt, andere Stakeholder bleiben bei der Betrachtung außen vor. Ebenso ermöglicht die reine Fokussierung auf zwei Parteien zwar eine Reduzierung komplexer Organisationsprobleme, externe Einflussfaktoren werden jedoch nicht berücksichtigt. Die bedeutendste Schwachstelle wird in der Basisannahme der Prinzipal-Agenten-Theorie gesehen, in der vom Menschenbild des Homo oeconomicus ausgegangen wird, der opportunistisch handelt und primär seinen eigenen Nutzen mehren möchte.[325] Diese institutionenökonomische Perspektive blendet wesentliche von der Verhaltenswissenschaft inzwischen als Handlungsmotive identifizierte Aspekte aus, da die Nutzenfunktion von Agenten außer den Elementen „Einkommenserzielung" und „Reputation" eine Reihe weiterer Motive enthalten kann.[326]

---

[323] Vgl. Hierzu auch Kapitel 2.4.2.

[324] Vgl. Davis/Schoorman/Donaldson (1997), S. 22.

[325] Vgl. Davis/Schoorman/Donaldson (1997), S. 24; Donaldson/Davis (1991), S. 51.

[326] Motivation kann bspw. auch im Bedürfnis nach Selbstverwirklichung oder Zugehörigkeit oder Weiterentwicklung liegen, vgl. Donaldson (1990), S. 371ff., Streim (1986), S. 7.

Es ist zudem möglich, dass die Interessen zwischen den Parteien gleichgerichtet sind, d. h. dass kein Zielkonflikt existiert. Bei Betrachtung des Verhältnisses zwischen einem Social Entrepreneur und einem Investor ist es sogar sehr wahrscheinlich, dass beide eine maximale soziale Wirkung anstreben und somit eine Interessenkonvergenz vorliegt. Eignet sich die Prinzipal-Agenten-Theorie aus den oben angeführten Gründen recht gut als Entscheidungshilfe ex ante, so wird sie durch ihre Mängel bei der Betrachtung der Beziehung zwischen Prinzipal und Agent wie auch in der Wahrnehmung von Zielen eher problematisch, wenn es darum geht, ex post Rechenschaft abzulegen, inwieweit angestrebte Ziele erreicht wurden. Ein Modell, das das Verhältnis der beiden Parteien in einem solchen Fall angemessener beschreibt als die Prinzipal-Agenten-Theorie, ist die Stewardship-Theorie.[327]

4.2.3 Reporting als Instrument der Rechenschaftslegung

Die Stewardship-Theorie untersucht ebenso wie die Prinzipal-Agenten-Theorie eine Beziehung zwischen zwei Personen bzw. Parteien. Der Prinzipal delegiert auch in diesem Fall die Entscheidungsgewalt an den „Steward"[328]. Die Wortwahl drückt hier schon ein zentrales Moment dieser Theorie aus, die den Auftragnehmer als so verantwortlich bemüht um das Wohl des ihm Anvertrauten kennzeichnet. Der zentrale Unterschied der Stewardship-Theorie gegenüber der Prinzipal-Agenten-Theorie liegt damit in dem anderen Menschenbild, das sie zugrunde legt. Auf der Basis soziologischer und psychologischer Theorien geht die Stewardship-Theorie davon aus, dass neben dem rein nutzenmaximierenden Interesse sowohl bei dem Prinzipal als auch auf Seiten des Agenten auch andere Motive existieren.[329] Dies kann zu einer Übereinstimmung der Interessen zwischen den Akteuren führen. Die Beziehung zwischen den Beteiligten wird demnach auch als nicht zuerst antagonistische verstanden, sondern als basierend auf einem prinzipiellen Vertrauen.

Aus dieser Stewardship-Beziehung leitet sich die Rechenschaftsfunktion von Reporting ab. Nach Leffson ist Rechenschaft „die Offenlegung der Verwendung anvertrauten Kapitals in dem Sinne, dass dem Informationsberechtigten [...] ein so vollständiger klarer und zutreffender Einblick in die Geschäftstätigkeit gegeben wird, dass dieser sich ein eigenes Urteil über das verwaltete Vermögen und die damit erzielten Erfolge bilden kann".[330] Sie dient somit als Vergleich von erwarteter und rea-

---

[327] Vgl. Arthurs/Busenitz (2003), S. 148ff.

[328] Als Steward wird in diesem Zusammenhang der Auftragnehmer bezeichnet.

[329] Siehe hierzu auch FN 321.
Beispiele für nichtmonetäre Motivationsfaktoren sind über die in FN 326 genannten hinaus die Übernahme von Verantwortung oder eine größere Handlungsflexibilität. Vgl. Velte (2009).

[330] Leffson (1976), S. 64; zur Ermittlung der handelsrechtlichen Zwecke der externen Rechnungslegung s. Baetge/Kirsch/Thiele (2007), S. 96ff.

lisierter Zielerreichung durch die Analyse vergangenheitsbezogener Informationen.[331] Diese Rechenschaftsfunktion wird deshalb auch als Kontrollfunktion i. S. v. Kontrolle der Erreichung von Zielen bezeichnet.[332] Die Stewardship-Theorie legt damit den Schwerpunkt bei der Betrachtung der Notwendigkeit von Reporting auf die Verantwortung, Kompetenz und Integrität des Stewards.[333]

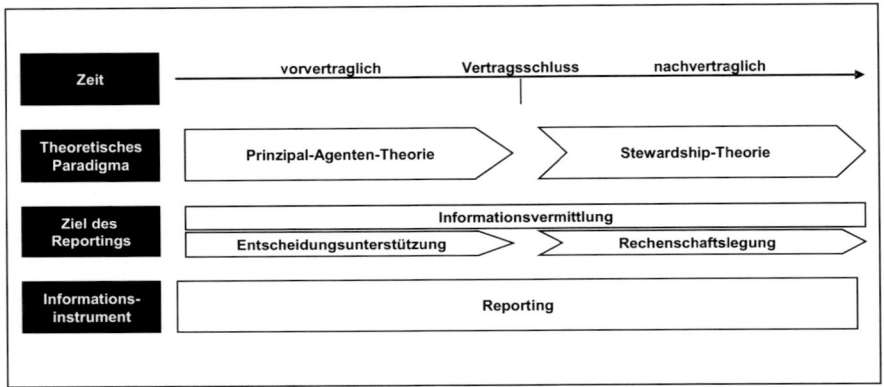

Abbildung 8: Beziehung zwischen Prinzipal und Agent im Social Entrepreneurship
Quelle: Eigene Darstellung.

Zusammenfassend kann festgehalten werden, dass sowohl die Prinzipal-Agenten-Theorie als auch die Stewardship-Theorie Grundlagen für ein Reporting im Social Entrepreneurship darstellen und sich ergänzen. Die Globalfunktion der Informationsvermittlung für die Reportingadressaten kann durch die Subziele Entscheidungsunterstützung und Rechenschaftslegung weiter spezifiziert werden. Diese Subziele schließen sich nicht gegenseitig aus, vielmehr kann vermutet werden, dass sich die Beziehung zwischen einem Resource Provider und einem Social Entrepreneur über die Zeit von einer Prinzipal-Agenten- (vorvertraglich) zu einer Prinzipal-Steward-Beziehung (nachvertraglich) entwickelt.[334] Damit diese Entwicklung nicht gestört wird durch die in seiner Zukunftgerichtetheit begründeten Unsicherheiten des Ex-ante-Reportings, ist es notwendig, diese so weit wie möglich einzuschränken, etwa durch einen Abgleich zwischen für die Zukunft projezierten und bisher schon er-

---

[331] Vgl. Leffson (1976), S. 64ff.

[332] Vgl. Sieben/Guthardt (1979), S. 6.

[333] Vgl. Coy/Fischer/Gordon (2001); Davis/Schoorman/Donaldson (1997); Donaldson/Davis (1991).

[334] Vgl. Van Slyke (2007).

reichten Werten oder andere Plausibilitätsbegründungen sowie durch die Ermittlung beider Werte nach den gleichen Regeln (vgl. Kap. 4.6).

4.3 Rahmengrundsätze eines Reportings

4.3.1 Bedeutung von Rahmengrundsätzen für ein Reporting im Social Entrepreneurship

Damit Informationen in einem Reporting nützlich sind, müssen sie neben der zielge-richteten Verwendung bestimmten qualitativen und quantitativen Anforderungen (auch sog. „Generalklauseln" oder „Rahmengrundsätze"[335]) entsprechen, die von den jeweiligen nationalen Institutionen der Wirtschaftsregulierung aufgestellt wurden und rechtsformunabhängig für alle berichtenden Organisationen gelten.[336] Diese die-nen zur Interpretation und zur Lösung der in Reportingvorschriften nicht spezifisch geregelten Probleme sowie zur Erläuterung der Grenzen und Möglichkeiten der In-formationsfunktion des Reportings.[337] Gleichzeitig bilden sie die präskriptive Grund-lage für die Erstellung zukünftiger Reportingstandards. Eine Regelungskonsistenz ist sowohl für den Berichtenden wie auch für den Reportingadressaten von Vorteil, da Wahlrechte verringert, widersprüchliche Regelungen vermieden und bestehende Regelungslücken kurzfristig geschlossen werden können.[338]

Da für ein Reporting im Social Entrepreneurship keine spezifischen Rahmen-grundsätze existieren, werden diese für die vorliegende Arbeit aus existierenden Re-portingvorschriften abgeleitet. Ungeachtet spezifischer nationaler Bestimmungen des Rechnungswesens können vier wesentliche qualitative und zwei quantitative Rahmengrundsätze für das Reporting identifiziert werden:[339] Diese sind zum einen die zentralen Primärgrundsätze der Relevanz und der Zuverlässigkeit sowie die Se-kundärgrundsätze Vergleichbarkeit und Konsistenz. Die quantitativen Grundsätze Angemessenheit und Wesentlichkeit stellen zwei Einschränkungen der qualitativen Rahmengrundsätze dar. Alle Grundsätze sind hierarchisch geordnet: Es sind zuerst die Primärgrundsätze anzuwenden, diese werden durch die Sekundärgrundsätze spe-

---

[335] Moxter (1976), S. 89; Vgl. Blohm (1981), S. 582.

[336] Für einen Überblick über die historische Entwicklung dieser Grundsätze in den USA siehe Kuhlewind (1997), S. 33ff. Für Deutschland siehe Leffson (1987).

[337] Vgl. Kuhlewind (1997), S. 33.

[338] Vgl. Kuhlewind (1997), S. 34.

[339] In Deutschland sind diese größtenteils kodifiziert im HGB, in den USA werden die konzep-tionellen Grundlagen im Framework der allgemeinen Rechnungslegungsgrundsätze gelegt. Für das angelsächsische Konzept des Reportings lehnt sich die vorliegende Arbeit stärker an die Rechnungslegungsgrundsätze des IASB an. Vgl. Baetge/Kirsch/Thiele (2007), S. 147; Moxter (2003); Financial Accounting Standard Board (1980); Kuhlewind (1997), S. 82ff.

zifiziert und schließlich ggf. durch die quantitativen Grundsätze eingeschränkt.[340] Sie werden im Folgenden näher erläutert.

4.3.2 Primärgrundsätze Relevanz und Zuverlässigkeit

Der Grundsatz der Relevanz der Berichtsinformationen ist das wichtigste qualitative Charakteristikum im Hinblick auf die Informationsfunktion von Reporting.[341] Es bedeutet, dass alle Informationen erfasst sein sollten, die maßgeblichen Einfluss auf die Beurteilung durch den Berichtsempfänger haben. Beurteilungsrelevant sind Informationen dann, wenn sie entweder auf Basis vergangener Daten Prognosen ermöglichen (sog. „Predictive Value") oder frühere Annahmen bestätigen oder revidieren (sog. „Feedback Value"). Neben diesen Teilaspekten der Prognosefähigkeit und der Bestätigungskraft müssen Informationen zusätzlich zeitnah berichtet werden (sog. „timeliness"), d. h. in ausreichender Zeit vor dem aus dem Entscheidungsprozess resultierenden zukünftigen Ergebnis, um das Kriterium der Relevanz zu erfüllen.[342]

Für eine wahrheitsgemäße Darstellung der Sachlage und eine schlüssige Beurteilung derselben ist es des Weiteren wichtig, dass die Informationen zuverlässig sind.[343] Dieser Grundsatz der Zuverlässigkeit beinhaltet die Richtigkeit und Willkürfreiheit der Berichterstattung und ermöglicht eine weitestgehende Objektivität und intersubjektive Überprüfbarkeit der Verlaufs- und Zustandsangaben. Das Kriterium der Zuverlässigkeit kann durch drei Teilaspekte weiter konkretisiert werden. Diese sind:

(1) Überprüfbarkeit und Glaubwürdigkeit der Darstellung („verifiability" und „faithful representation"): Demnach sind alle Sachverhalte den tatsächlichen Verhältnissen entsprechend abzubilden, und zwar überprüf- und nachvollziehbar. Eine mehrdeutige und damit irreführende Berichterstattung ist nicht zulässig.

---

[340] Vgl. KPMG (2003), S. 15ff.
   Auf Rahmengrundsätze, die sich auf operative Ansatz- und Bewertungsrichtlinien beziehen (bspw. „accrual principle", „realization principle"), wird in der vorliegenden Arbeit nicht eingegangen, da sie für ein Reporting im Social Entrepreneurship aufgrund der sozialen Zielsetzung der Berichterstatter unerheblich sind, siehe auch Kapitel 4.5.1.

[341] Vgl. Financial Accounting Standards Board (1980a), SFAC No. 2, S. 5; Haller (1995), S. 12; Baetge/Roß (1995), S. 30ff.; Watkins (2007a).

[342] KPMG (2003), S. 16; Haller (1995), S. 12. FASB, SFAC No. 2, Fußnote, 18.
   In der Literatur wird dieses Kriterium auch als qualitative Vollständigkeit bezeichnet. Relevant sind Berichtselemente dann, wenn ihr Unterlassen oder ihre inkorrekte Darstellung die Entscheidung eines Reportingadressaten beeinflussen kann. Hierzu gehören u. a. einschlägige gesetzliche Vorschriften, Branchenusancen oder sonstige Auflagen in der betreffenden Branche. Entbehrlich sind Information, wenn ihre Kenntnis die Beurteilung des Sachverhalts durch den Reportingadressaten unberührt lässt. Vgl. Moxter (1976), S. 92; Institut der Deutschen Wirtschaftsprüfer (2005), S. 7ff.

Dies beinhaltet auch, dass Annahmen und Absichten und die daraus geschlossenen Folgerungen glaubhaft, d. h. plausibel und schlüssig sein müssen.[344]

(2) Willkürfreiheit bzw. Neutralität („neutrality"), d. h. die Reportinginformationen dürfen ausschließlich vom zugrunde liegenden Sachverhalt geleitet werden und müssen wertfrei und objektiv sein.[345]

(3) Vollständigkeit („completeness"), d. h. alle Informationen müssen in einem Reporting enthalten sein (unter Beachtung des Wesentlichkeitsgebots).[346]

4.3.3 Sekundärgrundsätze Vergleichbarkeit und Konsistenz

Eine weitere Anforderung verlangt, dass die in einem Reporting enthaltenen Informationen vergleichbar sind. Dies gilt zum einen vertikal, d. h. für ein Unternehmen zu unterschiedlichen Zeitpunkten (intertemporal) wie auch horizontal, d. h. zwischenbetrieblich (d. h. für gleichartige Sachverhalte in mehreren Unternehmen). Der Grundsatz der Vergleichbarkeit ergibt sich logisch aus der makroökonomischen Zielsetzung einer effizienten Ressourcenallokation, die durch Reporting erreicht werden soll. Nur wenn die gewährten Informationen einen korrekten Vergleich der unterschiedlichen Investitionsalternativen ermöglichen, können Investoren ihre Ressourcen effizient einsetzen.[347] Vor dem Hintergrund der vielen heterogenen Themenfelder, in denen Social Entrepreneurs tätig sind, ist die zwischenbetriebliche horizontale Vergleichbarkeit von besonderer Bedeutung, jedoch auch problematisch in der Umsetzung.

Um dem Grundsatz der Vergleichbarkeit von Sachverhalten zu entsprechen, ist ein gewisser Grad an Standardisierung der Abbildungsmethode („consistency") erforderlich. Die Prinzipien der Verwendung von Kennzahlen können nur geändert werden, wenn sich der Berichtsgegenstand wesentlich verändert.[348] Ansonsten sind

---

[343] Vgl. Financial Accounting Standards Board (1980a), SFAC No. 2, S 6; Haller (1995), S. 12.

[344] Vgl. Financial Accounting Standards Board (1980b), SFAC No. 2, S. 6; Haller (1995), S. 12ff.; Moxter (1976), S. 93ff.; Institut der Deutschen Wirtschaftsprüfer (2005), S. 8.

[345] Diese Anforderung entspricht in der deutschen Rechnungslegung dem Grundsatz der Wahrheit, nach dem die Berichtselemente der Wirklichkeit entsprechen müssen und keine Informationen wider besseres Wissen berichtet werden dürfen. Vgl. Leffson (1987), S. 180ff.; Moxter (1976), S. 91ff.

[346] Vgl. Baetge/Kirsch/Thiele (2007), S. 148ff.; KPMG (2003), S. 16ff.
Die beiden Charakteristika Relevanz und Zuverlässigkeit werden vom FASB auch als „Primary Characteristics" bezeichnet. Financial Accounting Standards Board (1980a), SFAC No. 2, S. 5.

[347] Vgl. Haller (1995), S. 14ff.

[348] Vgl. Financial Accounting Standards Board (1980a), SFAC No. 2, S. 6; Haller (1995), S. 13; Institut der Deutschen Wirtschaftsprüfer (2005), S. 8; Baetge/Kirsch/Thiele (2007), S. 149; KPMG (2003), S. 17.

eine intertemporäre Vergleichsmöglichkeit sowie eine Stetigkeit des Berichtsaufbaus und der Berichtsperiode gegenüber den Vorjahren zu ermöglichen. Dieser Stetigkeitsgrundsatz kann z. B. durch verbindliche Reportingstandards in der Praxis umgesetzt werden.

Diese Sekundärgrundsätze, auch Ordnungsgrundsätze genannt, ergänzen die Primärgrundsätze der Relevanz und der Zuverlässigkeit, indem nach der Auswahl relevanter und zuverlässiger Informationen eine zweckgerechte Aufbereitung gemäß den Sekundärgrundsätzen erfolgt.[349]

4.3.4   *Quantitative Grundsätze Wesentlichkeit und Angemessenheit*

Das quantitative Rahmenpostulat der Wesentlichkeit („materiality") wird als ergänzender Grundsatz zur Beurteilung der Relevanz und Zuverlässigkeit, d. h. der Primärgrundsätze, herangezogen.[350] Demnach sind im Reporting nur diejenigen Sachverhalte anzuführen, die durch ihre Offenlegung einen Reportingadressaten möglicherweise beeinflussen würden.[351] Während die Nichtberücksichtigung einer Information aufgrund mangelnder Entscheidungserheblichkeit mit dem Grundsatz der Relevanz begründet wird, kann eine grundsätzlich entscheidungsrelevante Information aus dem Reporting ausgeschlossen werden, weil sie nur geringen Einfluss ausübt, also wegen mangelnder Wesentlichkeit.[352] Das Postulat der Wesentlichkeit soll verhindern, dass relevante Reportinginhalte durch eine Fülle unwichtiger Informationen verdeckt werden. Die Tatsache, dass unwesentliche Informationen prinzipiell nicht entscheidungsrelevant sind, verdeutlicht die vorrangige Stellung des Relevanzgrundsatzes.[353]

Der Grundsatz der Angemessenheit („cost-benefit principle") soll sicherstellen, dass der informative Nutzen, den die Reportingadressaten durch die Berichterstattung haben, größer ist als die Kosten des Reportings.[354] Es wird davon ausgegangen, dass tendenziell mit steigender Informationsfülle die Kosten der Berichterstattung steigen und ab einem bestimmten Umfang mit steigender Quantität die Qualität der Berichterstattung abnimmt.[355] Mit dem Kriterium der Angemessenheit soll daher sichergestellt werden, dass Kosten und Nutzen des Reportings in einem angemessenen

---

[349] Vgl. Kuhlewind (1997), S. 94.

[350] Vgl. Financial Accounting Standards Board (1980a), SAFC No. 2, S. 7.

[351] Vgl. Haller (1995), S. 16.

[352] Vgl. Financial Accounting Standards Board (1980a), SFAC No. 2, S. 7; Kuhlewind (1997), S. 94ff.

[353] Vgl. Haller (1995), S. 16.

[354] Vgl. Financial Accounting Standards Board (1980a), SFAC No. 2, S. 7: Kuhlewind (1997), S. 99ff.

[355] Vgl. Haller (1995), S. 16.

Verhältnis stehen und dadurch der Wirtschaftlichkeit im Reporting Rechnung getragen wird.[356]

Eine Beurteilung der Angemessenheit ist in der Praxis, wenn überhaupt, jedoch nur ex post möglich. Wo die für ein Reporting benötigten Informationen bereits für interne Zwecke genutzt werden, kann davon ausgegangen werden, dass Kostenerwägungen einem Reporting nicht entgegenstehen. Es kann trotz einer gewissen Interessenheterogenität interner Informationsadressaten angenommen werden, dass interne Anspruchsgruppen für ihre Aktivitäten die gleichen Informationen über realisierte oder geplante Zielerreichung benötigen wie externe Adressaten. Umgekehrt könnte man vermuten, dass durch externe Reportingadressaten geforderte Informationen auch zu einer besseren internen Entscheidungsgrundlage führen.[357] Die Rechnungslegungsliteratur umschreibt dieses Prinzip daher eher generell und verweist auf die Berücksichtigung direkter, indirekter, sofortiger sowie zukünftiger Kosten- und Nutzenwirkungen.[358]

4.3.5 Aufbau und Einschränkungen der Rahmengrundsätze

Die vier qualitativen Anforderungen Relevanz, Zuverlässigkeit, Vergleichbarkeit und Konsistenz sowie die quantitativen Anforderungen Wesentlichkeit und Angemessenheit stehen in einer hierarchischen Ordnung zueinander. Zuerst wird unter dem Gesichtspunkt der Relevanz determiniert, welche Sachverhalte berichtet werden sollten. In einem zweiten Schritt erfolgt eine Untersuchung der Informationen hinsichtlich ihrer Zuverlässigkeit, um zu bestimmen, welche Darstellung die größte Übereinstimmung mit dem zugrunde liegenden relevanten Sachverhalt aufweist. Beide Anforderungen tragen auf unterschiedliche Art zur Informationsvermittlung bei und sind als komplementär anzusehen. In einem nächsten Schritt werden die Berichtselemente auf die sekundären Qualitätsansprüche Vergleichbarkeit und Konsistenz hin überprüft. Hierdurch soll der Nutzen relevanter und zuverlässiger Informationen bei der Entscheidungsunterstützung oder Rechenschaftslegung erhöht werden. Einschränkend unterliegen diese Anforderungen dem Wesentlichkeitsgrundsatz sowie Wirtschaftlichkeitsüberlegungen im Sinne der Angemessenheit.

Es wird im Rahmen eines Reportings nie eine vollständige Erfüllung aller Grundsätze gleichzeitig erlangt werden können. Um ein Teilziel besser erreichen zu können, wird unter Umständen die Vernachlässigung eines anderen in Kauf genommen. Eine gleichzeitige Orientierung an allen vier Rahmengrundsätzen wird nicht immer

---

[356] Man spricht daher auch von einem Wirtschaftlichkeitsprinzip. Vgl. Baetge/Kirsch/Thiele (2007), S. 149ff.; KPMG (2003), S. 17.

[357] Vgl. König (1983), S. 65.

[358] Vgl. Waltenberger (2006), S. 69.

möglich sein.[359] So muss bspw. das Kriterium der Vergleichbarkeit zwischen einzelnen Organisationen aufgrund der Diversität der Themenfelder und Ansätze im Social
Entrepreneurship mit großer Vorsicht angewandt werden, um den spezifischen Lö-
sungsmustern und damit der Relevanz Rechnung tragen zu können. Im Fall solcher
Zielkonflikte muss die berichtende Organisation verantwortungsvoll zwischen den
verschiedenen Anforderungen abwägen.[360] Darüber hinaus kann in Praxistests wie
auch Gesprächen mit allen Reportingadressaten die optimale Ausprägung der einzelnen Grundsätze ermittelt werden.

Die hier dargestellten Grundsätze des Reportings für klassische Wirtschaftsunter-
nehmen bieten einen Orientierungsrahmen für die Entwicklung eines Reportings im
Social Entrepreneurship sowie für eine darauf folgende praktische Implementierung.
Durch eine Vorgabe verbindlicher individueller Abbildungsregeln (z. B. in einem Re-
portingstandard) in der jeweiligen Organisation könnten die Ermessensspielräume,
die diese Rahmengrundsätze bieten, und eine daraus folgende zu große Subjektivität
begrenzt werden. Welche Grenzen für ein Reporting im Social Entrepreneurship
zweckmäßig und praktikabel sind, kann sich dann durch praktische Anwendung herausbilden.

Bevor auf konkrete inhaltliche Komponenten der Berichterstattung eingegangen
wird, werden im Folgenden zunächst grundlegende Rahmenanforderungen an ein
Reporting dargestellt.

4.4   Reportingadressaten und ihre Informationsbedürfnisse

4.4.1   *Bestimmung der Adressaten eines Reportings im Social Entrepreneurship*

Um für Entscheidungen von Adressaten relevant zu sein, sollte der konkrete Inhalt
des Reportings an deren Informationsbedarf ausgerichtet sein. Hierfür werden zunächst die Adressaten des Reportings bestimmt und dann ihr jeweiliger Informationsbedarf.[361] Darauf aufbauend lässt sich dann in einem weiteren Schritt die Ausgestaltung eines Reportings im Social Entrepreneurship ableiten.

Es können verschiedene Adressatengruppen eines Reportings unterschieden werden: Direkte Adressaten sind Personen(-gruppen), für die die Informationsbeschaffung und -auswertung einen unmittelbaren Entscheidungsbezug hat (originärer Informationsbedarf). Für indirekte Adressaten steht die Informationsverarbeitung nur

---

[359] So wird im IASB Framework explizit auf einen möglichen Konflikt zwischen Relevanz und
Zuverlässigkeit hingewiesen. Vgl. Baetge/Kirsch/Thiele (2007), S. 148.

[360] Vgl. Baetge/Kirsch/Thiele (2007), S. 150.

[361] Moxter spricht in diesem Zusammenhang vom „Grundsatz der entscheidungsorientierten
Rechenschaft", vgl. Moxter (1976); S. 96.

in mittelbarem Zusammenhang mit einer zu treffenden Entscheidung (derivativer Informationsbedarf).[362] Klassische Rechnungslegungsliteratur unterscheidet auf der Grundlage des koalitionstheoretischen Ansatzes meist unternehmensinterne und -externe Adressaten.[363] Da die internen Stakeholder wie Management oder Arbeitnehmer die für sie entscheidungsrelevanten Informationen jedoch auch aus dem internen Rechnungswesen erhalten können und Reporting als externe Unternehmensberichterstattung definiert ist, werden mögliche unternehmensinterne Adressaten hier nicht berücksichtigt.

Im privatwirtschaftlichen Sektor sind die Adressaten der Rechnungslegung gesetzlich normiert. Dazu zählen beispielsweise Aufsichtsbehörden oder auch die Aktionäre eines Unternehmens. Dieser kodifizierte Adressatenstatus greift zwar auch bei Social Entrepreneurs, abhängig von der gewählten Rechtsform, betrifft jedoch die rein monetäre Zielsetzung und umfasst nicht Adressaten, die kein gesetzliches oder vertragliches Informationsrecht haben. Darüber hinaus sehen die gesetzlich festgeschriebenen Informationspflichten (bisher) keine Unterrichtung über die Sachzielerreichung vor (siehe hierzu auch Kap. 4.5.1). Für eine breite Anwendbarkeit der Ergebnisse dieser Arbeit bei prinzipiell allen Social Entrepreneurs, unabhängig von dem inhaltlichen Bereich, in dem sie arbeiten, und der gewählten Rechtsform, werden im Folgenden strukturell alle Adressaten mit originärem und derivativem Informationsbedarf bestimmt, losgelöst von rechtsformbedingten gesetzlichen oder vertraglichen Ansprüchen.

Die Ermittlung der Adressaten kann theoretisch-konzeptionell oder empirisch erfolgen. Hinsichtlich der Adressaten eines Reportings im Social Entrepreneurship existieren keine empirischen Untersuchungen. In der Forschung zum klassischen Non-Profit- und staatlichen Bereich wurden in diversen Studien durch beide methodische Vorgehensweisen Gruppen von Adressaten ermittelt. Aufgrund diverser methodischer Probleme, vor allem der nicht vergleichbaren Stichproben und länderspezifischen Rahmenbedingungen, sind die Ergebnisse der empirischen Untersuchungen jedoch nicht auf Social Entrepreneurs in Deutschland übertragbar. Deshalb werden die Adressaten des Reportings in Anlehnung an Anthony theoretisch-konzeptionell bestimmt.[364]

Die Hauptfunktion eines Reportings besteht, wie ausgeführt, darin, durch Informationsvermittlung eine optimale Ressourcenallokation durch die Adressaten zu ermöglichen. Diese Informationen sind ökonomischer Natur, d. h. sie betreffen den Bestand und die Verwendung knapper Ressourcen für die jeweiligen Ziele sowie das

---

[362] Vgl. Otte (1990), S. 23. Indirekte Adressaten werden in der Literatur auch als Interessenten bezeichnet, vgl. Küting/Reuter (2004), S. 230; Moxter (1976), S. 94ff.; Sandberg (2000), S. 160.

[363] Vgl. Heinen (1976), S. 191; Baetge/Kirsch/Thiele (2007), S. 5.

[364] Vgl. Otte (1990), S. 9ff.; Anthony (1978), S. 20ff.

Verhältnis der eingesetzten Mittel zum Zielerreichungsgrad. Dies können monetäre oder zeitliche Ressourcen sowie Sachleistungen sein, die Ziele entsprechen denen der jeweiligen Organisation und müssen messbar sein – bei Social Enterprises eine besondere Herausforderung (vgl. Kap. 5.4). Die ökonomischen Informationen bilden damit die Grundlage für Adressatenentscheidungen hinsichtlich der Allokation dieser Ressourcen.[365] Explizite Adressaten eines Reportings sind somit alle Personen und Institutionen, die durch Allokationsentscheidungen die Zielerreichung beeinflussen.

Eine große Gruppe von Adressaten mit originärem Informationsbedarf im Social Entrepreneurship sind daher staatliche Einrichtungen. Aufgrund des ausgeprägten Sozialstaatcharakters (vgl. Kap. 2.4 und 3.3) ist in Deutschland der Staat für Social Entrepreneurs sowohl als Auftraggeber als auch für die Finanzierung von großer Bedeutung. Zu den maßgeblichen öffentlichen Einrichtungen, die als Auftraggeber, Unterstützungsquelle oder als Kontrollinstanz Adressaten eines Reportings sind, gehören neben nationalen, regionalen und lokalen Behörden sowie Regulierungsstellen (Stiftungsaufsicht, Finanzämter, etc.) auch supranationale Stellen wie z. B. der Europäische Sozialfonds (ESF). Eine weitere bedeutende Adressatengruppe sind private Investoren (Personen wie auch Unternehmen) und Gläubiger. Diese Gruppe umfasst aktuelle sowie potenzielle Geldgeber, die Social Entrepreneurs in vielfältiger Weise finanziell unterstützen.[366] Hierzu zählen vor allem Stiftungen, vermögende Privatpersonen, Venture-Philanthropy-Fonds, Unternehmen oder Banken.[367] Auch diejenigen Personen oder Unternehmen, die nichtmonetäre Ressourcen bereitstellen, sind zu den direkten Adressaten zu zählen. Es handelt sich insbesondere um ehrenamtliche Mitarbeiter sowie Personen, die durch ihre Funktion als Entscheidungsträger in bestimmten Netzwerken wichtige Kontakte für Social Entrepreneurs herstellen können. Falls der Social Entrepreneur eine Dienstleistung oder ein Produkt verkauft (s. Kap. 3.2.4.3), stellen Kunden eine vierte Adressatengruppe mit originärem Informationsbedarf dar.

Zu den wichtigsten Adressatengruppen mit derivativem Informationsbedarf gehört zum einen die interessierte Öffentlichkeit. Sie möchte Informationen über die Verwendung von Steuergeldern und in diesem Zusammenhang über die Qualität der

---

[365] Vgl. Anthony (1978), S. 21ff.

[366] Der Begriff Investor wird in diesem Zusammenhang sehr weit ausgelegt. Losgelöst von vertraglichen Beziehungen zwischen Social Entrepreneur und Investor umfasst er Eigen- und Fremdkapitalgeber sowie Spender (Geld- und Sachspenden) und zahlende Vereinsmitglieder. Vgl. zu einem theoretischen Überblick über die Finanzierung von Social Entrepreneurs auch Achleitner/Pöllath/Stahl (2007).
Zu Adressaten einer Rechnungslegung im Non-Profit-Sektor allgemein s. Dawes (2004), S. 79ff.

[367] Vgl. Anthony (1978), S. 34.
Für einen Überblick über die Finanzierungsstruktur des Non-Profit-Sektors allgemein in Deutschland s. Kapitel 2.2. Im empirischen Bereich gibt es zur Finanzierung im Social Entrepreneurship bis dato nur eine Studie aus Großbritannien. S. Bank of England (2003).

Repräsentanz durch ihre staatlichen Interessenvertreter haben. Zudem kann die Darstellung des Erfolgs einer sozialen Organisation durch ein öffentliches Reporting deren Renomee steigern, was die Zahl der Kunden, aber auch generell die Vertrauenswürdigkeit eines Unternehmens erhöhen und damit indirekt Einfluss auf originäre Adressaten haben kann. Zum anderen sind an dieser Stelle Finanzintermediäre zu erwähnen. Analysten, Ratingagenturen sowie Wirtschaftsprüfer beeinflussen durch ihre Beurteilung mittelbar Allokationsentscheidungen originärer Adressaten.

Es ist zu beachten, dass voraussichtlich nicht bei allen Social Entrepreneurs alle Adressatengruppen angetroffen werden, nur wenige werden aufgrund ihrer Organisationsform und -größe z. B. Gläubiger haben. Die Zuordnung einzelner Adressaten zu einer bestimmten Gruppe wird zudem nicht immer trennscharf erfolgen können bzw. es werden manche Adressaten theoretisch mehreren Gruppen angehören. Auch wird die Bedeutung der einzelnen Adressatengruppen für den jeweiligen Social Entrepreneur unterschiedlich sein. Für eine Standardisierung und Vergleichbarkeit müssen in einem allgemeinen Reportingkonzept jedoch alle Adressatengruppen berücksichtigt werden, eventuelle Überschneidungen zwischen den einzelnen Gruppen spielen für die Praxis keine Rolle.[368]

4.4.2 Bestimmung des Informationsbedarfs der Reportingadressaten

Die Bestimmung des Informationsbedarfs dieser insgesamt sechs Adressatengruppen ist äußerst wichtig, da durch eine Gegenüberstellung dieses Bedarfs mit konventionellen und alternativen Reportingkonzepten diese auf ihre Anwendbarkeit hin überprüft werden können. Die Informationsbedürfnisse der Adressaten können empirisch oder deduktiv ermittelt werden. Empirisch kann dies mittels Befragung der Adressaten (z. B. durch Fragebögen, Interviews) oder durch Entscheidungsexperimente erfolgen.[369] Zwar gibt es Untersuchungsergebnisse diesbezüglich, diese sind jedoch aus mehreren Gründen im vorliegenden Fall nicht anwendbar. Erstens beziehen sie sich auf Adressaten privatwirtschaftlicher Unternehmen, die vor allem Informationen über die monetäre, d. h. die Formalzielerreichung benötigen (s. hierzu auch Kap. 4.5.1). Zweitens konnten, auch was die finanzwirtschaftlichen Informationen betrifft, keine übereinstimmenden Ergebnisse hinsichtlich Art und Rangfolge der individuellen Informationsbedürfnisse abgeleitet werden. Grundsätzlich ist zu diesen Untersuchungen anzumerken, dass nicht gesichert ist, dass die Befragten überhaupt in der Lage sind, ihren tatsächlichen Informationsbedarf im Detail zu benennen.[370]

---

[368] Vgl. Anthony (1978), S. 45.

[369] Kramer untersucht in der bis dato einzigen Studie diesbezüglich im Social Entrepreneurship den Informationsbedarf durch Literaturanalyse und semistrukturierte Interviews mit 24 Investoren. Vgl. Kramer (2005).

[370] Vgl. Kupfernagel (1991), S. 59ff.; Anthony (1978), S. 47ff.

Aufgrund der – vermutlich, wie der zuletzt genannte Hinweis nahelegt, notwendigerweise – unkonkreten und nicht operationalisierbaren Ergebnisse der empirischen Untersuchungen ist ein deduktiver Ansatz zur Ermittlung des Informationsbedarfs vorzuziehen, auch wenn diese Methode die Gefahr birgt, dass die so ermittelten Ergebnisse zwar strukturell benennen, welche Bedürfnisse die einzelnen Gruppen haben *müssten*, sie die in der Realität vorgebrachten Informationsbedürfnisse jedoch nicht passgenau abbilden. Die deduktive Beschreibung der Informationsbedürfnisse der verschiedenen Gruppen kann mit Hilfe von Plausibilitätsüberlegungen erfolgen sowie zusätzlich durch eine Analyse der Aufgaben- und Entscheidungsbereiche der Adressaten.[371] Hierbei werden die Adressatengruppen unter Anwendung des von Moxter geprägten Grundsatzes der entscheidungsorientierten Rechenschaftslegung im Hinblick auf ihre spezifische Entscheidungssituation untersucht.[372] Der subjektive Informationsbedarf ist demnach dadurch gekennzeichnet, dass er für die Adressaten bei der Entscheidungsfindung als relevant betrachtet wird. Wird dieses Informationsbedürfnis befriedigt, kann es ausschlaggebend für eine Entscheidung der Adressaten sein.[373]

Gemeinsam ist allen Adressaten ihr Interesse an Informationen über den Grad der Zielrealisation, die sie benötigen, um ihre Ressourcen so effizient wie möglich einsetzen zu können. Hierzu gehören Informationen über die erreichte und geplante Zielerreichung selbst sowie über alle Faktoren, die diese beeinflussen können. Das umfasst Angaben über den Social Entrepreneur selbst, über das gesellschaftliche Problem, das er lösen möchte, über seine Aktivitäten, die Organisation sowie über Risiken, die die Erreichung der Ziele behindern können. Diese Informationen betreffen sowohl Inhalte finanzieller als auch solche nichtfinanzieller Natur.[374]

Zusätzlich gibt es jedoch noch spezifische Informationsbedürfnisse der einzelnen Adressatengruppen, abhängig von der konkreten Entscheidungssituation. So benötigen staatliche Einrichtungen insbesondere Auskunft über die Einhaltung von Auflagen und Restriktionen sowie die Bestätigung über die ordnungs- und zweckmäßige Verwendung öffentlicher Mittel. Darüber hinaus muss der Fiskus in die Lage versetzt werden, die Besteuerung sowie die Zahlung von Steuern sicherzustellen. Auf Normsetzungsebene werden für politische Maßnahmen insbesondere Informationen über

---

[371] Vgl. Kupfernagel (1991), S. 63ff.

[372] Vgl. Moxter (1976).

[373] Vgl. Szyperski (1980), S. 910.
Siehe hierzu auch Kapitel 4.2.

[374] Die handelsrechtlichen Normen zur Rechnungslegung können in diesem Zusammenhang als ein vom Gesetzgeber vorgegebener Interessenskompromiss interpretiert werden, der versucht, einer Interessenheterogenität gerecht zu werden. Dies ist jedoch nur als Mindestanforderung der Adressaten hinsichtlich der Formalzielerreichung zu sehen. Vgl. Richter (2004), S. 129.

das soziale Problem, sein Ausmaß und über die eingeschlagenen Lösungswege – ggf. auch in Abgrenzung gegenüber alternativen Lösungsvorschlägen – benötigt. Investoren und Gläubiger haben hinsichtlich finanzieller Informationen über Kapitaleinsatz, ggf. Kapitalverzinsung und -rückzahlung den gleichen Bedarf wie bei privatwirtschaftlichen Unternehmen. Bei der Zweckbindung einer Finanzierungsmaßnahme wird zusätzlich eine spezifische Auskunft über die Mittelverwendung benötigt. Kunden hingegen erwarten Informationen zu Art, Preis und Qualität der Produkte und Dienstleistungen.

Innerhalb der Gruppe der Adressaten mit derivativem Informationsbedarf muss für die interessierte Öffentlichkeit ein Reporting insbesondere Auskunft geben über die Verwendung von Steuergeldern und über zukünftige Kosten, die aus vergangenen Entscheidungen resultieren. Finanzintermediäre haben grundsätzlich den inhaltlich deckungsgleichen Informationsbedarf wie die Gruppe der Investoren. Sind Finanzintermediäre bei der Kapitalallokation zwischen die Investoren und die Social Entrepreneurs geschaltet, wird der originäre Informationsbedarf der Investoren auf die Intermediäre übertragen. Gleichzeitig verändert sich die Entscheidungssituation der Investoren und reduziert sich damit ihr Informationsbedarf dahingehend, dass sie für die Auswahl eines Intermediärs dessen Qualität beurteilen können müssen.[375]

Zusammenfassend kann festgestellt werden, dass für ein Reporting im Social Entrepreneurship sechs Gruppen von Adressaten unterschieden werden können. Adressaten mit originärem Informationsbedarf sind staatliche Einrichtungen, private Investoren, ehrenamtliche Mitarbeiter sowie ggf. Kunden. Zu den Adressaten mit derivativem Informationsbedarf zählen die interessierte Öffentlichkeit sowie Finanzintermediäre. Gemeinsamer Informationsbedarf aller Adressaten besteht hinsichtlich des Grads der Zielerreichung und aller Faktoren, die den Erfolg beeinflussen, wobei eingeschränkt werden muss, dass das originäre Interesse möglicher Kunden sich zunächst auf das Erreichen einer bestimmten Qualität des Produkts, nicht auf den wirtschaftlichen Erfolg eines Unternehmens richtet. Zusätzlich können für jede Adressatengruppe zusätzliche Informationserfordernisse deduktiv abgeleitet werden.

4.5 Inhaltliche Determinanten

Durch die Ableitung der qualitativen und quantitativen Qualitätsanforderungen Reportings wurde der formale Rahmen für diese Berichtsform bestimmt (Kap. 4.3). Der Informationsbedarf der Reportingadressaten determiniert die inhaltlichen Komponenten der Berichterstattung (Kap. 4.4). Diese werden im Folgenden näher ausgeführt.

---

[375] Vgl. zur Informationsbedarfstransformation auch Bitz/Stark (2008), S. 29.

4.5.1　Erfolg

Wichtigster Bestandteil des Reportings ist die Berichterstattung über den Erfolg. Erfolg kann definiert werden als Grad der Zielerreichung hinsichtlich einer effektiven und effizienten Verwendung von Ressourcen innerhalb eines definierten Zeitraums.[376] Um den Erfolg von Social Entrepreneurs bestimmen zu können, muss daher zunächst Klarheit über ihre Zielkonzeption erlangt werden. Die Unternehmensziele geben dann als übergeordneter Maßstab Aufschluss darüber, worüber berichtet werden soll. Organisatorische Systeme zeichnen sich durch eine Zielsetzung aus (vgl. Kap. 3.2.2).[377] Diese Zielorientierung hat zur Folge, dass der Erfolg der Organisation an der Erreichung der jeweils verfolgten Ziele festgemacht werden kann.[378] Er wird somit gemessen am Grad der spezifischen Zielrealisation und gibt darüber Aufschluss, in welchem Maß das angestrebte Ziel erreicht wurde.[379] Ein Ziel ist definiert als ein angestrebter, zukünftiger Zustand der Realität.[380] Es ist organisationsspezifisch gekennzeichnet und muss, um mehr als reine Absichtserklärung zu sein, operationalisiert werden durch drei Dimensionen: den Zielinhalt, das Zielausmaß und einen Zeitbezug.[381]

Eine Organisation verfolgt normalerweise gleichzeitig mehrere Ziele. Diese Ziele bilden zusammen das Zielsystem. An der Spitze dieses Zielsystems steht ein metaökonomisches Oberziel, auch Leitbild genannt. Es ist weniger konkret als die eigentlichen Ziele und dient mehr zur grundsätzlichen Ausrichtung des Unternehmens (vgl. Abb. 9). Die anderen Elemente in einem Zielsystem können in unterschiedlichen Zielbeziehungen zueinander stehen. Möglich ist Komplementarität, Konkurrenz oder Indifferenz. Ein aus diesen Zielbeziehungen entstehender Zielkonflikt muss durch Priorisierung seitens der Unternehmensleitung gelöst werden, die auch die Zieldimensionen Inhalt, Ausmaß und zeitlichen Bezug festlegt.[382]

---

[376] Vgl. Berman (2006), S. 5; zu den Termini Effektivität und Effizienz s. Kapitel 4.2.
[377] Vgl. Grochla (1972), S. 13; Ulrich/Krieg (1974), S. 14; Berman (2006), S. 25. Zu unterscheiden sind die Organisationsziele von volkswirtschaftlichen Zielen und Individualzielen einzelner Organisationsmitglieder, die nicht Gegenstand der vorliegenden Arbeit sind. Vgl. Chmielewicz (1981), S. 1607ff.
Nach Grochla (1972), S. 15, werden Organisationen, die ökonomische Ziele verfolgen, als Unternehmen bezeichnet. Eine dezidierte Trennung von Organisationen und Unternehmen wird hier jedoch nicht vorgenommen, da sie für die vorliegende Arbeit nicht erkenntnisleitend ist. Wie in Kapitel 1 erläutert, verwischen die Grenzen zwischen dem privatwirtschaftlichen und dem Non-Profit-Sektor zunehmend, die Begriffe Unternehmen und Organisation werden daher weitestgehend synonym verwendet.
[378] Vgl. Harms (2004), S. 32.
[379] Vgl. Schmidt-Sudhoff (1967), S. 141.
[380] Vgl. Hauschildt (1993), S. 205.
[381] Vgl. Heinen (1976), S. 58.
[382] Vgl Olfert/Rahn (2000), S. 991ff.

Es können verschiedene Arten von Zielen unterschieden werden, die meist verbreitete Klassifizierung differenziert zwischen Sach- und Formalzielen.[383] Formalziele werden auch als Finanzziele bezeichnet, da sie sich auf die Relation von Mitteleinsatz und Ergebnis beziehen, also auf finanzielle Größen. Für die Ableitung solcher Formalziele ist die Rechtsform des Unternehmens maßgeblich. Des Weiteren können Formalziele in finanzwirtschaftliche Sicherungsziele und finanzwirtschaftliche Ergebnisziele unterschieden werden. Erstere beziehen sich auf die Erschließung benötigter Finanzierungsquellen und die Sicherstellung der Liquidität (jederzeitige Zahlungsfähigkeit).[384] Diese finanzwirtschaftlichen Sicherungsziele haben existenzielle Bedeutung für das Unternehmen und sind notwendige Voraussetzung für die Verfolgung der Sachziele. Das finanzwirtschaftliche Erfolgsziel, auch als Gewinnziel bezeichnet, kann in den Formen Gewinnmaximierung, Gewinnerzielung, Kostendeckung oder Verlusthinnahme vorliegen. Die Gewinnziele Gewinnmaximierung und Verlusthinnahme sind atypisch für Social Entrepreneurs und werden nicht weiter betrachtet (s. Kap. 3.2.4). Gewinnerzielung kann als finanzwirtschaftliches Erfolgsziel bei Social Entrepreneurs vorkommen, vgl. hierzu die Diskussion um die Rolle der Einkommensgenerierung (Kap. 3.2.4.3). Ein Grenzfall des Gewinnziels ist die Kostendeckung, bei der als Gewinn null ausgewiesen werden soll. Hierdurch sollen Verluste verhindert werden, aber auch Gewinne.[385] Neben der Bestimmung des angestrebten Gewinnziels, muss das finanzwirtschaftliche Ergebnisziel auch hinsichtlich Ergebnisverwendung und der Deckung eventueller Verluste konkretisiert werden.[386]

Darüber hinaus sollten Ressourcen dort eingesetzt werden, wo sie den größten Nutzen schaffen. Wirtschaftlichkeit, definiert als Zweck-Mittel-Verhältnis, gilt deshalb auch für Social Entrepreneurs als Grundbedingung rationalen Handelns bei knappen Ressourcen.[387] Der konkrete Inhalt der Wirtschaftlichkeit hängt von den verfolgten Unternehmenszielen ab. Wirtschaftlichkeit selbst ist durch diese Zielabhängigkeit kein Unternehmensziel per se, kann jedoch als allgemeine Handlungsvorschrift oder Basisziel bezeichnet werden, das bei der Verfolgung der Unternehmensziele förderlich ist.[388] Bei Social Entrepreneurs ist die Ausprägung des Wirtschaftlichkeitsprinzips in Form des Maximalprinzips dominierend, da sie mit den

---

[383] Die Begriffe gehen zurück auf Kosiol (1978). Für eine umfassende Auflistung weiterer Zielarten siehe Schmidt-Sudhoff (1966), S. 93ff.

[384] Vgl. König (1983), S. 27.

[385] Zu verschiedenen Ausprägungen des Ziels der Kostendeckung in der Praxis siehe Kirsch (1992), S. 41ff.

[386] Vgl. König (1983), S. 28.

[387] Vgl. Eichhorn (1997), S. 31.

[388] Vgl. König (1983), S. 29.

ihnen zur Verfügung stehenden Ressourcen eine maximale soziale Wirkung anstreben.[389] Diese Formalziele stehen immer in einem Spannungsverhältnis zu den Sachzielen des Unternehmens. Sachziele oder Leistungsziele beziehen sich auf das konkrete Handeln des Unternehmens, die Leistungserstellung, und konkretisieren sich z. B. anhand von Art, Menge und Qualität der Dienstleistung oder des Produkts.[390] Sachziele können in Haupt- und Nebenziele unterteilt werden. Privatwirtschaftliche Unternehmen verfolgen primär monetär orientierte Ziele, deshalb steht für sie die Erreichung von Formalzielen im Vordergrund. Die Information über den Erfolg wird im Jahresabschluss angeführt.[391] Social Entrepreneurs verfolgen jedoch eine andersartige Zielsetzung: Für sie steht nicht die Erwirtschaftung von monetärem Gewinn im Vordergrund, sondern das dominierende meta-ökonomische Organisationsziel ist ein bestimmter nachhaltiger positiver gesellschaftlicher Wandel (s. Kap. 3.2.4). Dieser sog. System Change steht übergeordnet über den Sach- und Formalzielen. Aus diesem wirkungsorientierten Oberziel leitet jeder Social Entrepreneur die für sein Unternehmen spezifischen Sachziele ab. Die Sachzielverfolgung stellt somit den eigentlichen Sinn des Wirtschaftens dar und es besteht eine klare Sachzieldominanz bei Social Entrepreneurs gegenüber der Formalzieldominanz bei privatwirtschaftlichen Unternehmen.[392] Formalziele müssen jedoch zur Sicherung der Existenz auch von Social Entrepreneurs beachtet werden. Die folgende Abbildung illustriert das Zielsystem von Social Entrepreneurs.

Einschränkend muss noch angemerkt werden, dass der Zielerreichungsgrad davon abhängig ist, wie die individuellen Ziele festgelegt worden sind, d. h. eine Organisation kann ineffektiv sein, auch wenn sie ihre Ziele erreicht. Das tritt dann ein, wenn die Ziele z. B. zu niedrig oder falsch gesetzt wurden. Deshalb müssen unternehmensspezifische Zielanforderungen für einen interorganisationalen Vergleich relativiert werden.[393]

Für die soziale Zielsetzung von Social Entrepreneurs existiert bis dato keine Übersetzung in monetäre Zielgrößen. Sie lässt sich auch nicht objektiv ermitteln, da die Leistungen von Social Entrepreneurs nicht durch Preise auf freien Märkten bewertet

---

[389] Unter dem Maximalprinzip versteht man den Grundsatz, mit gegebenen Kosten (Mitteleinsatz) die größtmögliche Leistung zu erstellen. Die zweite Ausprägung des Wirtschaftlichkeitsprinzips ist das Minimalprinzip, bei dem mit geringst möglichen Kosten eine gegebene Leistung zu erstellen ist. Vgl. Welfens (2005), S. 125.

[390] Vgl Olfert/Rahn (2000), S. 993.

[391] Zur Diskussion über die Zielfunktion in der traditionellen betriebswirtschaftlichen Theorie und das zugrunde liegende Konzept des Homo oeconomicus siehe Schmidt-Sudhoff (1967), S. 38ff.

[392] Vgl. Goetzke (1979), S. 526; Fleige (1989), S. 63ff.; Eichhorn (2001), S. 45ff.

[393] Vgl. Urselmann (1998), S. 205.

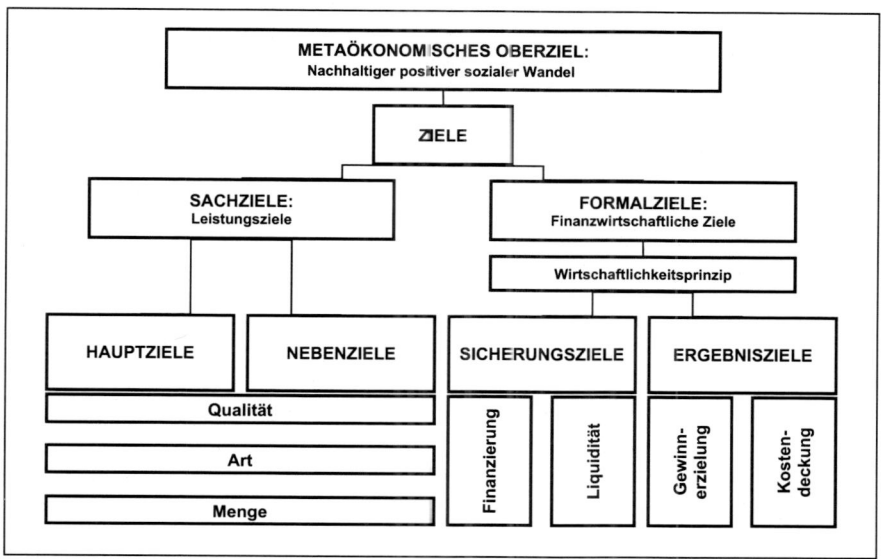

Abbildung 9: Zielsystem von Social Entrepreneurs
Quelle: Eigene Darstellung in Anlehnung an Kosiol (1973).

werden. Damit fehlt Social Entrepreneurs das zentrale Rechnungsziel privatwirtschaftlicher Unternehmen. Das klassische Rechnungswesen dient als Informationsinstrument über die Formalziele eines Unternehmens. Der Informationsbedarf über
den Organisationserfolg, d. h. die Sachzielerreichung von Social Entrepreneurs muss
daher durch ein für diesen Unternehmertyp spezifisches Reporting gedeckt werden.[394]

4.5.2 Risiko

Neben dem Erfolg des Social Entrepreneurs müssen in einem Reporting auch diejenigen Faktoren berücksichtigt werden, die Einfluss auf die Zielerreichung haben.
Dies ist zum einen das Risiko.[395] Das Eingehen von Risiken ist ein Kernelement
unternehmerischen Handelns und trifft auch auf Social Entrepreneurs zu.[396] Risiko

---

[394] Vgl. Küpper (2007), S. 85.
[395] Der Terminus Risiko leitet sich ab vom frühitalienischen Wort „risiciare", das wagen bedeutet. Vgl. Wolke (2008), S. 1; Budäus/Hilgers (2009), S. 18.
Zur Historie von Risiko und Risikomanagement s. Bernstein (2004).
[396] Für klassische Business Entrepreneurs vgl. Cantillon (1931); Hebert/Link (1989), S. 39ff.;
Knight (1921). Für Social Entrepreneurs vgl. Brinckerhoff (2000), S. 2, Mort/Weerawarde-
na/Carnegie (2003), S. 78; Emerson (2001).

kann definiert werden als die Gefahr von Fehlentscheidungen, die zur Nichterreichung der gesetzten Ziele führen.[397] In der Praxis werden darunter vorrangig negative Zielabweichungen verstanden. Eine potenzielle positive Zielabweichung wird als Chance bezeichnet.[398] Im Unterschied zur Ungewissheit, deren Merkmal das Fehlen von Wahrscheinlichkeiten ist, ist Risiko durch die Existenz von Wahrscheinlichkeiten gekennzeichnet.[399]

Die Ursachen von Risiken können vielfältig sein: Sie können durch Unsicherheiten bezüglich des Eintretens bestimmter Ereignisse im Entscheidungsprozess entstehen, sie können jedoch auch aus Fehlverhalten von Mitarbeitern resultieren (bspw. ungenügende oder falsche Informationsbeschaffung, falsch gesetzte Ziele und Prämissen, falscher Mitteleinsatz, fehlerhafte Handlungen, bewusste Verstöße).[400]

Die Messung und Steuerung der unternehmensweiten Risiken erfolgt durch ein sog. Risikomanagement.[401] Dieses sollte, um operativ funktionsfähig zu sein, transparent, objektiv, ganzheitlich und integriert aufgebaut sein.[402] Im Rahmen eines Risikomanagement-Prozesses (s. Abb. 10) werden in allen Organisationsbereichen geeignete Risiken identifiziert, analysiert und bewertet. Es werden Abläufe implementiert, um denjenigen Risiken zu begegnen, die im Hinblick auf die Realisierung der Organisationsziele Gefahren darstellen. Schließlich wird durch Kommunikation und laufende Überwachung der Risiken der Risikomanagement-Prozess kontinuierlich fortgeführt. Dies ist per se keine Frage der Organisationsgröße, die einzelnen Parameter des Risikomanagements können jedoch in Abhängigkeit von der Organisationsgröße differieren.[403]

Im Detail erfolgt während eines Risikomanagement-Prozesses i. d. R. zunächst eine Risikoidentifikation. Diese umfasst eine möglichst vollständige und kontinuierliche Erfassung aller Gefahrenquellen, Störpotenziale und Schadensursachen, die sich negativ auf die Erreichung der Organisationsziele auswirken können.[404] Hierbei

---

[397] Vgl. Mikus (2001), S. 5.
[398] Vgl. Farny (1989), S. 1751.
[399] Siehe für eine detaillierte Ausführung zum ursachen- und wirkungsbezogenen Risikobegriff in der ökonomischen Theorie Budäus/Hilgers (2009), S. 20ff.
[400] Vgl. Mikus (2001), S 6ff.
An dieser Stelle kann weiter differenziert werden zwischen asymmetrischem und symmetrischem Risiko, vgl. Budäus/Hilgers (2009), S. 21ff. Dies ist für die vorliegende Arbeit jedoch nicht relevant.
[401] Vgl. Wolke (2008).
[402] Vgl. Reichling/Bietke/Henne (2007), S. 213.
Für die Umsetzung dieser Anforderungen empfiehlt sich (analog zu gesetzlichen Anforderungen) eine allgemeine Regelung durch einen Standard.
[403] Vgl. Reichling/Bietke/Henne (2007), S. 209.
Auf die Instrumente der einzelnen Schritte des Risikomanagements wird für die vorliegende Arbeit nicht eingegangen, s. hierzu Henson/Larson (1990).
[404] Vgl. Romeike (2003), S. 165; Wolke (2008), S. 4.

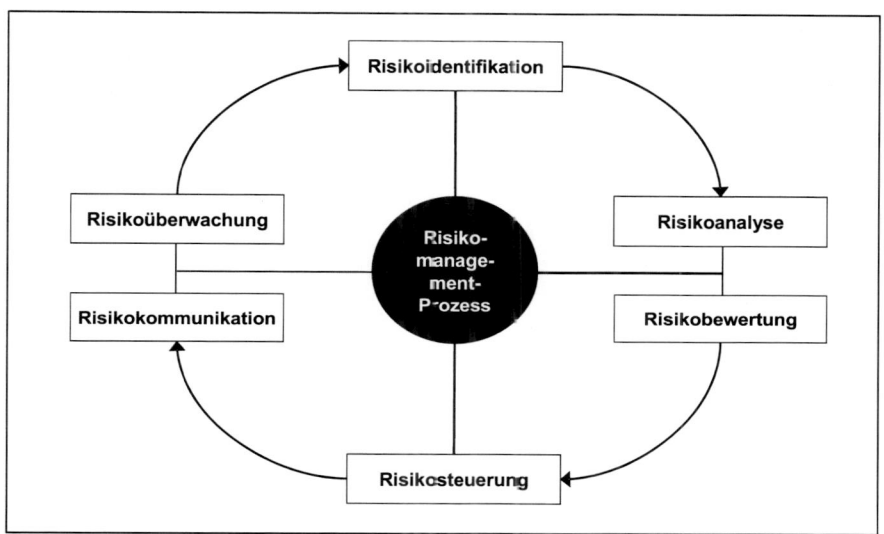

Abbildung 10: Prozess des Risikomanagements
Quelle: Eigene Darstellung in Anlehnung an Reichling/Bietke/Henne (2007), S. 214; Budäus/Hilgers (2009), S. 42.

können Risiken nach verschiedenen Kriterien systematisiert und in unterschiedliche Risikoarten unterteilt werden. Das Abgrenzungskriterium ist abhängig von der jeweiligen Fragestellung und variiert mit den Besonderheiten der jeweiligen Organisation (bspw. Branchenspezifika, regionale Besonderheiten, Produkttypen).[405] Möglich ist u. a. eine Systematisierung nach funktionalen Organisationsbereichen, Risikoobjekt oder Produktionsfaktoren.

Bei der Risikoanalyse und -bewertung ist vor allem zu beachten, dass das Schadensausmaß und die Wahrscheinlichkeit des Eintretens bzw. die Häufigkeit des Schadens bestimmt werden.[406] Die Ergebnisse der Risikoanalyse bilden die Grundlage für die Risikosteuerung. Im Rahmen der Risikosteuerung existieren unterschiedliche Strategien und Instrumente. Hier sind vorrangig die Risikovorsorge, die Risikovermeidung und -begrenzung, die Risikoverteilung sowie die Risikoübertragung und -kompensation zu nennen.[407] Aufgabe der Risikokommunikation ist im Anschluss die Abbildung des Gesamtrisikos einer Organisation als Zusammenspiel von Einzel-

---

[405] Vgl. Wolke (2008), S. 5ff.; für die öffentliche Hand vgl. Budäus/Hilgers (2009), S. 34. Für betriebswirtschaftliche Methoden zur Risikoidentifikation und -bewertung wird verwiesen auf Wolf/Runzheimer (2009), S. 44ff.

[406] Vgl. Budäus/Hilgers (2009), S. 24; Emerson (2001), S. 126.

[407] Vgl. Weber/Weißenberger/Liekweg (2001), S. 61ff.; Wolke (2008), S. 79.

risiken und die Berichterstattung über die identifizierten Risiken sowie über ihr Management. Die Risikoüberwachung (oft auch als Risikocontrolling bezeichnet) umfasst schließlich aufbau- und ablauforganisatorische Aspekte des Risikomanagements.[408]

Ein Risikomanagement birgt mehrere Vorteile für Social Entrepreneurs.[409] Erstens ist die Darstellung der mit dem eigenen Konzept verbundenen Risiken für den Social Entrepreneur selbst ein wichtiger Bewusstseinsschritt. Zweitens werden das Vertrauen und die Planungssicherheit von Mitarbeitern und Unterstützern gestärkt.[410] Mit der Gewissheit, ein geeignetes Risikomanagement implementiert zu haben, können sich alle Beteiligten verstärkt auf die operative Arbeit konzentrieren. Drittens stellt das Reporting von Risiken für Investoren eine Entscheidungsgrundlage dar, mit dem sie ihre Investitionen entsprechend ihrem Rendite-Risiko-Profil optimieren können.[411]

4.5.3   Organisational Capacity

Geprägt wurde der Begriff der Capacity Anfang der 1990er Jahre in der klassischen Entwicklungszusammenarbeit (EZ) durch Organisationen wie The World Bank oder das United Nations Development Programme (UNDP).[412] In diesem Zusammenhang definiert The World Bank Capacity als „the combination of people, institutions, and practices that permits countries to achieve their development goals".[413] In der EZ geht man von Capacity auf verschiedenen Ebenen aus, es existieren daher diesbezüglich verschiedene Systematisierungen. Meist werden die Ebenen des Individuums (Mikroebene), der Organisation (Mesoebene) und der Gesellschaft allgemein (Makroebene) unterschieden.[414]

---

[408] Vgl. Wolke (2008), S. 5.

[409] Auf Risikomanagement, das durch rechtliche Bestimmungen vorgegeben ist, wird aufgrund der heterogenen Rechtsformen, in denen Social Entrepreneurs agieren, in der vorliegenden Arbeit zu Gunsten der Allgemeinverständlichkeit der Darstellung nicht eingegangen. Siehe hierzu Wolke (2008), S. 2ff.

[410] Vgl. Herman (2005), S. 561.

[411] Vgl. Achleitner et al. (2009a).

[412] Vgl. Schacter (2000), S. 1; Backer/Bleeg/Groves (2004), S. 15ff.
Es gab zwar auch schon davor vereinzelt Aktivitäten in diesem Bereich, vor allem in den USA, in der Fläche bekannt wurde der Begriff jedoch durch die EZ. Für einen Überblick über Ursprung und Entwicklung des Konzepts s. Lusthaus/Adrien/Perstinger (1999); Backer (2001), S. 32ff.

[413] Schacter (2000), S. 1.

[414] Vgl. Baser/Morgan (2008); Morgan (1997); Tobelem (1992); Mizrahi (2004), S. 16ff.; Wilhelm/Mueller (2003), S. 1; Laliberte (2002); Horton et al. (2003), S. 27ff.

Organisational Capacity[415] bezieht sich auf die Ebene der Organisation. Sie kann definiert werden als „the organisation's ability to survive, to successfully apply its skills and resources in order to pursue its goals and satisfy its stakeholders' expectations".[416] Im Gegensatz zum Erfolg, d. h. der Frage, „was" eine Organisation erreicht hat, beschäftigt sich die Betrachtung der Organisational Capacity damit, „wie" und „durch wen" sie es erreicht.[417] Sie umfasst damit u. a. organisationsinterne Ressourcen, Strukturen sowie Prozesse und beschäftigt sich mit Themen wie Governance, Personalmanagement, Fundraising und Informationstechnologie.[418] Organisational Capacity ist abhängig von Alter und Größe einer Organisation.[419] Die einzelnen Phasen der Organisationsentwicklung sind jedoch oft ähnlich, auch für Organisationen, die sehr unterschiedliche Zielsetzungen verfolgen.[420]

Der Ansatz, den Aufbau leistungsfähiger Organisationen voranzutreiben (sog. „Organisation Building"), kommt aus der Venture-Capital-Literatur und wurde im sozialen Sektor vor allem durch Venture-Philanthropy-Funds und einige Stiftungen übernommen.[421] Im Gegensatz zu bisher vorrangig geförderten Programmen nimmt die Bedeutung des zur Umsetzung dieser Programme notwendigen Organisationsaufbaus zu.[422] Die zugrunde liegende Annahme ist, dass eine Organisation nachhaltig

---

[415] Auf Deutsch könnte dies mit organisationaler Leistungsfähigkeit übersetzt werden. In der Literatur haben sich jedoch der Terminus Organisational bzw., je nach Verwendung in amerikanischem oder britischem Englisch, Organizational Capacity und damit zusammenhängende englischsprachige Begriffe als feststehende Ausdrücke durchgesetzt, weshalb diese auch in der vorliegenden Arbeit verwendet werden.

[416] Horton et al. (2003), S. 19.
Für eine ausführliche Diskussion der einzelnen definitorischen Elemente s. Honadle (1986), S. 9ff.
Für eine Diskussion unterschiedlicher Definitionsansätze s. Cohen (1993), S. 1ff.

[417] Vgl. Connolly/Lukas (2004), S. 2; Backer (2001), S. 31.

[418] Auch bzgl. Organisational Capacity existieren unterschiedliche Systematisierungen. Siehe hierzu Sobeck/Agius (2007); Backer/Bleeg/Groves (2004); DeVita/Fleming/Twombly (2001); Lusthaus/Adrien/Anderson (1999), S. 61ff.; Lusthaus et al. (2002), S. 10; Horton et al. (2003), S. 28.
Für eine ausführliche Darstellung eines Capacity-Modells, des sog. Capacity Assessment Grid s. Kapitel 5.3.1.

[419] Vgl. Tobelem (1992), S. 12. Zum Lebenszyklusmodell im Social Entrepreneurship s. Kapitel 3.2.2.3.

[420] Vgl. Kramer (2005), S. 2.

[421] Vgl. Letts/Ryan/Grossman (1997), S. 37.
Zum Thema Venture Philanthropy s. John (2006); John (2007); Achleitner (2007).
Die Rockefeller Foundation bspw. hat zwischen 1995 und 2003 durchschnittlich 32 Prozent der Spendenausgaben für Capacity Building aufgewendet, dies entspricht 384 Millionen US$. Vgl. Moock (2004), S. 3.

[422] Vgl. Letts/Ryan/Grossman (1997), S. 37; Letts/Ryan/Grossman (1998), S. 16ff.; Venture Philanthropy Partners/McKinsey & Company (2001), S. 13ff. *(Fortsetzung auf S. 94)*

erfolgreicher und innovativer sein kann, wenn sie leistungsfähiger ist. Dies ist ein notwendiger Schritt hin zu einer weiteren Professionalisierung und Stärkung des Non-Profit-Sektors.[423]

Organisational Capacity ist somit Grundlage für alle Aktivitäten eines Social Entrepreneurs und gewährleistet eine Institutionalisierung des Lösungsansatzes sowie eine nachhaltige Problemlösung.[424] Sie hat daher einen erheblichen Einfluss auf den Erfolg einer Organisation.[425] Neben der Vermittlung relevanter Informationen an Reportingadressaten hinsichtlich ihrer Entscheidung über die Ressourcenallokation aufgrund von Erfolgsindikatoren sollten Social Entrepreneurs daher auch über ihre Fähigkeit berichten, diese Leistungen auf Dauer zu erbringen.

4.6   Zusammenfassung

In Kapitel 4 wurden die Determinanten eines Reportings im Social Entrepreneurship abgeleitet. Ausgehend von klassischer Rechnungslegungsliteratur wurde zunächst die Reportingfunktion der Informationsvermittlung determiniert. Diese wurde aufbauend auf der Prinzipal-Agenten- sowie der Stewardship-Theorie als Entscheidungsunterstützung bzw. Rechenschaftslegung weiter konkretisiert. Ein Reporting als Kontroll- und Entscheidungsinstrument muss somit sowohl vergangenheitsbezogene Informationen als auch Prognosedaten enthalten. Dabei muss eventuellen Nachteilen der Ex-ante-Informationen (Unsicherheit der Zukunft, mögliche Beeinflussung, mangelnde Überprüfbarkeit) im Reporting durch adäquate Mechanismen Rechnung getragen werden (z. B. Abgleich von Prognose- und realisierten Daten, Ermittlung von Ex-post- wie Ex-ante-Informationen nach gleichen Regeln, Plausibilitätserklärungen).[426]

In einem nächsten Schritt erfolgte die Bestimmung der Reportingadressaten und ihres Informationsbedarfs. Als direkte Adressaten mit originärem Informationsbedarf wurden öffentliche Einrichtungen, private Investoren, ehrenamtliche Mitarbeiter sowie ggf. Kunden ermittelt. Die interessierte Öffentlichkeit sowie Finanzintermediäre können als indirekte Adressaten mit derivativem Informationsbedarf bezeichnet werden. Der Informationsbedarf dieser insgesamt sechs Adressatengruppen wurde deduktiv ermittelt. Ein gemeinsames Informationsinteresse aller Adressaten besteht

---

[422] *(Fortsetzung von S. 93)* Hinsichtlich der Vorgehensweise beim Ausbau der Organizational Capacity existieren auch zahlreiche Modelle und Vorschläge, s. bspw. De Vita/Fleming/ Twombly (2001); Backer (2001); Linnell (2003), S. 18ff.

[423] Vgl. McPhee/Bare (2001), S. 1; Backer (2001), S. 33.

[424] Vgl. Morgan (1997); Mizrahi (2004), S. 5.

[425] Vgl. Light (2004), S. 47.

[426] Vgl. König (1983), S. 63.

hinsichtlich des Grades, in dem der Social Entrepreneur seine Ziele realisiert. Weitere spezifische Informationsbedürfnisse sind abhängig von der konkreten Entscheidungssituation der jeweiligen Adressatengruppe.

Im Anschluss erfolgte die Darstellung grundlegender Rahmenpostulate an Reportings. Diese sind in der Regel gesetzlich festgelegt, gelten rechtsformunabhängig für alle Organisationsformen, sind generelle Anforderungen an die Berichterstattung und dienen der Interpretation und Schließung etwaiger Regelungslücken. Sie bestehen aus den Primärgrundsätzen Relevanz und Zuverlässigkeit, den Sekundärgrund-

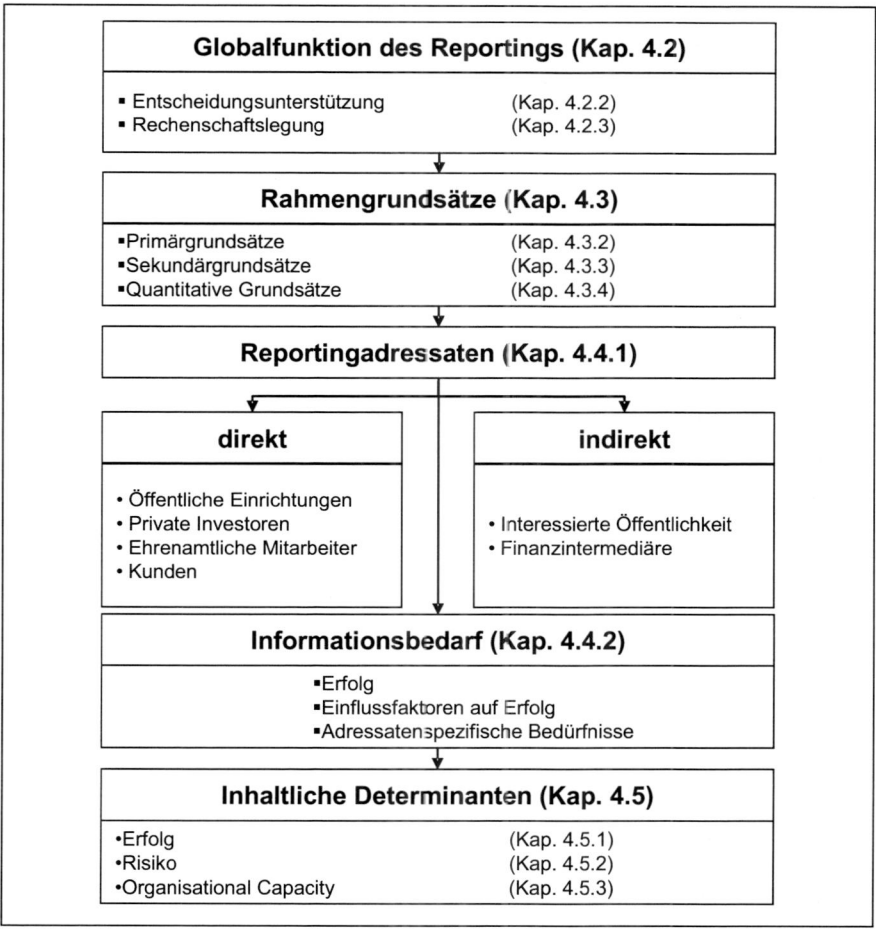

Abbildung 11: Ermittelte Determinanten eines Reportings im Social Entrepreneurship
Quelle: Eigene Darstellung in Anlehnung an Küpper (2001), S. 157.

sätzen Vergleichbarkeit und Konsistenz sowie den quantitativen Einschränkungen Wesentlichkeit und Angemessenheit.

In einem letzten Abschnitt wurden die inhaltlichen Determinanten eines Reportings im Social Entrepreneurship diskutiert. Dies ist zum einen der Erfolg des Social Entrepreneurs, definiert als Grad der Zielerreichung, sowie alle Faktoren, die diesen beeinflussen. Neben dem Erfolg sollten jedoch auch diejenigen Faktoren in einem Reporting angeführt werden, die die Zielerreichung beeinflussen. Daher ist auch über etwaige Risiken und deren Management sowie die Organisational Capacity zu berichten. Das Ziel der Organisation und der Informationsbedarf der Adressaten modellieren somit den in einem Reporting dargestellten Sachverhaltskomplex.

Insgesamt ist eine konzeptionelle Geschlossenheit der verschiedenen Informationsinstrumente erstrebenswert, für die ein Informationssystem geschaffen werden sollte, dessen Form der vorgegebenen Zwecksetzung entspricht.[427] Alle Determinanten sind in der vorstehenden Abbildung (s. S. 95) graphisch dargestellt.

---

[427] Vgl. Ballwieser (1982), S. 773.

5 Analyse der Anwendung bestehender Konzepte auf ein Reporting im Social Entrepreneurship

5.1 Status quo der Erfolgsmessung im Social Entrepreneurship

Der finanzielle Erfolg einer Investition kann weitgehend problemlos durch Zahlen dargestellt werden; die Definition und Messung sozialen Erfolgs bereitet jedoch erhebliche Probleme. Trotz der Entwicklung von Konzepten zur Erfolgsmessung bei nichtmonetären Zielen existiert bis dato weder eine auf die unterschiedlichen Ziele anwendbare und damit einheitliche, und zugleich den individuellen Erfolg präzis wiedergebende Erfolgskennzahl noch ein Reporting im Social Entrepreneurship.[428] Im vorliegenden Kapitel werden einleitend die Hintergründe für diese Situation dargestellt. Hierfür erfolgt zum einen ein Überblick über grundlegende Schwierigkeiten der Erfolgsmessung, zum anderen eine Erläuterung der Terminologie in diesem Bereich.

Ausgehend von den beschriebenen Anforderungen an ein Reporting sowie den Überlegungen zum Zielsystem von Social Entrepreneurs (s. Kap. 4.5.1) erfolgt dann eine Überprüfung existierender Methoden auf die Anwendbarkeit für ein Reporting im Social Entrepreneurship. Die existierenden Modelle können analog der inhaltlichen Determinanten eines Reportings (s. Kap. 4.5) unterteilt werden in Modelle, die Organisational Capacity bewerten, sowie in Methoden der Erfolgsmessung.[429] Die Organisation und ihre Leistungsfähigkeit sind die Voraussetzung für das Handeln und den Erfolg eines Social Entrepreneurs, weshalb die jeweiligen Methoden in dieser Reihenfolge angeführt werden.

Für die Erfassung des Risikos als Teilaspekt innerhalb eines Reportings existieren bis dato keine Ansätze. Darüber hinaus haben sich Bewertungsverfahren entwickelt, die als „Social Rating" bezeichnet werden können und dem Konzept des Reportings nahe kommen. Deshalb wird auf Modelle dieser Kategorie als dritte Gruppe näher eingegangen. Nach einer kurzen Beschreibung des jeweiligen Ansatzes erfolgt eine Bewertung im Hinblick auf die in den vorigen Kapiteln abgeleiteten Determinanten

---

[428] Für eine Entwicklungsgeschichte der Evaluationsforschung s. Stockmann (1998); Barman (2007); Berman (2006), S. 16ff.
Für weitere Systematisierungen von Methoden der Erfolgsmessung s. Clark et al. (2004); Armstrong (2006); Fojcik (2007); Tuan (2008).

[429] Bis dato existieren nach Kenntnis der Verfasserin keine Methoden, die allein die Risikoerfassung und -bewertung zum Inhalt haben.

eines Reportings im Social Entrepreneurship und damit auf eine eventuelle Übertragungsmöglichkeit. Das Kapitel endet mit einer Tabelle, die einen vergleichenden Überblick der verschiedenen Methoden ermöglicht.

5.2   Terminologie und grundlegende Schwierigkeiten der Erfolgsmessung

5.2.1   Terminologie der Erfolgsmessung

Erfolgsmessung, oft auch als Wirkungsmessung, Social Impact Assessment, Impact Measurement oder Performance Measurement bezeichnet, hat zum Ziel, die soziale Wirkung von Organisationen zu messen und möglichst monetär zu bewerten.[430] Die Ergebnisse der Wirkungsmessung können dann im Rahmen eines Reportings an die jeweiligen Zielgruppen berichtet werden.

Zur Erfassung des Erfolgs im öffentlichen sowie im Non-Profit-Sektor hat sich das Modell der sog. Wirkungskette („Impact Value Chain") etabliert.[431] Sie beschreibt die Vorgehensweise, wie eine gewisse gesellschaftliche Zielsetzung erreicht werden soll (vgl. Abb. 12). Zu Beginn werden bestimmte Ressourcen (Geld- oder Sachspenden sowie zeitliches Engagement) aufgewendet, die als Input bezeichnet werden.[432] Hier geht es insbesondere um den Ausweis der Kosten als Maßstab für den Ressourceneinsatz. Dieser Input wird in verschiedenen Prozessen verwendet, dies kann die Erstellung von Dienstleistungen oder von Produkten sein.

Auf der Ergebnisseite können Output, Outcome und Impact unterschieden werden. Als Output werden die direkten Ergebnisse der Prozesse bezeichnet, die gemessen werden können. Diese Ergebnisse können personen-, institutions- oder aktivitätsbezogen sein (bspw. Anzahl der erreichten Schüler, Anzahl der besuchten Schulen, Anzahl der angebotenen Nachhilfekurse).[433] Outcomes hingegen sind die mittelbar erreichten zielbezogenen gesellschaftlichen Wirkungen, die aus den Outputs resultieren (bspw. bessere Bildungschancen für die Kinder in einem bestimmten Stadtteil).

---

[430] Im Rahmen der Nachhaltigkeitsberichterstattung existieren auch Ansätze, die ökologische Wirkung von Organisationen zu messen. Hierauf wird in der vorliegenden Arbeit jedoch nicht weiter eingegangen.

[431] Vgl. für den Non-Profit-Sektor Berman (2006), S. 8ff.; Clark et al. (2004); W.K. Kellogg Foundation (2004).
Für den öffentlichen Sektor s. Lantz (2002); Buschor (1994b); Buchholtz (2001).
Bisherige Erfolgsmessung in NPOs und der öffentlichen Verwaltung ist vorrangig fokussiert auf Input und Output. So werden Schulen bspw. in Abhängigkeit von der Anzahl der registrierten Schüler finanziert und nicht in Abhängigkeit von der bei ihnen erzielten Wirkung. Vgl. Osborne/Gaebler (1992), S. 138.

[432] Vgl. Scholten et al. (2006), S. 38.

[433] Vgl. Berman (2006), S. 146ff.

Manche Autoren unterteilen Outcomes darüber hinaus in kurz-, mittel- und langfristige Outcomes.[434]

Im Outcome sind jedoch nicht nur diejenigen Wirkungen enthalten, die allein der Intervention zuzuschreiben sind, sondern auch die Effekte, die zusätzlich oder unabhängig davon auftreten.[435] Als Impact wird daher die gesellschaftliche Wirkung bezeichnet, die auf eine spezifische Intervention einer Organisation zurückzuführen ist. Zur Berechnung des Impacts sind zum einen diejenigen Ergebnisse abzuziehen, die sowieso eingetreten wären (das sog. „Deadweight"), sowie gesellschaftliche Veränderungen, die auf den Einfluss anderer Organisationen zurückzuführen sind (sog. „Attribution").[436] Die folgende Abbildung veranschaulicht das Modell der Wirkungskette:

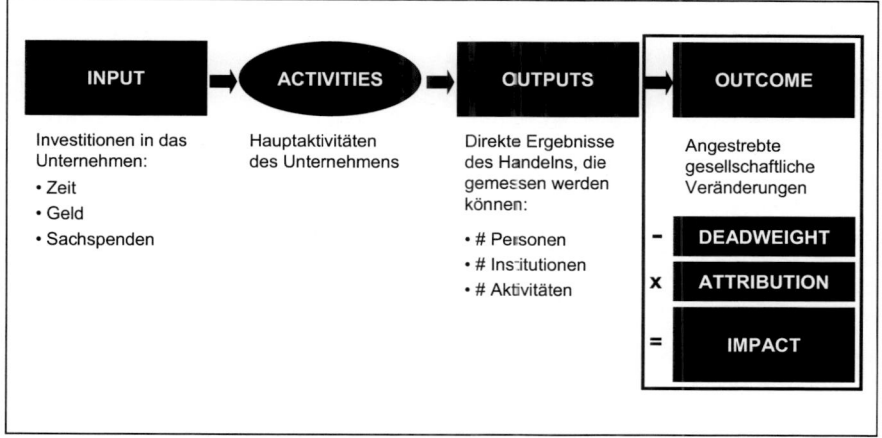

Abbildung 12: Modell der Wirkungskette
Quelle: Eigene Darstellung in Anlehnung an Clark et al. (2004); Wei-Skillern et al. (2007), S. 332.

Für die Konzeption eines Reportings ist in diesem Zusammenhang Folgendes zu berücksichtigen: Je weiter entlang der Wirkungskette sich ein Reporting bewegt,

- desto größer wird der betrachtete Zeitraum,
- desto mehr entfernen sich die Aktivitäten von der berichtenden Organisation weg und damit auch von der Kontrolle durch die Organisation,
- desto schwieriger wird die Messung,

---

[434] So bspw. Berman (2006), S. 149.

[435] Vgl. Stockmann (1998), S. 41.

[436] Vgl. Scholten et al. (2006), S. 38; Clark et al. (2004), S. 7.

– desto abstrakter werden die Indikatoren,
– desto schwieriger wird es, Ursache-Wirkungs-Beziehungen zu bestimmen.[437]

Der Zusammenhang zwischen den Elementen der Wirkungskette sowie der Zielkonzeption und des Erfolgs von Social Entrepreneurs (vgl. Kap. 4.5.1) kann folgendermaßen dargestellt werden:

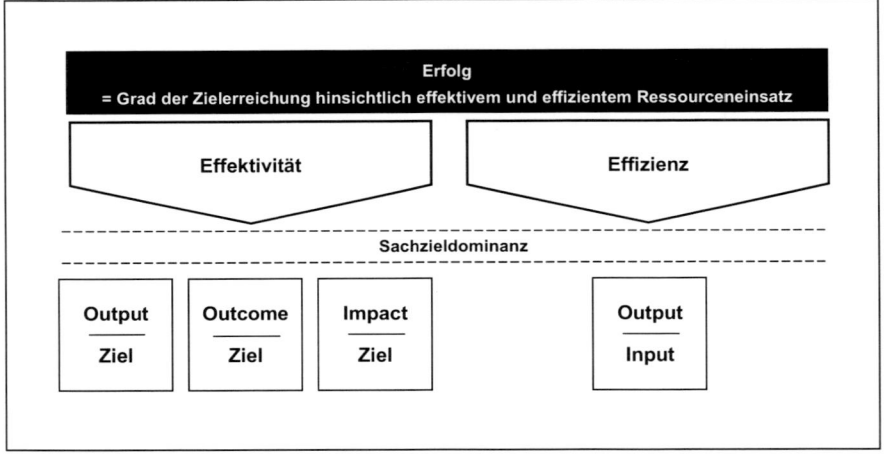

Abbildung 13: Zusammenhang zwischen Erfolg, Effektivität und Effizienz
Quelle: Eigene Darstellung.

Effektivität wird allgemein definiert als Messgröße für die Zielerreichung.[438] Bezogen auf die Wirkungskette beschreibt Effektivität das Verhältnis von Outcome, Impact bzw. Output zu den definierten Zielen.[439] Als Effizienz wird das Verhältnis zwischen einer Zielerreichung und den dafür benötigten Ressourcen, d. h. von Output zu Input bezeichnet („unit cost to produce goods or services"[440]). Sie beschreibt damit die Kosten für einen bestimmten Outcome- oder Outputparameter.

---

[437] Vgl. Wei-Skillern et al. (2007), S. 325ff.
[438] Vgl. Buchholtz (2001), S. 49.
[439] Siehe zur Zielkonzeption von Social Entrepreneurs auch Kapitel 4.5.1.
    Neben Effektivität als Maßstab der Zielerreichung kann darüber hinaus auch die sog. „Cost-Effectiveness" als Verhältnis von Input zu Outcome sowie die Outputeffektivität als Verhältnis von Output zu Outcome bestimmt werden. Vgl. Buschor (1994a), S. XIII; Bundesrechnungshof (1998), S. 20. Dies würde im Rahmen einer Organisationsbewertung stattfinden und ist daher für die vorliegende Arbeit nicht relevant.
[440] Berman (2006), S. 6.

5.2.2 Methodische, konzeptionelle und praktische Probleme der Erfolgsmessung

Die Messung des sozialen Erfolgs ist mit gewissen methodischen, konzeptionellen und praktischen Schwierigkeiten verbunden, von denen die bedeutendsten im Folgenden dargestellt werden:

Unklarer Erfolgsbegriff:

Im privatwirtschaftlichen Sektor kann Erfolg über mehr oder weniger standardisierte finanzielle Kennzahlen erhoben und verglichen werden. Das grundlegende Problem der Messung von sozialem Erfolg stellt die Tatsache dar, dass kein einheitliches Kriterium für den Erfolgsbegriff existiert. Erst wenn definiert ist, was als Erfolg gilt, kann über Methoden der Erfolgskontrolle entschieden werden.[441]

Heterogenität von Zielen, Ansätzen und Organisationstypen:

Der Non-Profit-Sektor, und damit auch der Social-Entrepreneurship-Bereich, sind grundsätzlich durch eine große Heterogenität gekennzeichnet.[442] Die einzelnen Akteure sind bspw. in sehr unterschiedlichen Themenfeldern tätig, mit unterschiedlichen Organisationsformen, haben unterschiedliche Größen und wenden verschiedene Lösungsansätze an. Dies erschwert die Entwicklung allgemeingültiger sozialer Erfolgsgrößen.[443] Diese starke Fragmentierung des Sektors führt darüber hinaus entweder zu individuellen Analysen auf einer Mikroebene, die ohne konzeptionellen Rahmen durchgeführt werden und dadurch nicht verglichen werden können, oder zu Makroanalysen; diese aber arbeiten mit Globalindikatoren (wie bspw. Wachstum) und lassen durch ihren hohen Aggregationsgrad meist die Zusammenhänge zwischen Intervention und Wirkung unklar.[444]

Attributionsproblematik:

Gesellschaftliche Veränderungen werden oft durch mehrere Faktoren bedingt. Oft arbeitet ein Social Entrepreneur neben mehreren anderen Akteuren gleichzeitig auf die Lösung eines spezifischen sozialen Problems hin. Eine eindeutige Zurechnung, welche Auswirkungen in unmittelbarem oder mittelbarem Zusammenhang mit einer Intervention stehen, ist nicht immer eindeutig möglich.[445] Erschwert wird die Attribu-

---

[441] Vgl. The Rockefeller Foundation/The Goldman Sachs Foundation (2003), S. 2; Mutter (1998), S. 136; Barman (2007), S. 104.
Zum Erfolgsbegriff im Social Entrepreneurship s. Kapitel 4.5.1

[442] Siehe hierzu auch Kapitel 2.1.

[443] Vgl. Bell-Rose (2004), S. 272.

[444] Vgl. Eder (1999).

[445] Vgl. Bertelsmann Stiftung (2008a), S. 10ff.; Armstrong (2006), S. 9; Mutter (1998), S. 137; Bell-Rose (2004), S. 272.

tion zusätzlich dadurch, dass viele soziale Wirkungen stark zeitverzögert eintreten. Vor allem im Bildungsbereich sind Ergebnisse von Aktivitäten erst nach vielen Jahren beobachtbar. Die Erfassung kausaler Zusammenhänge, also derjenigen zwischen Maßnahme und Wirkung bei gleichzeitiger Einbeziehung denkbarer Drittvariablen stellt daher eines der größten Probleme der Erfolgsmessung dar.

Messbarkeit der Ziele:

Die Wirkungsziele von Social Entrepreneurs stellen komplexe Herausforderung bezüglich ihrer Operationalisierung.[446] Dies liegt zum einen an ihrer qualitativen Natur (z. B. kann ein Ziel darin beistehen, die Lebensqualität bei einer Zielgruppe zu verbessern) sowie an ihrer Langfristigkeit (z. B. im Bildungsbereich). Zum anderen werden oft vertraulich zu behandelnde Ziele (z. B. im Bereich häuslicher Gewalt) sowie Präventionsziele verfolgt (z. B. im Bereich Drogenkonsum), bei denen eine Erfolgsmessung nicht möglich ist oder nicht publiziert werden kann.[447] Diese Operationalisierungsproblematik führt oft zu einer schlechten Datenqualität.

Subjektivität der Bewertung:

Da es für gesellschaftliche Veränderungen keine Märkte und damit auch keine Preise gibt, die als Proxy-Indikatoren und zur Objektivierung dienen könnten, unterliegt die Beurteilung sozialen Wandels immer der subjektiven Einschätzung und Wertvorstellung des Bewertenden.[448]

Probleme innerhalb des Non-Profit-Sektors:

Einige Schwierigkeiten bei der Erfolgsmessung sind innerhalb des Non-Profit-Sektors selbst zu finden. Zum einen gibt es bis dato kaum Anreize, Transparenz herbeizuführen.[449] Des Weiteren sind hier generelle Vorurteile und negative Assoziationen zu nennen, die häufig mit unternehmerischem Engagement im sozialen Bereich verbunden sind. Eine klare Trennung von Markt und Sozialem wird von vielen als erstrebenswert erachtet, da der Markt oft als Verursacher von Problemen, nicht als dessen Lösung angesehen wird.[450] Es besteht eine weit verbreitete, nur schwer zu begründende Ablehnung gegenüber der „Verwirtschaftlichung" des Non-Profit-Sektors und der „Vermarktung" von sozialen Missständen. Auch existieren Befürchtungen,

---

[446] Vgl. Farkas/Molnár (2003), S. 4.

[447] Vgl. The Rockefeller Foundation/The Goldman Sachs Foundation (2003), S. 14; The Urban Institute (2006), S. 6.

[448] Vgl. Tuan (2008), S. 17.; Mutter (1998), S. 137.

[449] Vgl. Tuan (2008), S. 21. Zu geänderten Rahmenbedingungen im Non-Profit-Sektor s. Kapitel 2.4.

[450] Vgl. Dees (1998), S. 58; Bassen/Roder (2009), S. 275.

dass schlecht messbare Aktivitäten durch Erfolgsmessung benachteiligt werden und dass Non-Profit-Organisationen durch Reporting ebenso bürokratisch werden wie staatliche Einrichtungen und damit ein Wettbewerbsvorteil verlorengeht.[451]

Fehlende Kompetenzen und Kapazitäten:

Im deutschen Non-Profit-Sektor herrscht allgemein eine gering ausgeprägte Evaluationskultur und bspw. im Vergleich mit den USA ein geringer Professionalisierungsgrad.[452] Das Wissen über Methoden der Wirkungsmessung und ihre Anwendung ist vielfach nicht vorhanden. Neben diesen fehlenden Kompetenzen ist jedoch auch der ökonomische Grund nicht zu vernachlässigen, dass der Aufwand für die existierenden Konzepte die meist ohnehin schwach ausgelegten Ressourcen von Non-Profit-Organisationen überfordert.[453]

Trotz dieser zahlreichen Hürden bei der Erfolgsmessung hat sich eine Reihe von Konzepten zur Erfolgsmessung entwickelt, die im Folgenden kurz vorgestellt werden. Gemäß den unterschiedlichen Schwerpunkten, die diese Konzepte bei der Bewertung von sozialen Organisationen und deren Erfolg setzen, sind sie in der Folge unter den Stichworten „Organisational Capacity", „Erfolgsmessung" und „Social Ratings" präsentiert. Ausgewählt wurden die etabliertesten und ausführlichsten Ansätze in jeder Kategorie. Im Text werden aus Gründen der besseren Lesbarkeit jeweils die zwei Konzepte dargestellt, die für ein Reporting im Social Entrepreneurship anwendbar sind. In diesem Sinne werden auch nur diejenigen Determinanten vorgestellt, die in diesem Bereich sinnvoll sind. Der anschließende Überblick in Tabellenform gibt zusätzlich die Beurteilung weiterer Ansätze wieder.

5.3 Bewertung von Organisational Capacity

5.3.1 Capacity Assessment Grid

5.3.1.1 Entstehung und Zielsetzung

Das Capacity Assessment Grid wurde im Jahr 2000 von der Unternehmensberatung McKinsey & Company für Venture Philanthropy Partners (VPP)[454] entwickelt. Die

---

[451] Vgl. Armstrong (2006), S. 8; Campbell (2002), S. 244.

[452] Vgl. Stockmann (1998), S. 48.

[453] Vgl. Tuan (2008), S. 23; Bell-Rose (2004), S. 272.

[454] Venture Philanthropy Partners ist ein Venture-Philanthropy-Fonds mit Sitz in Washington D.C. Der Investitionsfokus des Fonds liegt auf Non-Profit-Organisationen im Bereich Kinder- und Jugendhilfe. Für mehr Informationen siehe http://venturephilanthropypartners.org.

Gründer von VPP wussten aufgrund früherer Erfahrungen mit kommerziellen Start-ups um die Bedeutung der organisationalen Leistungsfähigkeit ("organisational capacity"[455]) für den Erfolg und wollten dies auf den Non-Profit-Sektor übertragen.[456]

McKinsey führte daher 13 Fallstudien mit US-amerikanischen Non-Profit-Organisationen durch, um wesentliche Aspekte und Best Practices in diesem Bereich zu identifizieren.[457] Auf dieser Grundlage entwickelte McKinsey das Capacity Assessment Grid, mit dem Non-Profit-Organisationen hinsichtlich ihrer Organisational Capacity und Kompetenzen eingeschätzt werden können. Die Methode ist frei zugänglich und kann von allen Interessierten angewandt werden.[458]

Das Konzept kann sowohl von einer Non-Profit-Organisation selbst als auch von Investoren, Mitarbeitern oder anderen Stakeholdern genutzt werden, um (1) Stärken und Bereiche mit Verbesserungspotenzial zu identifizieren, (2) Veränderungen der Organisational Capacity nachvollziehen zu können und (3) unterschiedliche Einschätzungen verschiedener Stakeholder bzgl. der Organisational Capacity zu erlangen.[459]

Es gibt eine Reihe von Capacity-Assessment-Ansätzen unterschiedlicher Organisationen für spezifische Länder oder Themenfelder, das Capacity Assessment Grid ist darunter jedoch das ausführlichste und kann generell auf alle Organisationsformen angewandt werden.[460]

5.3.1.2 Vorgehen

Das Capacity Assessment Grid unterscheidet sieben Themenfelder der Organisationskompetenz. Diese umfassen drei übergeordnete Elemente ("aspirations", "strategies", "organisational skills"), drei grundlegende Elemente ("systems and infrastructure", "human resources", "organisational structure") sowie ein kulturelles Element, das alle anderen Elemente umschließt. Die folgende Graphik illustriert den Aufbau des Capacity Assessment Grid:

---

[455] Siehe zu Organizational Capacity auch Kapitel 4.5.3.

[456] Vgl. Venture Philanthropy Partners/McKinsey & Company (2001), S. 5ff.

[457] Für einen Überblick über die beteiligten Non-Profit-Organisationen s. Venture Philanthropy Partners/McKinsey & Company (2001), S. 37ff.

[458] Der Bericht „Effective Capacity Building in Nonprofit Organisations" ist frei zugänglich unter http://venturephilanthropypartners.org/learning/reports/capacity/full_rpt.pdf.

[459] Vgl. Venture Philanthropy Partners/McKinsey & Company (2001), S. 77ff.

[460] So bspw. CARE Somalia oder das European Centre for Development Policy Management (ECDPM): Baser/Morgan (2008); das UNDP: Hopkins (1996); das Bureau of Primary Health Care (BPHC) (1995); das USAID Center for Development Information and Evaluation (2000); die OECD: Morgan (1997) und The World Bank (2005).

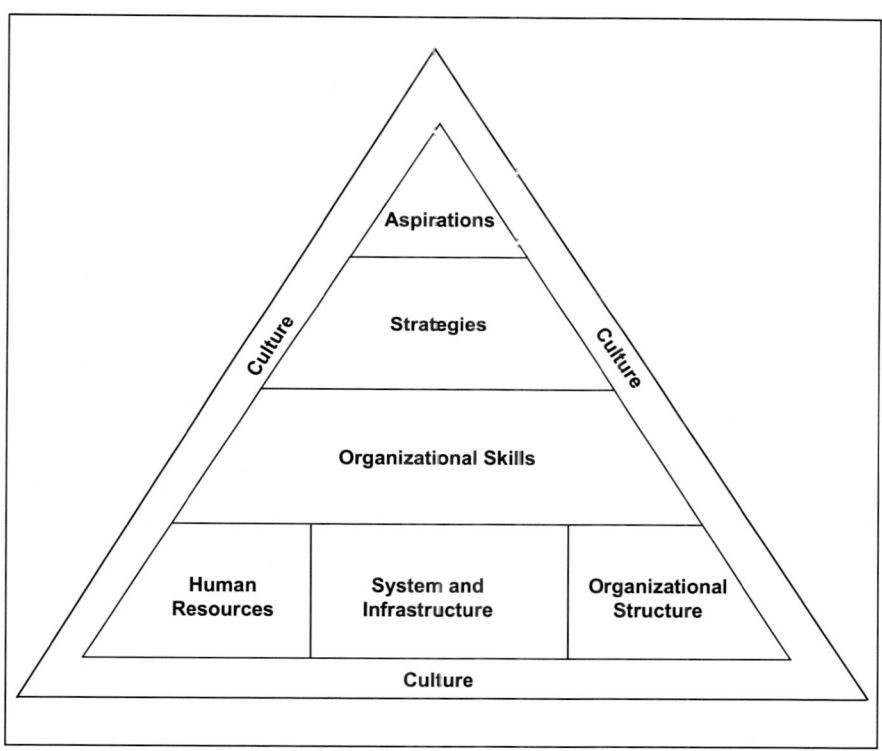

Abbildung 14: Aufbau des Capacity Assessment Grid
Quelle: Venture Philanthropy Partners/McKinsey & Company (2001) S. 36.

Die sieben Themenfelder des Modells sind wie folgt definiert:

- Aspirations: Überbegriff für die Vision, die Mission und übergeordnete Ziele, die zusammen die grundlegende Ausrichtung der Organisation determinieren.

- Strategies: Eine Reihe in sich schlüssiger und zusammenhängender Aktivitäten und Programme, die auf die Erreichung der „aspirations" gerichtet sind.

- Organisational skills: Die Summe aller Fähigkeiten der Organisation wie bspw. Erfolgsmessung, Planung oder Ressourcenmanagement.

- Human resources: Die Summe aller Fähigkeiten, Erfahrungen, Potenziale sowie des Einsatzes aller Mitarbeiter der Organisation.

- Systems and infrastructure: Summe aller formellen und informellen Prozesse, wie bspw. Planung, Entscheidungsfindung oder Wissensmanagement. Die Infrastruktur umfasst alle physischen und technologischen Assets, die die Organisation unterstützen.

– Organisational structure: Die Kombination der Governance, des Organisationsaufbaus sowie individueller Stellenbeschreibungen, die zusammen die rechtliche und operative Struktur der Organisation darstellen.

– Culture: Das Element, das die Organisation, ihre gemeinsamen Werte und das Verhalten verbindet.[461]

Für diese sieben Themenfelder wurden 58 Indikatoren gewählt. Jeder Indikator hat vier Umsetzungs- bzw. Erfüllungsgrade, die als Aussage formuliert sind. Jede Organisation wählt diejenige Aussage, die die spezifische Situation am besten beschreibt, dies erleichtert die Einschätzung bezüglich des Indikators auf einem Kontinuum von eins bis vier.[462] Die folgende Darstellung illustriert das Beispiel des Indikators „Performance Management" im Themenfeld „Organisational Skills":

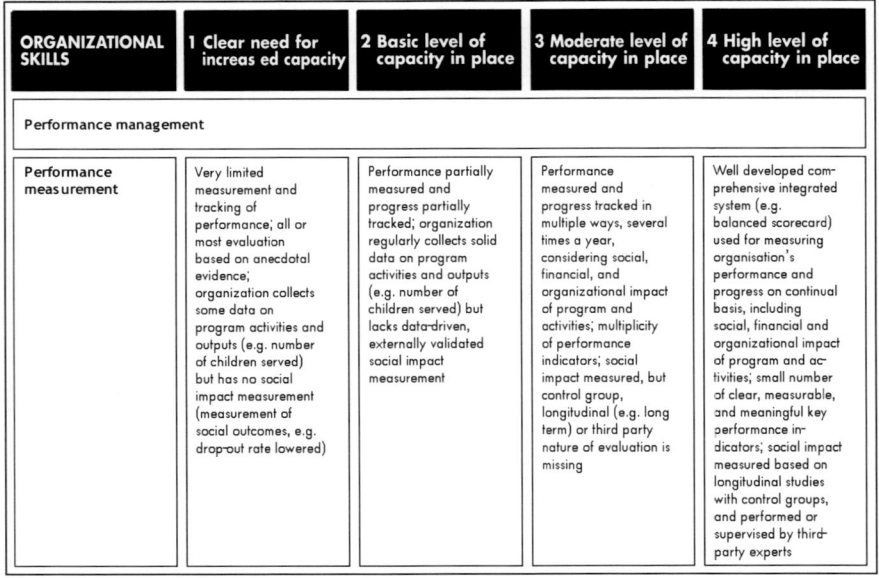

Abbildung 15: Indikator „Performance Management" des Capacity Assessment Grid
Quelle: Vgl. Venture Philanthropy Partners/McKinsey & Company (2001), S. 36.

---

[461] Vgl. Venture Philanthropy Partners/McKinsey & Company (2001), S. 34ff.
[462] Vgl. Venture Philanthropy Partners/McKinsey & Company (2001), S. 77.

5.3.1.3 Bewertung

Das Capacity Assessment Grid eignet sich gut zur Identifikation von Stärken und Schwächen sowie zur Aufdeckung von Entwicklungspotenzialen einer Non-Profit-Organisation. Auch die Möglichkeit der Einschätzung durch unterschiedliche Stakeholder kann für das Management einer Non-Profit-Organisation bzw. für einen Social Entrepreneur von großem Interesse sein. Die organisationsspezifische Ausgestaltung ermöglicht darüber hinaus die Berücksichtigung individueller Lösungsansätze.

Für ein Reporting im Social Entrepreneurship ist der Ansatz jedoch nicht geeignet. So erfolgt durch die Selbstevaluation eine subjektive Beurteilung durch Einzelpersonen, die die Organisation hinsichtlich der 58 Indikatoren bewerten. Willkürfreiheit und Neutralität können auf diese Weise nicht gewährleistet werden. Die Zuverlässigkeit ist ebenso problematisch, da die eindeutige Zuordnung eines Sachverhalts zu einer Stufe des Grids oft nicht möglich ist. Auch eine Vergleichbarkeit zwischen Organisationen ist dadurch kaum möglich. Das Capacity Assessment Grid erfasst inhaltlich zwar die organisationale Leistungsfähigkeit, es erfolgt jedoch weder eine Erfolgsmessung noch eine Erfassung des Risikos.

5.3.2 *Balanced Scorecard für Non-Profit-Organisationen*

5.3.2.1 Entstehung und Zielsetzung

Die Balanced Scorecard wurde zu Beginn der 1990er Jahre von Robert Kaplan und David Norton als Instrument zur strategischen Steuerung von Unternehmen entwickelt.[463] Sie ermöglicht eine ausgewogene („balanced") Abbildung von vier Perspektiven und dazugehörigen Kennzahlen („scorecard"), die zum einen die angestrebten Ergebnisse und zum anderen die erfolgskritischen Faktoren darstellen. Die einzelnen Elemente werden durch Ursache-Wirkungsketten logisch miteinander verknüpft. Die Perspektiven der Balanced Scorecard können für jede Organisation individuell festgelegt werden, umfassen jedoch immer die Finanzperspektive an der Spitze, die Kundenperspektive, die Prozess- sowie die Potenzial-, oder Mitarbeiterperspektive.[464]

Anfang 2000 erfolgte die Adaption der Balanced Scorecard für den Non-Profit-Bereich, vor allem auf Initiative der Venture-Philanthropy-Fonds New Profit Inc. und Acumen Fund.[465]

---

[463] Vgl. Kaplan/Norton (1992).

[464] Vgl. Kaplan/Norton (1992), S. 72; Kaplan/Norton (1993), S. 135ff.; Kaplan/Norton (1996), S. 9; Friedag/Schmidt (2007), S. 13ff.

[465] Für weitere Informationen zu New Profit Inc. siehe http://newprofit.com; The Rockefeller Foundation/The Goldman Sachs Foundation (2003), S. 9ff. zum Acumen Fund s. www.acumenfund.org und Kapitel 5.3.2.

5.3.2.2 Vorgehen

Aufgrund der Sachzieldominanz bei Non-Profit-Organisationen unterscheidet sich der Aufbau einer Balanced Scorecard hinsichtlich der verwendeten Perspektiven. Statt einer Dominanz der Finanzperspektive steht bei einer Balanced Scorecard für Non-Profit-Organisationen die Kundenperspektive an der Spitze der Hierarchie.[466]

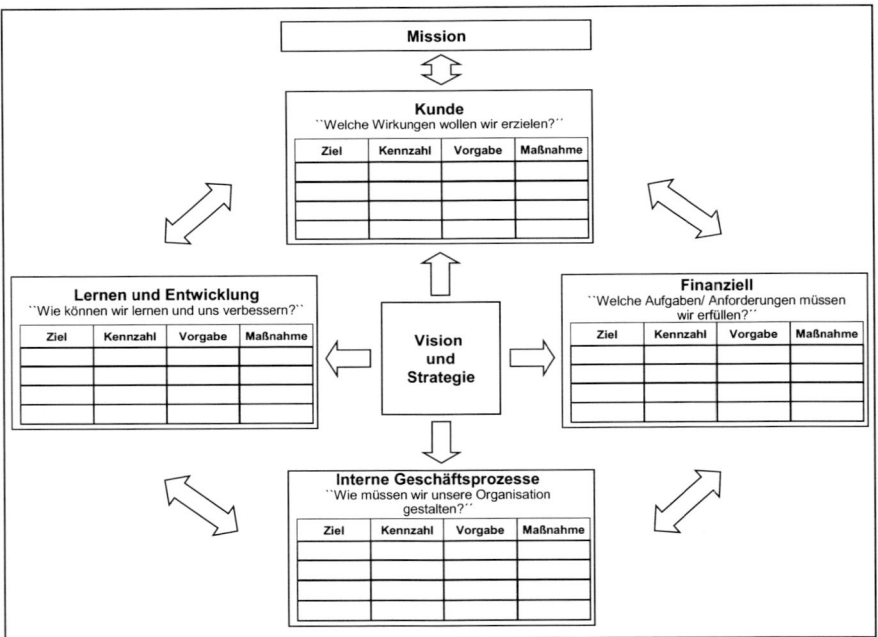

Abbildung 16: Balanced Scorecard für Non-Profit-Organisationen
Quelle: Eigene Darstellung in Anlehnung an Niven (2008), S. 32.

Es existieren verschiedene Ausgestaltungen der Balanced Scorecard für Non-Profit-Organisationen.[467] Die interne Prozessperspektive, die Finanz- sowie die Lern- und Entwicklungsperspektive werden von den Autoren fast unverändert von Kaplan und Norton übernommen. Der entscheidende Unterschied liegt in der Dominanz und der Ausgestaltung der Kundenperspektive. Sie wird oft weiter unterteilt in Leistungs-

---

[466] Vgl. Kaplan/Norton (2001), S. 98.
   Vergleiche zum Zielsystem von Non-Profit-Organisationen auch Kapitel 4.5.1.

[467] Vgl. Kaplan/Norton (2001); Niven (2008); Haddad (1998); Berens/Karlowitsch/Mertes (2001); Eisenhardt (2009).

erbringung sowie Leistungswirkung.[468] Die Perspektive der Leistungswirkung beinhaltet als Ziele die angestrebten sozialen Effekte, die zur Erreichung der Mission notwendig sind, sowie die zur Messung der Ziele benötigten Indikatoren. Die Perspektive der Leistungserbringung leitet aus diesen Indikatoren konkrete Dienstleistungen und Produkte ab. Der Kundenperspektive wird zudem oft die Mission oder der Social Impact übergeordnet.[469]

5.3.2.3 Bewertung

Die Balanced Scorecard eignet sich sehr gut für einen Überblick über wichtige Steuerungsgrößen und zur Verdeutlichung von reziproken Kausalitäten. Darüber hinaus wird durch eine Balanced Scorecard die Strategie in konkrete Ziele und Maßnahmen übersetzt.[470] Dies führt zu einer größeren Transparenz und einer verbesserten Steuerung der Organisation durch die Verknüpfung zwischen strategischem und operativem Management. Die individuelle Ausgestaltung einer Balanced Scorecard sowie ihre Flexibilität im Einsatz führen zu einer hohen Anpassungsfähigkeit im Hinblick auf die verschiedenen Perspektiven und deren Operationalisierung.

Der Einsatz der Balanced Scorecard ist jedoch nicht unproblematisch. Zum einen dominieren quantifizierbare und monetäre Aspekte in der Erhebung, wodurch wesentliche Aspekte des Lösungsansatzes von Social Entrepreneurs nicht integriert werden können. Diese eingeschränkte Messbarkeit führt auch zu einer Verzerrung der Darstellung. Die unternehmensspezifische Ausgestaltung der Balanced Scorecard sowie die mangelnde Standardisierung der Inhalte und einzelnen Kennzahlen führen zu einer schwierigen bis unmöglichen Vergleichbarkeit der einzelnen Organisationen.[471] Der hohe Implementierungsaufwand durch die individuelle Ausgestaltung in Abhängigkeit von der jeweiligen Strategie ist für viele Social Entrepreneurs nicht zu bewältigen. Inhaltlich können Wirkungsindikatoren, Risikoparameter sowie Informationen über die Organisational Capacity zwar erfasst werden, die Auswahl der einzelnen Indikatoren läuft jedoch Gefahr willkürlich zu sein.[472] Zusätzlich ist die Aussagekraft der Balanced Scorecard für externe Adressaten sehr begrenzt. Zusammenfassend kann festgehalten werden, dass die Balanced Scorecard ein aufwändiges, organisationsspezifisches und dadurch kaum standardisierbares Instrument ist, das sich nicht als Grundlage für ein generelles Reporting im Social Entrepreneurship eignet.

---

[468] So bspw. Haddad (1998); Berens/Karlowitsch/Mertes (2001).
[469] Vgl. New Profit Inc. (2001).
[470] Vgl. Niven (2008), S. 41ff.
[471] Vgl. Kramer (2005), S. 20.
[472] Vgl. Clark et al. (2004), S. 21.

5.4   Erfolgsmessung

5.4.1   Social Return on Investment (SROI)

5.4.1.1   Entstehung und Zielsetzung

Die Methode Social Return on Investment (SROI) wurde in den 1990er Jahren vom Roberts Enterprise Development Fund (REDF) entwickelt.[473] Dieser Venture-Philanthropy-Fonds,[474] gegründet 1997 von einem der Mitbegründer der Private-Equity-Gesellschaft Kohlberg Kravis Roberts & Co. (KKR), ist ausschließlich im Bereich Beschäftigung aktiv. Durch die Finanzierung von Non-Profit-Organisationen in der San Francisco Bay Area, die eine oder mehrere Social Enterprises betreiben, werden Arbeitsplätze geschaffen, um dadurch Obdachlosigkeit und Armut zu bekämpfen.[475]

Um die Wirkung seiner Aktivitäten messbar machen zu können, entwickelte REDF die SROI-Methodologie, die in verschiedenen Berichten und den sog. SROI Methodology Papers veröffentlicht wurde.[476] Ausgangsüberlegung des Konzepts war, dass jede Organisation nicht nur finanziellen, sondern auch sozialen und ökologischen Mehrwert erwirtschaftete. REDF sah die Förderung eines sozialen Projekts als Investition und berechnete dann den Return auf diese Investition. SROI ist besonders in den USA und Großbritannien weit verbreitet. Eine Weiterentwicklung der Methode erfolgte vor allem durch Praktiker wie Jed Emerson, die new economics foundation (nef), Scholten & Franssen sowie die Beratung SVT Group.[477] In Deutschland existieren bis dato vier SROI-Studien.[478]

---

[473] Vgl. Javits (2008); Clark et al. (2004), S. 30ff.

[474] Zum Thema Venture Philanthropy vgl. Kapitel 2.4.3 und FN 135.

[475] Vgl. Roberts Enterprise Development Fund (2009). Das Portfolio von REDF umfasst aktuell vier Non-Profit-Organisationen, für einen Überblick über frühere Portfolien siehe www.redf.org/who-we-fund/original-portfolio.

[476] Vgl. Roberts Enterprise Development Fund (2001); Tuan (2008), S. 11; Clark et al. (2004); Emerson/Wachowicz/Chun (2000); The Rockefeller Foundation/The Goldman Sachs Foundation (2003), S. 7ff.

[477] Vgl. Emerson (2003); Emerson/Bonini/Brehm (2003); nef new economics foundation (2007); nef new economics foundation (2008); Lawler et al. (2008); Scholten et al. (2006); SVT Consulting (2004). Es sind auch verschiedene Netzwerke von Anwendern der Methode entstanden, u. a. auf europäischer Ebene SROI Europe (für mehr Informationen siehe www.sroi-euorpe.org).

[478] Diese umfassen:
(1) INTERREG-Projekt „SROI-Messmethodik" in der Region Münster-Westfalen, vgl. Stadt Münster (2007); INTERREG Projektpartner (2008).
(2) Gründungsinitiative „Enterprise" von iqconsult, vgl. Jahnke (2007); Reichelt (2007).
(3) Gründungsinitiative „Enterability" von iqconsult, vgl. iq consult (2009).
(4) Mehrgenerationen-Wohnmodell „Soziales neu gestalten" (SONG), vgl. Kehl/Then (2008); Bertelsmann Stiftung (2008b).

5.4.1.2 Vorgehen

SROI kombiniert Ansätze der klassischen Kosten-Nutzen-Analyse und Methoden, die zur Bewertung der Arbeit von Non-Pofit-Projekten und Organisationen genutzt werden. Analog zum auf monetären Erfolg ausgerichteten Return on Investment (ROI) berechnet die SROI-Methode einen sog. Blended Value aus finanzieller und sozialer Wertschöpfung, indem der soziale Mehrwert quantifiziert, monetarisiert und diskontiert wird.[479] Dieser Wert der gesellschaftlichen Veränderung wird dann ins Verhältnis zu den finanziellen Investitionen gesetzt, um den Social Return on Investment bestimmen zu können.

Die einzelnen Schritte der Berechnung sind folgende:[480]

(1) Berechnung des monetären Unternehmenswerts:
Dies erfolgt durch eine klassische Discounted-Cash-Flow(DCF)-Berechnung über einen Prognosezeitraum von zehn Jahren, zuzüglich einer ewigen Rente. Der verwendete Zinssatz kann in Abhängigkeit von der Unternehmensbranche und -größe variieren.[481]

(2) Berechnung des sozialen Unternehmenswerts:
Die Bewertung und Berechnung der sozialen Wirkung umfasst vier Kernelemente: (i) die Anzahl der erreichten Personen, (ii) die Einsparungen pro Betroffenem, (iii) die durchschnittliche Erhöhung der Steuereinnahmen pro Betroffenem sowie (iv) die Kosten, die für die Betreuung des Betroffenen notwendig waren. Die Einsparungen sowie zusätzliche Einnahmen der öffentlichen Hand werden den Kosten der sozialen Organisation gegenübergestellt, für die betrachtete Periode prognostiziert und auf den Berechnungstag abgezinst.[482]

(3) Berechnung des Blended Value:
Durch Addition des ökonomischen und des sozialen Unternehmenswerts wird die gemischte Wertschöpfung (Blended Value) berechnet.[483]

(4) Berechnung des Return on Investment (ROI) und (5) des Social Return on Investment (SROI):
Um den monetären ROI zu berechnen, wird der Unternehmenswert (s. (1)) durch die bisherigen Investitionen dividiert. Analog wird bei der Berechnung des SROI

---

[479] Neueste Publikationen postulieren auch eine Messung der ökologischen Wertschöpfung und damit das Konzept der sog. Triple Bottom Line.

[480] Die vorliegende Arbeit orientiert sich am originären Analyseschema von REDF, eine andere Darstellung findet sich bei nef new economics foundation (2007), S. 6ff.; Scholten et al. (2006), S. 19ff.; Olsen/Lingane (2003).

[481] Vgl. Roberts Enterprise Development Fund (2001), Nr. 2, S. 6ff.; Tuan (2008), Appendix I.

[482] Vgl. Roberts Enterprise Development Fund (2001), Nr. 2, S. 6ff.; Tuan (2008), Appendix I.

[483] Vgl. Roberts Enterprise Development Fund (2001), Nr. 2, S. 6ff.; Tuan (2008), Appendix I.

verfahren. Der unter (2) berechnete soziale Unternehmenswert wird durch alle bisherigen Investitionen geteilt.[484]

(5) Berechnung des gemischten ROI:
Die Kennzahl des sog. Blended ROI wird aus dem Vergleich des Blended Value (Nr. (3)) mit den gesamten bisherigen Investitionen errechnet. Der Blended ROI drückt die sowohl in der privatwirtschaftlichen als auch der sozialen Zielsetzung generierten Erträge im Verhältnis zu allen dafür notwendigen Investitionen aus.[485]

5.4.1.3 Bewertung

Die große Stärke der SROI-Methode liegt darin, dass sie versucht, soziale Wertschöpfung zu quantifizieren.[486] Die Methode kann nicht nur in Social Enterprises, sondern auch in privatwirtschaftlichen Unternehmen eingesetzt werden und eignet sich aufgrund der Datenlage vor allem für Organisationen im Bereich Beschäftigung, die auf die Verbesserung von Erwerbschancen benachteiligter Gruppen abzielen. Der systematische und transparente Bewertungsprozess eignet sich gut für intertemporale Vergleiche (bei gleichen Annahmen) und Szenario-Analysen (wie z. B. bei Enterability[487]). Eine IT-unterstützte Datenerhebung vereinfacht darüber hinaus die Berichterstattung der Organisationen.[488]

Die SROI-Methode ist jedoch in der Anwendung sehr problematisch. Zum einen ist der Prozess der Datenerhebung sehr aufwändig. Viele volkswirtschaftliche Daten zur Berechnung des positiven sozialen Erfolgs sind schwierig zu erheben oder überhaupt nicht verfügbar. Die Berechnung der gesellschaftlichen Wirkung ist darüber hinaus mit zahlreichen Schwierigkeiten verbunden. So müssen zur Berechnung des Impacts viele Annahmen getroffen werden, ggf. sogar auf Kosten von Plausibilität und Glaubwürdigkeit. Auch die Zuordnung sozialer Effekte zu einer spezifischen Intervention (die sog. Attribution), die Auswahl geeigneter Proxy-Indikatoren sowie Fragen des Diskontierungssatzes verschärfen dieses Problem weiter. Aus dem Grundansatz der Methode ergibt es sich, dass das Hauptanwendungsgebiet des SROI-

---

[484] Vgl. Roberts Enterprise Development Fund (2001), Nr. 2, S. 7f.; Tuan (2008), Appendix I.

[485] Vgl. Roberts Enterprise Development Fund (2001), Nr. 2, S. 7ff.; Tuan (2008), Appendix I. Weitere Ausführungen über einzelne Schritte der SROI-Berechnung sowie praktische Beispiele siehe auch Scholten et al. (2006); Bonini et al. (2005); nef new economics foundation (2008).

[486] Vgl. Tuan (2008), Appendix I.

[487] S. FN 478.

[488] Vgl. Social E-Valuator: www.socialevaluator.eu oder Calvert Social Return Calculator: /www.calvertfoundation.org/impact/calculate/index.cgi.

Verfahrens Organisationen sind, die eigenes Einkommen erwirtschaften, was faktisch eine Einschränkung der Methode auf einen bestimmten Organisationstyp darstellt.[489]

Was zunächst als besonderer Vorteil der Methode angesprochen wurde, nämlich die quantifizierende Herangehensweise, muss zugleich auch prinzipielle Einwände hervorrufen, denn rein quantitative Indikatoren können sozialen Erfolg nur unvollständig, möglicherweise auch nur falsch abbilden. Die für die Quantifizierung herangezogene Monetarisierung gesellschaftlicher Wirkung ist per se umstritten und liefert nur ein unvollständiges Gesamtbild, nicht zuletzt, weil der Zusammenhang zu den Zielen der Organisation oft nicht mehr erkennbar ist. Ein weiteres Defizit der Methode liegt darin, dass eine SROI-Berechnung keine expliziten Informationen über die Stärken der Organisation und über Risiken enthält. Schließlich liegt eine Schwierigkeit der Methode in der problematischen bis unmöglichen Vergleichbarkeit einzelner SROI-Zahlen. Um nämlich überhaupt die sozialen Wirkungen einer Organisation einigermaßen angemessen quantifizieren zu können, ist die Methode darauf angewiesen, für die einzelnen gesellschaftlichen Ziele und Wirkungen Indikatoren zu entwickeln und ihnen bestimmte Kennzahlen zuzuordnen. Da diese Indikatoren und Bezugsgrößen notwendigerweise individuell sind, auch keine allgemeinen Größen existieren, ergeben sich durch diese fehlende Standardisierung große Spielräume für Interpretationen.[490]

Zusammenfassend kann festgehalten werden, dass SROI und die zugrundeliegende Logik einen guten Ansatz für Wirkungsmessung darstellen. Die Methode kann jedoch nur in modifizierter Form als ein Bestandteil in ein Reporting im Social Entrepreneurship übernommen werden.

5.4.2 Best Available Charitable Option (BACO)

5.4.2.1 Entstehung und Zielsetzung

Die Methode Best Available Charitable Option (BACO) wurde 2004 vom Acumen Fund entwickelt, einem Venture-Philanthropy-Fonds in den USA. Gegründet 2001, bemüht sich der Acumen Fund um Armutsbekämpfung weltweit und finanziert Non-Profit-Organisationen und privatwirtschaftliche Unternehmen in den Bereichen Wasser, Gesundheit, Energie, Landwirtschaft sowie Wohnungsbau mit Eigen- oder Fremdkapital bis zu zwei Millionen US-Dollar.[491] Voraussetzung für eine Förderung

---

[489] Vgl. Tuan (2008), Appendix I; Clark et al. (2004), S. 30.

[490] Vgl. Tuan (2008), Appendix I; Emerson/Wachowicz/Chun (2000), S. 154ff.

[491] Das Gründungskapital stammte hauptsächlich von der Rockefeller- sowie der CISCO-Systems-Stiftung. Vgl. Acumen Fund (2009); Tuan (2008), S. 12.

durch den Acumen Fund ist, dass die Geschäftsmodelle eine Tilgung oder einen Ausstieg des Fonds innerhalb von fünf bis sieben Jahren ermöglichen und dass sie an der sog. „Base of the Pyramid" (BoP) ansetzen.[492]
Der Acumen Fund entwickelte die Methode, um eigene Investitionsentscheidungen besser bewerten zu können. Dafür werden potenzielle soziale Leistungen von Förderkandidaten quantifiziert und mit existierenden Ansätzen unterschiedlicher Organisationen verglichen.[493] Kernfrage von BACO ist: „For each dollar invested, how much social output will this generate over the life of the investment relative to the best available charitable option?"[494] Im Fall einer Investition in ein Unternehmen, das Antimalaria-Moskitonetze in Tansania produziert, wurden mit BACO bspw. die Kosten und der soziale Output einer Fremdkapitalinvestition durch Acumen mit denen einer traditionellen Spende an eine NGO verglichen, die bereits Moskitonetze in der Region verteilt.[495]

5.4.2.2 Vorgehen

Der Berechnung von BACO liegen drei Annahmen zugrunde:

(1) Rendite durch Financial Leverage:
    Da Acumen eine Rendite auf Eigen- oder Fremdkapital anstrebt, sind die Kosten normalerweise niedriger als bei einer klassischen Spende, die als Sunk Costs[496] angesehen wird.

(2) Effizienzvorteile privater Unternehmen:
    Acumen geht davon aus, dass private Unternehmen, in die investiert wird, effizienter arbeiten als öffentliche Einrichtungen oder klassische Non-Profit-Organisationen, die die vergleichbaren BACOs darstellen.

---

[492] Dieses Konzept, auch „Bottom of the Pyramid" genannt, beschreibt Geschäftsmodelle zur Einbindung der Bevölkerung im untersten Teil der Welteinkommenspyramide. Die Abgrenzung dieser Gruppe ist je nach Quelle unterschiedlich. Am weitesten verbreitet ist die Definition nach Daten der Weltbank, nach der Zustand „extremer Armut" bei einem Pro-Kopf-Einkommen (gemessen in Kaufkraftparitäten) pro Tag bei bis zu US-$ 1,25 und „moderate Armut" bei US-$ 1,25–2,5 pro Tag herrscht [(vgl. Chen/Ravallion (2008)]. Die BoP umfasst damit mehr als die Hälfte der gesamten Weltbevölkerung.
Das Konzept geht zurück auf Prahalad, vgl. Prahalad/Hart (2002); Prahalad/Hammond (2002); Prahalad (2006).

[493] Vgl. Tuan (2008), S. 12.

[494] Acumen Fund (2007), S. 2.

[495] Vgl. Alliance Magazine (2007); Acumen Fund (2007), S. 2ff.

[496] Sunk Costs sind Kosten, die in der Vergangenheit in ein Projekt investiert wurden und nicht mehr rückgängig gemacht werden können. Vgl. Brühl (2004), S. 167.

(3) Effektivitätsvorteile neuer Technologien:
Durch die Förderung neuer Technologien oder innovativer Geschäftsideen kann
eine breitere soziale Wirkung pro investiertem Dollar erzielt werden.[497]

Die Berechnung von BACO erfolgt durch (i) eine Identifizierung der BACO. Existiert keine vergleichbare lokale Möglichkeit, werden aus anderen Sachverhalten
hypothetische Optionen abgeleitet. Danach werden (ii) die Kosten für die Acumen-
Investition berechnet und über eine fünf- bis siebenjährige Investitionsperiode mit
den Kosten der BACO verglichen. Im Anschluss werden (iii) die sozialen Outputs für
den Investitionszeitraum prognostiziert. Acumen ist bemüht, ausschließlich den
durch seine spezifische Investition erzeugten Output zu berechnen. In einem weiteren Schritt erfolgt dann (iv) die Berechnung der Nettokosten pro Outputeinheit.
Durch die Relation der BACO-Kosten pro Einheit und der Acumen-Kosten pro Einheit wird dann der BACO-Quotient errechnet. Diese Berechnung kann im Anschluss
für unterschiedliche Finanzierungsszenarien durchgeführt werden.[498]

5.4.2.3 Bewertung

Positiv zu bewerten ist, dass BACO zwar speziell für den Acumen Fund entwickelt
wurde, sich jedoch auf andere Förderer im Non-Profit-Sektor übertragen lässt. Auch
ist die Methode durch die Einfachheit ihrer Berechnung sehr anwendungsfreundlich.
Die quantitative Analyse ermöglicht Investoren zudem eine Entscheidung bzgl. verschiedener Finanzierungsarten, d. h. ob Fremd-, Eigenkapital oder eine Spende in einem konkreten Fall effizienter sind. Als vorteilhaft ist auch die Möglichkeit der Kalkulation verschiedener Finanzierungsszenarien zu bewerten.[499]
    Für ein Reporting im Social Entrepreneurship ist die Methode jedoch ungeeignet.
So erfolgt die Berechnung primär ex ante und eignet sich damit nicht zur Rechenschaftslegung. Darüber hinaus erfasst die Kennzahl weder die langfristige Wirkung
der Investition über die fünf bis sieben Jahre hinaus noch kann der gesellschaftliche
Wandel auf der Makroebene durch BACO abgebildet werden.[500] Auch die ausschließ-
liche Verwendung quantitativer Parameter schränkt die Aussagekraft von BACO ein.
Weiterhin erfolgt keine Erfassung von Risiko oder Organisational Capacity. Eine
weitere Schwierigkeit liegt in der Auswahl der Vergleichsinvestitionen: Die starke
Heterogenität der Lösungsansätze und Wirkungsweisen im Social-Entrepreneurship-
Sektor schränkt die Aussagekraft dieser Kennzahl erheblich ein. Durch die Verwen-
dung einer einzigen Kennzahl besteht die Gefahr einer nur eingeschränkten Ver-

---

[497] Vgl. Acumen Fund (2007). Dort ist auch eine Beispielrechnung angeführt.
[498] Vgl. Acumen Fund (2007), S. 3ff.; Tuan (2008), Appendix K.
[499] Vgl. Tuan (2008), Appendix K.
[500] Vgl. Tuan (2008), Appendix K.

gleichbarkeit der unterschiedlichen Ansätze über verschiedene Themenfelder hinweg sowie der Willkür bei der Auswahl dieses Vergleichsobjekts.[501]

5.5   Social Ratings

5.5.1   New Philanthropy Capital (NPC) Charity Analysis

5.5.1.1 Entstehung und Zielsetzung

New Philanthropy Capital (NPC) wurde 2002 von ehemaligen Investment Bankern in Großbritannien gegründet mit dem Ziel, ein Analysehaus für gemeinnützige Organisationen aufzubauen.[502] Ziel von NPC ist es, Spendern in Großbritannien durch die Vorstellung von Best-Practice-Beispielen des Non-Profit-Sektors eine Entscheidungshilfe zu geben. Dies soll dann zu einer verbesserten Ressourcenallokation im sozialen Sektor führen. Die Empfehlungen werden primär von Privatpersonen und Family-Offices sowie von Stiftungen genutzt, die NPC durch Spenden auch finanzieren.[503]

Community	Education	Health & Disability	Environment	Tools
• Child Abuse • Community Organisations • Divided Communities • Financial Exclusion • Homelessness • Older People • Prisoners and Ex-Prisoners • Review of Corporate's Giving • Refugees and Asylum Seekers • Violence against Women	• Careers Guidance • Education Overview • Literacy • Mentoring • Out of School Hours Activities • Special Educational Needs • Truancy & Exclusion	• Autism • Children with Terminal Conditions • Cancer • Disabled Children • HIV/AIDS in Africa • HIV/AIDS in Central Africa • HIV/AIDS in South Africa • Mental Health of Children and Young People • Mental Health • Palliative Care	• Environment Overview **International** • Overview of International Giving • International Development Funding • Funding Internationally **Other** • Effective Grants • Fundraising Events • Music to Change Lives • Philanthropy Advice	• Charity Analysis • English Charities' Reporting Costs • Full Cost Recovery • Measuring Children's Well-Being • Risks in Public Contracts • Scottish Charities' Reporting Costs • Social Campaigning • SROI of Social Enterprise in Scotland • Understanding and Allocating Costs

Abbildung 17: NPC Research Reports
Quelle: Darstellung nach den NPC Research Reports.

---

[501] Vgl. Acumen Fund (2007), S. 4ff.
[502] Für mehr Informationen zu NPC siehe www.philanthropycapital.org.
[503] Vgl. Lumley/Langerman/Brookes (2005), S. 1ff.

Für diesen Zweck werden zum einen sog. „Research Reports" über jedes Themenfeld publiziert.[504] Mittlerweile wurden über dreißig Research Reports in unterschiedlichsten Bereichen erstellt sowie weitere Berichte über das Spendenwesen und soziale Investitionen im Allgemeinen (vgl. Abb. 17).

5.5.1.2 Vorgehen

Ausgehend von einem bestimmten gesellschaftlichen Schwerpunkt werden von NPC themenbezogene Reports erstellt, die ausführlich über das soziale Problem, seine Hintergründe, Ursachen und bisherige Lösungsansätze informieren. Zusätzlich werden Organisationen, die in diesem Bereich tätig sind, vorgestellt. Die Themenauswahl orientiert sich hierbei an den Interessen potenzieller Investoren, es werden jedoch auch Themen berücksichtigt, die bis dato vergleichsweise geringes öffentliches Interesse erfahren haben.[505]

Non-Profit-Organisationen können sich nicht selbst für diesen Prozess bewerben, vielmehr sucht NPC aktiv nach herausragenden Best-Practice-Organisationen und bittet diese um Teilnahme. Darauf aufbauend bildet NPC ein Portfolio von Non-Profit-Organisationen, die in diesem Bereich aktiv sind. Ziel von NPC ist es, ein nach verschiedenen Aspekten ausgewogenes Portfolio zusammenzustellen, d. h. Organisationen unterschiedlicher regionaler Ausrichtung, junge wie auch etablierte Organisationen etc.[506] Nach einer ersten Sichtung von Unterlagen erfolgen Besuche von NPC-Analysten bei den Organisationen vor Ort, in deren Rahmen u. a. Interviews mit verschiedenen Mitarbeitern geführt werden.[507]

Die Bewertung der Non-Profit-Organisationen erfolgt durch einen fünfstufigen Analyseprozess. Dieser umfasst (1) die Identifizierung der Aktivitäten und der er-

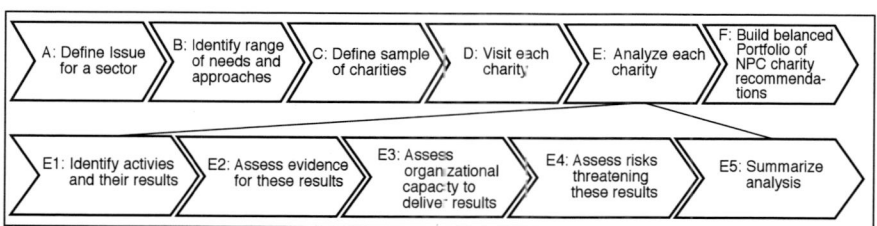

Abbildung 18: NPC-Bewertungsprozess
Quelle: Eigene Darstellung in Anlehnung an Lumley/Langerman/Brookes (2005), S. 15ff.

---

[504] Vgl. Lumley/Langerman/Brookes (2005), S. 15.

[505] Vgl. Lumley/Langerman/Brookes (2005), S. 15ff.

[506] Vgl. Lumley/Langerman/Brookes (2005), S. 17.

[507] Vgl. Lumley/Langerman/Brookes (2005), S. 16ff.

reichten Erfolge, (2) die Überprüfung der Nachweise für die erreichten Erfolge, (3)
die Analyse der Organisational Capacity, (4) die Analyse der Risiken und (5) eine Zusammenfassung der Ergebnisse.[508]

5.5.1.3 Bewertung

Die Methode von NPC ist insofern positiv zu bewerten, als die Research Reports um-
fangreiche Informationen enthalten und damit einen ausführlichen Einblick in eine
bestimmte Problemstellung ermöglichen. Die Betrachtung der Lösungsansätze der
einzelnen Organisationen geht so weit ins Detail, dass Kausalitätszusammenhänge
zwischen Problemursache und Problemlösung aufgezeigt werden. Darüber hinaus
enthalten die einzelnen Analysen Daten hinsichtlich Erfolg, organisationaler Leistungsfähigkeit sowie Risiken der einzelnen Organisationen. Vor allem die Darstellung der organisationalen Leistungsfähigkeit ist sehr ausführlich und informativ.

Diese inhaltlichen Komponenten erfüllen jedoch nicht alle Anforderungen an ein
Reporting im Social Entrepreneurship. Ein Grund ist die Wirkungsmessung, die vor
allem auf der Ebene der Outputs stattfindet und damit den Impact, also die Wirkung
in Bezug auf das gesetzte Ziel, kaum in den Blick nimmt. Die Risikobetrachtung erfolgt außerdem auf einem sehr aggregierten Niveau. Durch einen großen Anteil qualitativer sowie narrativer Informationen kann der Erfolg zwar relativ präzise dargestellt werden, jedoch ist damit kaum Vergleichbarkeit gewährleistet. Der Prozess der
Auswahl der Themenfelder, die untersucht werden, sowie das Hervorheben einiger
weniger Organisationen bergen die Gefahr einer implizierten Steuerung durch NPC.
Auch die Erfassung von Daten sowie deren Bewertung durch eine einzige Organisation ist aus Governance-Gesichtspunkten nachteilig. Der ressourcenintensive Prozess
verhindert darüber hinaus eine flächendeckende Ausbreitung. Insgesamt enthält die
Methode von NPC einige sehr interessante Aspekte, ist jedoch für ein Reporting im
Social Entrepreneurship nicht geeignet.

5.5.2 *Bertelsmann Stiftung: Orientierung für soziale Investoren*

5.5.2.1 Entstehung und Zielsetzung

Angesichts des komplexen und fragmentierten Non-Profit-Sektors in Deutschland
und des damit einhergehenden schwierigen Überblicks über einzelne Organisationen
entschloss sich die Bertelsmann Stiftung 2008 dazu, das Konzept von NPC mit deren
Unterstützung in modifizierter Form auch in Deutschland umzusetzen.[509] Ziel dieser
Initiative mit dem Namen „Orientierung für soziale Investoren" ist die Identifizie-

---

[508] Vgl. Lumley/Langerman/Brookes (2005), S. 17ff.
[509] Vgl. Bertelsmann Stiftung (2008a), S. 4ff.

rung wirksamer Lösungsansätze und von Organisationen in Deutschland, die nachweislich wirkungsorientiert arbeiten.[510] In letzter Konsequenz strebt die Bertelsmann Stiftung damit an, durch eine höhere Transparenz die verfügbaren finanziellen Ressourcen für den Non-Profit-Sektor insgesamt zu erhöhen.[511] Zu diesem Zweck sind bis dato drei themenbezogene Reports mit dazugehörigen Spendenempfehlungen erschienen („Ohren auf! Musik für junge Menschen", „Mitmachen, mitgestalten: Junge Menschen für gesellschaftliches Engagement begeistern", „Fit und fröhlich! Gesundheitsförderung für junge Menschen"). Diese Berichte sind gerichtet an soziale Investoren zur Unterstützung ihrer Spendenentscheidung.

5.5.2.2 Vorgehen

Das Vorgehen der Bertelsmann Stiftung ähnelt dem von NPC (s. Kap. 5.5.1), das in Zusammenarbeit mit Univation – Institut für Evaluation, dem Deutschen Zentralinstitut für soziale Fragen (DZI) sowie dem Decision Institute für eine Anwendung in Deutschland leicht modifiziert wurde.[512] Die themenbezogenen Reports informieren auch hier über den gesellschaftlichen Kontext, in dem die Non-Profit-Organisationen aktiv sind. Sie basieren auf einer ausführlichen Literaturrecherche sowie der Einschätzung von Experten aus Wissenschaft und Praxis. Zusätzlich werden die Gutachten der Fachleute in einer themenspezifischen Expertenrunde diskutiert.[513]

Die Auswahl von Non-Profit-Organisationen, die im Rahmen eines Themenreports porträtiert werden, erfolgt in einem mehrstufigen Prozess (vgl. Abb. 19). Gemeinnützige Organisationen können sich für die Aufnahme in einen Themenreport bewerben, wenn die Gemeinnützigkeit rechtlich anerkannt ist, die Organisation über einen Freistellungsbescheid verfügt, sie ihren Sitz in Deutschland hat und in einem Bereich tätig ist, für den die Erstellung eines Themenreports geplant ist. Die Bewerbung erfolgt über einen Online-Fragebogen. Daran schließen sich die Prüfung der eingereichten Unterlagen sowie Besuche vor Ort bei ca. zwanzig Organisationen an, die in die engere Auswahl gekommen sind. Die im Bewerbungsprozess gewonnenen Informationen und Eindrücke werden ausgewertet und einer Empfehlungskommission zur weiteren Beurteilung vorgelegt. Diese wählt daraufhin diejenigen Organisationen aus, die in einem zweiseitigen Kurzüberblick in den Themenreports vorgestellt werden.[514]

---

[510] Vgl. Bertelsmann Stiftung (2008a), S. 5.
[511] Vgl. Bertelsmann Stiftung (2008a), S. 13.
[512] Vgl. Bertelsmann Stiftung (2008a), S. 23ff.
[513] Vgl. Bertelsmann Stiftung (2008a), S. 22.
[514] Vgl. Bertelsmann Stiftung (2008a), S. 15; S. 27ff.

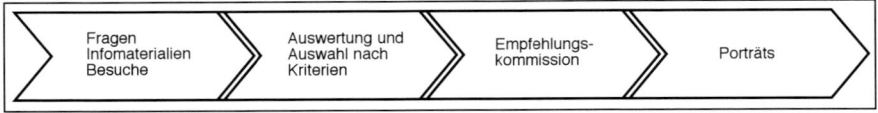

Abbildung 19: Bewertungsprozess der Bertelsmann Stiftung
Quelle: Eigene Darstellung in Anlehnung an Bertelsmann Stiftung (2008a).

Die Bewertung und Auswahl der Non-Profit-Organisationen erfolgt anhand der beiden Kategorien (1) „Leistungsfähigkeit der Organisation" und (2) „Wirkung der Aktivitäten". Unter Punkt (1) erfolgt eine Einschätzung auf Basis von:

- Vision und Strategie,
- Leitungsgremium und Personalmanagement,
- Finanzen und Controlling,
- Finanzierungskonzept und Fundraising,
- Aufsichtsgremium,
- Öffentlichkeitsarbeit.

Die Wirkung der Aktivitäten wird bewertet aufgrund von:

- Zielen und Zielgruppen,
- Konzept und Ansatz,
- Qualitätssicherung.[515]

Manche Kriterien werden dabei relativ zu Größe und Entwicklungsstand der Organisation sowie zu Umfang und Komplexität ihrer Aktivitäten angewandt.[516]

5.5.2.3 Bewertung

Da das Verfahren Orientierung für soziale Investoren dem von NPC sehr ähnlich ist, sind die Bewertungsaspekte aus Kapitel 5.5.1.3 auf die Themenreports der Bertelsmann Stiftung übertragbar. Zusätzlich positiv zu erwähnen sind der sehr gute Überblick zu bestimmten gesellschaftlichen Themen in Deutschland, der dadurch ermöglicht wird, sowie die Sensibilisierung des allgemeinen öffentlichen Bewusstseins für die Notwendigkeit höherer Transparenz im Non-Profit-Sektor, die durch die Bertelsmann Stiftung vorangetrieben wird. Doch auch diese Methode eignet sich aus den bei der Analyse des NPC-Reports genannten Gründen insbesondere der nicht an den je-

---

[515] Vgl. Bertelsmann Stiftung (2008a), S. 24ff.
[516] Vgl. Bertelsmann Stiftung (2008a), S. 25.

weiligen Organisationszielen anknüpfenden Erfolgsmessung sowie der fehlenden Vergleichbarkeit nicht für ein Reporting im Social Entrepreneurship.

5.6 Zusammenfassung

Kapitel 5 untersuchte die Anwendbarkeit existierender Methoden der Institutionenbewertung und Erfolgsmessung im Non-Profit-Bereich für ein Reporting im Social Entrepreneurship. Die Erfolgsmessung bei sozialen Organisationen ist generell mit einer Vielzahl methodischer, konzeptioneller und praktischer Schwierigkeiten verbunden, auch ist die verwendete Terminologie nicht immer einheitlich. Nichtsdestominder wurden bereits zahlreiche Konzepte zur Messung sozialer Ziele entwickelt. Die meisten sind jedoch in ihrer Anwendung limitiert, da sie für die Lösung eines spezifischen Problems, für eine bestimmte Organisationsform (for-profit oder nonprofit), für verschiedene Adressatengruppen, für einen bestimmten Investitionszeitpunkt (Früh- oder Spätphase) oder für einen bestimmten Anlass (bspw. Exit oder Skalierung) entwickelt wurden.[517] Defizite bestehen vor allem in der Entwicklung eines wissenschaftlich fundierten Reportingkonzepts, das die Kriterien der Ganzheitlichkeit – also der Darstellung des sozialen Problems, der Organisation, ihrer Ziele und ihrer Strategien sowie der Zielerreichung – sowie der Einheitlich- bzw. Vergleichbarkeit der einzelnen Aspekte erfüllt.[518]

Für die vorliegende Arbeit wurden die existierenden Konzepte in drei Gruppen unterteilt: Erstens Methoden, die die Organisational Capacity beschreiben; zweitens Methoden, die soziale Wirkung messen, sowie drittens sog. Social Ratings. Jeweils zwei Methoden in jeder Kategorien wurden diskutiert und es erfolgte ein Abgleich mit den Anforderungen an ein Reporting im Social Entrepreneurship, die in Kapitel 4 vorgestellt wurden. Im Ergebnis kann festgehalten werden, dass zwar einzelne Elemente existierender Methoden für ein Reporting im Social Entrepreneurship sehr wohl von Relevanz sind. Kein existierender Ansatz ist jedoch vollständig geeignet für ein Reporting in diesem Bereich.

Die folgende Abbildung (s. S. 122) illustriert zusammenfassend verschiedene Methoden innerhalb der drei genannten Kategorien, wobei über die im Text vorgestellten Konzepte hinaus weitere bekannte Modelle bewertet werden.

[517] Vgl. Armstrong (2006), S. 21; The Rockefeller Foundation/The Goldman Sachs Foundation (2003), S. 4; Bell-Rose (2004), S. 269.

[518] Vgl. Farkas/Molnár (2003), S. 2.

		BEWERTUNG VON PROZESSEN UND ORGANISATIONAL CAPACITY			
		Capacity Assessment Grid	Balanced Scorecard für Non-Profit-Organisationen	Theory of Change	EFQM Excellence Model
FUNKTION	Entscheidungsunterstützung	◑	◑	◑	◑
	Rechenschaft				
RAHMENPOSTULATE	Relevanz	◑	◑	◑	◑
	Zuverlässigkeit	◑	◑		◑
	Vergleichbarkeit				
	Konsistenz				
	Wesentlichkeit		◑		◑
	Angemessenheit	◑		◑	◑
INHALT	Output		◑	◑	◑
	Outcome				
	Impact				
	Organisational Capacity	●	◑		●
	Risiko		◑		

Abbildung 20: Existierende Methoden der Erfolgsmessung und ihre Anwendung auf ein Reporting im Social Entrepreneurship

Quelle: Eigene Darstellung in Anlehnung an Venture Philanthropy Partners/McKinsey & Company (2001); Niven (2008); Weiss (2001), S. 103 ff; EFQM (2003); Barr/Hashagen (2000); new economics foundation (2002); Acumen Fund (2007); Roberts Enterprise Development Fund (2001); Lumley/Langerman/Brookes (2005); Bertelsmann Stiftung (2008a); PricewaterhouseCoopers (2009); Global Reporting Initiative (2006).

		Achieving Better Community Development (ABCD)	Local Multiplier 3	Acumen Fund BACO	Social Return on Investment (SROI)
		SOCIAL IMPACT MEASUREMENT			
FUNKTION	Entscheidungsunterstützung	◐	◐	●	●
	Rechenschaft	◐	◐		◐
RAHMENPOSTULATE	Relevanz	◐	◐	◐	◐
	Zuverlässigkeit		◐		
	Vergleichbarkeit		◐	◐	
	Konsistenz	◐	◐	◐	●
	Wesentlichkeit	●	◐	◐	◐
	Angemessenheit	●	●	●	
INHALT	Output	◐		●	●
	Outcome				●
	Impact				●
	Organisational Capacity				◐
	Risiko				

Abbildung 20: (Fortsetzung)

		REPORTING UND RATING			
		NPC Charity Analysis	Bertelsmann Themenreports	PWC Transparenzpreis	Global Reporting Initiative (GRI)
FUNKTION	Entscheidungsunterstützung	●	●	●	●
	Rechenschaft	◑	◑	◑	◑
RAHMENPOSTULATE	Relevanz	◑	◑	◑	◑
	Zuverlässigkeit	●	●	◑	◑
	Vergleichbarkeit	◑	◑	●	
	Konsistenz	●	●	●	
	Wesentlichkeit	●	●	●	
	Angemessenheit			◑	
INHALT	Output	●	●	◑	◑
	Outcome	◑	◑		
	Impact				
	Organisational Capacity	●	●	◑	◑
	Risiko	◑	◑		

Abbildung 20: (Fortsetzung)

6   Konzeption eines Reportings im Social Entrepreneurship

6.1   Strukturierung durch ein systemtheoretisches Management-Modell

6.1.1   Historie und Bedeutung des St. Galler Management-Modells

Das grundlegende Problem an allen bereits existierenden Modellen zur Darstellung des Erfolgs von Social Entrepreneurs kann kurz gefasst als deren Mangel an Ganzheitlichkeit gefasst werden. Dies betrifft sowohl die Erfassung innerorganisationaler Merkmale als auch diejenige der Wechselwirkungen zwischen der Organisation und ihrem Umfeld. Diejenige wissenschaftliche Disziplin, die die verschiedenen Ebenen des organisationalen Gefüges, seine Prozesse, seine Leistungen sowie seine Wechselwirkungen mit der Umwelt am differenziertesten reflektiert, ist die Managementtheorie. Aus diesem Grund wurde für die Strukturierung des hier zu entwickelnden Reportingmodells entschieden, auf ein Management-Modell zurückzugreifen.[519] Da Social Entrepreneurs als innovativ bezeichnet werden und in einem hoch dynamischen und komplexen Umfeld agieren (s. Kap. 3.3), muss berücksichtigt werden, dass mit der zunehmenden Komplexität des Sachverhalts auch die Anforderungen an das strukturierende Management-Modell zunehmen.[520]

Nach Rüegg-Stürm sind „Modelle als kontingente Erfindungen zu verstehen, die als wichtig betrachtete Handlungssphären aufzeigen und bestimmte Wirkungszusammenhänge postulieren".[521] Management-Modelle schaffen somit einen Ordnungsrahmen, der logische Verbindungen und Wirkungszusammenhänge abbildet. Ihre wichtigste Funktion ist die Komplexitätsreduktion, durch die komplizierte Zusammenhänge strukturiert und veranschaulicht sowie die relevantesten Elemente in den Vordergrund gestellt werden.[522]

Die Wahl eines geeigneten Modells ist insofern problematisch, als existierende Modelle oft kontextbezogen zur Lösung eines spezifischen Problems entwickelt wurden.[523] Die meisten von ihnen sind neben dieser situativen Ausrichtung zusätzlich themenzentriert (z. B. für die Bereiche Umwelt, Arbeitssicherheit, Qualität) oder

---

[519] Vgl. Rüegg-Stürm (2003), S. 15.
[520] Vgl. Schwaninger (2006), S. 19.
[521] Rüegg-Stürm (2003), S.15.
[522] Vgl. Rüegg-Stürm (2003), S. 11ff.; Schwaninger (1994), S. 17ff.
[523] Vgl. Ulrich/Krieg (1974), S. 11; Bleicher (2001), S. 20ff.

funktionsspezifisch (z. B. für Marketing).[524] Damit eine zunehmend komplexere, vernetztere betriebswirtschaftliche Realität bewältigt werden kann, wurden seit den 1970er Jahren verstärkt sog. integrierte Management-Modelle entwickelt.[525] Treiber dieser Entwicklung waren vor allem einschneidende gesellschaftliche, ökonomische sowie technologische Veränderungen in schneller zeitlicher Abfolge. Die integrierten Management-Modelle sollen eine Harmonisierung der unterschiedlichen themen- und situationsspezifischen Ansätze herbeiführen und zugleich ein neues, übergeordnetes System zur Bewältigung von Managementaufgaben darstellen.[526]

Eines dieser integrierten Management-Modelle wurde an der Hochschule St. Gallen konzipiert. Ulrich/Krieg (1974) entschlossen sich in den 1960er Jahren zur Neukonzeption eines Management-Modells als eines nützlichen Bezugsrahmens für Forschung, Lehre und Weiterbildung.[527] Eine ganzheitliche Problembetrachtung bei gleichzeitiger Integration vielfältiger Einflüsse in einem Netzwerk von Beziehungen stellt die Grundidee des Konzepts dar.[528] Ulrich wollte vor allem die an Bedeutung für die Betriebswirtschaft zunehmenden Ansätze der Kybernetik und der Systemtheorie für Lehre und Unternehmenspraxis nutzbar machen.[529] In der Historie des St. Galler

---

[524] Vgl. Felix (2003), S. 22; Schwaninger (1994), S. 28ff.; Seghezzi/Caduff (1998), S. 9ff.; Simons (1994), S. 172.

[525] Vgl. Meusel/Gabriel (2002), S. Vff.; Bleicher (2002), S. 2.

[526] Vgl. Funck (2002), S. 28ff.; Bleicher (2001), S. 2ff. Für Bleicher stellt das integrative Management sogar einen entscheidenden Erfolgsfaktor im Wettbewerb des Unternehmens dar.

[527] Vgl. Spickers (2008).

[528] Bleicher versteht seine Arbeit als konsequente Weiterverfolgung der von Ulrich eingeschlagenen Denk- und Vorgehensrichtung. Aufgrund eines Paradigmenwechsels in der Theorie des Managements setzt er noch stärkere Akzente auf das normative und strategische Management. Der von ihm beobachtete Paradigmenwechsel besteht für Bleicher in einem notwendigen Wechsel vom bisher linearen, kausal-analytischen hin zu einem ganzheitlichen, synthetisch-vernetzten Denken. Die Handhabung dieser wachsenden Komplexität und damit die gestaltende Funktion des normativen und strategischen Managements (im Gegensatz zur Lenkungsaufgabe des operativen Managements) stellt zukünftig den Kern der Managementaufgabe dar [Bleicher (2001), S. 6ff.].
Die Entwicklung des jüngsten, dritten Ansatzes des Modells wurde 2002 abgeschlossen. Der neue St. Galler Management-Ansatz einer integrierten Managementlehre erweitert das Ausgangsmodell von Ulrich in drei Aspekten: der stärkeren Gewichtung der ethisch-normativen Dimension des Managements, dem Management sozialer Prozesse sowie der Prozessorientierung im Hinblick auf Informationstechnologien
Verschiedene Teilsysteme des St. Galler Management-Konzepts wurden detaillierter untersucht, s. Pümpin/Prange (1992) für Management und Unternehmensentwicklung; Gomez/Zimmermann (1993) für Unternehmensorganisation; Schwaninger (1994) für Managementsysteme; Müller-Stevens/Lechner (2005) für strategisches Management.

[529] Vgl. Ulrich/Krieg (1974), S. 5; Für einen Überblick siehe auch Schwaninger (2001).
Kybernetik ist die Lehre von der Struktur und vom Verhalten dynamischer Systeme [Ulrich/Krieg (1974), S. 11]. Wichtige Vertreter der Kybernetik sind nach Schwaninger (1994), S. 16, vor allem W. Ashby und S. Beer. *(Fortsetzung auf S. 127)*

Management-Modells können drei Phasen unterschieden werden: Das Ausgangs-modell von Ulrich (1972), das zweite Modell von Bleicher (1991) und das sog. neue St. Galler Management-Modell von Rüegg-Stürm (2002).[530]

Das klassische Ausgangsmodell der freien Marktwirtschaft in der deutschen Be-triebswirtschaftslehre stellte systemtheoretisch ein geschlossenes System dar, in dem sich Individuen nach mechanisch bestimmbaren Prinzipien bewegen.[531] Diese Auf-fassung der Wirtschaft als einem geschlossenen System sowie des darin agierenden Homo oeconomicus entspricht jedoch nicht der wirtschaftlichen und betriebswirt-schaftlichen Realität, die zunehmend gekennzeichnet ist durch weitreichende plura-listische Zielvorstellungen, eine große Zahl sich ständig verändernder Einflussfakto-ren und Interdependenzen sowie vielfältige Lösungsmöglichkeiten. Deshalb ist zur Untersuchung und Bewältigung dieser komplexen Situationen eine ganzheitliche, in-tegrierende Betrachtungsweise notwendig.[532] Dieser sog. Systemansatz stellt damit einen Wechsel vom linearen, kausal-analytischen zu einem ganzheitlichen, synthe-tisch-vernetzten Denken dar.[533] Systemorientiertes Management legt demnach in ständiger Auseinandersetzung mit einer sich wandelnden Umwelt Ziele und Bedin-gungen fest, gestaltet die Organisation zielentsprechend und leitet, beeinflusst und kontrolliert die zur Zielerreichung notwendigen Prozesse.[534]

Dieser komplexe Zusammenhang wird modellhaft durch drei Kerndimensionen dargestellt, die sog. Ebenen des integrierten Managements: normativ, strategisch und operativ.[535] Diese Dimensionen sind nicht unabhängig voneinander zu betrachten,

---

[529] *(Fortsetzung von S. 126)* Die Systemtheorie wurde von Niklas Luhmann begründet. Zur Systemtheorie siehe Luhmann/Baecker (2004); Simon (2008). Für einen Überblick über die Zusammenhänge von Systemtheorie und Managementlehre s. Ulrich (2001), S. 31ff., S. 364ff.; Schwaninger (1995).

[530] Für einen Überblick über die Geschichte des St. Galler Management-Modells s. Schwegler (2008), S. 105ff. Es wird terminologisch differenziert zwischen dem St. Galler Management-Modell von Ul-rich [Ulrich/Krieg (1974)], dem St. Galler Management-Konzept von Bleicher [Bleicher (2001)] sowie dem neuen St. Galler Management-Modell von Rüegg-Stürm [Rüegg-Stürm (2003)].

[531] Kennzeichnend für dieses geschlossene System der Wirtschaft ist die Betrachtung des Men-schen als Homo oeconomicus mit rein materiellen Motivationen, der in einer Marktwirt-schaft agiert, die als isoliert geschlossener Sektor ohne Verflechtungen mit anderen Teilen der Gesellschaft definiert ist. Akteure in dieser Wirtschaft sind ausschließlich Individuen. Soziale Gebilde oder Gruppenphänomene werden nicht berücksichtigt [vgl. Ulrich (2001), S. 11ff.].

[532] Vgl. Ulrich/Krieg (1974), S. 11.

[533] Vgl. Ulrich (2001), S. 28ff.

[534] Vgl. Ulrich/Krieg (1974), S. 14.

[535] Vgl. Ulrich (2001), S. 514ff.

vielmehr stellen sie einen Bezugsrahmen mit vielfältigen Interdependenzen dar.[536] Sie unterscheiden sich hinsichtlich ihrer Reichweite und ihrer sachlichen Komplexität.[537] Zusätzlich nimmt der Zeithorizont innerhalb des Bezugsrahmens von der operativen zur normativen Ebene zu (Bleicher, 2001; Schwaninger, 2006).

Die systemtheoretische Herangehensweise des St. Galler Management-Modells erscheint bei der Konzeption eines Reportings im Social Entrepreneurship besonders angemessen, weil dieser holistische, neben den ökonomischen Aspekten auch soziale und ökologische Perspektiven integrierende Ansatz der Dynamik und Komplexität der Umwelt, in der Social Entrepreneurs agieren, und der Vielschichtigkeit der Situationen und Probleme, denen sie begegnen, Rechnung trägt. Außerdem ermöglicht dieser prozessorientierte und interdisziplinäre Ansatz ein umfassendes und detailliertes Verständnis sowie eine vollständige Beschreibung und Analyse des Phänomens Social Entrepreneurship.

6.1.2   Synthese der inhaltlichen Komponenten zu einem Reportingmodell

Wie in Kapitel 4.4 und 4.5 erläutert, erwarten Reportingadressaten Informationen über den Erfolg, das Risiko und die Organisational Capacity in der Berichterstattung. Für die Erhebung der Daten ist jedoch eine andere Reihenfolge der einzelnen Bestandteile notwendig und sinnvoll: Da Organisational Capacity die Voraussetzung für die Zielerreichung und damit den Erfolg ist, wird diese mit Hilfe der Struktur des St. Galler Management-Modells erfasst. Die Planungsebenen des integrierten Managements werden dann logisch verknüpft mit den Wirkungs- und Leistungsebenen

Organizational Capacity	Erfolg	Risiko
Social Entrepreneur		
Normativ	Outcome	Normative Risiken
Strategisch	Impact	Strategische Risiken
Operativ	Output	Operative Risiken

Abbildung 21: Darstellung von Organisational Capacity, Erfolg und Risiko in einem Modell
Quelle: Eigene Darstellung.

---

[536] Vgl. Bleicher (2001), S. 50ff.
[537] Vgl. Schwegler (2008), S. 108.

Outcome, Impact und Output der Wirkungskette auf jeder Ebene. Da Social Entrepreneurs in unterschiedlichen Themenfeldern aktiv sind sowie verschiedene Organi-
sationsbereiche und Produktionsfaktoren aufweisen, werden für die vorliegende
Arbeit Risiken anhand der Entscheidungsebene systematisiert. Diesbezüglich werden normative, strategische sowie operative Risiken differenziert.[538] Der Person des
Social Entrepreneurs kommt eine zentrale Rolle für die Entscheidungen der Investoren zu (s. Kap. 3.2.1). Deshalb ist die Person als übergreifende Ebene zusätzlich mit
in das Modell einzubeziehen (s. Abb. 21).

Für die Konzeption eines Reportings im Social Entrepreneurship werden aus
Gründen der Angemessenheit und Praktikabilität nur diejenigen Elemente des
St. Galler Management-Modells übernommen, die die Informationsbedürfnisse der
Reportingadressaten erfüllen, ohne dabei die Rahmenpostulate zu verletzen.

6.2   Ebene der Person

6.2.1   Merkmale

Der Person des Social Entrepreneurs kommt für das Reporting eine zentrale Bedeutung zu: Die aus der Definition abgeleitete Akteurszentrierung in kleinen Organisationseinheiten (s. Kap. 3.2.1) führt oft zu einer Deckungsgleichheit der Ziele des
Entrepreneurs mit den Zielen seiner Organisation.[539] Aus der klassischen Venture-
Capital-Literatur ist darüber hinaus ersichtlich, dass die Person des Entrepreneurs in
der Investitionsentscheidung eine wichtige Rolle spielt.[540] Durch diese Akteurszentrierung unterscheidet sich der Social Entrepreneur von einer klassischen Non-
Profit-Organisation. Bei einer Gründung bzw. Projektinitiierung durch mehrere
Personen sollten die im Folgenden angeführten Merkmale für alle Gründer in der Be-
richterstattung angeführt werden.

6.2.1.1 Lebensweg und Motivation

Die Persönlichkeit des Entrepreneurs ist bei der Beurteilung eines Entrepreneurial
Ventures durch einen Investor ausschlaggebend.[541] Daher sollte eine kurze Darstellung des Social Entrepreneurs, seines Lebenswegs und seiner Gründungsmotivation

---

[538] Für weitere Systematisierungsmöglichkeiten siehe Mikus (2001), S. 8; Kupsch (1995), S.
    532; Philipp (1967), S. 32ff.; Romeike (2003), S. 167.
[539] Vgl. Achleitner/Bassen (2003), S. 9.
[540] Vgl. Fried/Hisrich (1994); Knight (1994); MacMillan/Siegel/Narasimha (1985).
[541] Vgl. Knight (1994), S. 30; MacMillan/Siegel/Narasimha (1985), S. 122.

in einem Reporting erfolgen.[542] Weitere Persönlichkeitsmerkmale, die erwähnt werden sollten, sind Kenntnisse des Themenfelds und Erfahrungen mit den Zielgruppen sowie besondere Qualifikationen für die gewählte Herangehensweise.

6.2.1.2 Gründungs- und Führungserfahrung

Ein wichtiger Faktor bei der Beurteilung der Überlebensfähigkeit einer neu gegründeten Organisation ist die sog. Humankapitalausstattung des Gründers.[543] Hierzu gehören bspw. Faktoren wie die Gründungs- und Führungserfahrung des Entrepreneurs.

Gründungserfahrung als wesentliches Kriterium bei der Betrachtung junger Organisationen bezeichnet die Erfolgs- und Erfahrungsgeschichte des Entrepreneurs hinsichtlich Organisationsgründungen (sog. Track Record).[544] Darunter können im Kontext von Social Entrepreneurship sowohl die Initiierung von Projekten als auch Unternehmensgründungen verstanden werden.

Auch die Führungserfahrung, d. h. inwieweit der Entrepreneur vor seiner Selbstständigkeit schon Erfahrungen als Führungskraft sammeln konnte, fließt in die Beurteilung einer jungen Organisation mit ein und sollte daher auch in einem Reporting berücksichtigt werden.[545]

In diesem Zusammenhang spielen auch weitere unternehmerische Charakteristika wie Risikobereitschaft, Kreativität und Flexibilität bei der Bewertung durch externe Reportingadressaten eine Rolle und sollten daher – wenn vorhanden – mit in die Berichterstattung aufgenommen werden.

6.2.2　Erfolgsmessung

Eine objektive Messung des Erfolgs ist auf dieser Ebene nicht möglich. Vielmehr werden die Reportingadressaten die oben angeführten Kriterien und ihre Ausprägungen subjektiv bewerten.

6.2.3　Risiken

Die Risiken auf dieser Ebene können in den spezifischen Ausprägungen der Charakteristika und Kompetenzen der Person liegen, wie bspw. mangelnde Gründungserfahrung.

---

[542] Die Persönlichkeit des Social Entrepreneurs kann in einem schriftlichen Bericht nur ansatzweise dargestellt werden. Dies wird in persönlichen Gesprächen zwischen dem Social Entrepreneur und Investoren weiter vertieft werden.

[543] Vgl. Brüderl/Preisendörfer/Baumann (1991), S. 92ff.

[544] Vgl. Knight (1994), S. 30; MacMillan/Siegel/Narasimha (1985), S. 122; Mason/Stark (2004), S. 230ff.

[545] Vgl. MacMillan/Siegel/Narasimha (1985), S. 122; Mason/Stark (2004).

6.3 Normative Ebene

6.3.1 Merkmale

Die normative Ebene des Managements ist darauf ausgerichtet, die Lebens- und Entwicklungsfähigkeit der Organisation sicherzustellen, und richtet sich auf die Nutzenstiftung für alle Bezugsgruppen.[546] Ausgehend von einer unternehmerischen Vision enthält diese Ebene auch die Ziele der Organisation im gesellschaftlichen Umfeld.[547] Das normative Management beantwortet die Frage nach dem „warum" des Handelns. Es hat somit eine konstitutive Rolle und ist begründend für alle Handlungen und Prozesse innerhalb der Organisation.[548]

6.3.1.1 Gesellschaftlicher Bedarf

Übertragen auf den Kontext eines Reportings im Social Entrepreneurship umfasst die normative Ebene zunächst eine Erläuterung des gesellschaftlichen Bedarfs, d. h. die Beschreibung des sozialen Problems, das bekämpft wird. Die Existenz und Dringlichkeit eines gesellschaftlichen Missstandes stellen die Begründung für eine Intervention durch den Social Entrepreneur dar. Denn für die Legitimität der eigenen Existenz muss die Organisation für aktuelle und potenzielle Stakeholder einen Nutzen bieten können.[549] Hierfür könnte im Hinblick auf eine Standardisierung und Vergleichbarkeit eine Zuordnung zu einem Themenfeld analog der International Classification for Nonprofit Organizations (ICNPO) vorgenommen werden.[550] Im Folgenden wird dann der Hintergrund des gesellschaftlichen Problems dargestellt. Hierbei erfolgt vor allem eine Beschreibung der betroffenen Gruppe, eine Schilderung der bisherigen Entwicklung und der aktuellen Situation sowie (wenn möglich) denkbarer Zukunftsperspektiven. Die detaillierte Erklärung der Ursachen des Problems und das explizite Aufzeigen von Kausalitätsbeziehungen sind von großer Bedeutung für das Verständnis des spezifischen Lösungsansatzes des Social Entrepreneurs (s. Kap. 6.4).

Das Ausmaß des gesellschaftlichen Missstandes kann am verständlichsten durch eine Anführung der Anzahl der Betroffenen erfolgen. Die Angabe des Prozentsatzes der Betroffenen im Verhältnis zur Grundgesamtheit kann diese Angabe weiter verdeutlichen.

---

[546] Vgl. Bleicher (2001), S. 53.
[547] Vgl. Bleicher (2001), S. 53.
[548] Vgl. Ulrich (2001), S. 427.
[549] Vgl. Bleicher (2001), S. 80.
[550] Vgl. Salamon/Anheier (1992b). S. Kapitel 4.1.

Ein vierter Bestandteil, der für ein umfassendes Verständnis des sozialen Problems und der Herangehensweise des Berichtenden notwendig ist, ist die Darstellung existierender konventioneller sowie alternativer Lösungsansätze. Diese begründen die Notwendigkeit einer Intervention durch den Social Entrepreneur. Hierbei könnte zwischen staatlichen und nichtstaatlichen Institutionen differenziert werden, darüber hinaus könnte angeführt werden, weshalb diese Ansätze nicht ausreichen.

6.3.1.2 Vision

Eine zweite Komponente der normativen Ebene eines Reportings im Social Entrepreneurship ist die Vision des Social Entrepreneurs. Eine Vision ist ein konkretes Zukunftsbild, das zum jetzigen Zeitpunkt noch nicht realisierbar ist, jedoch angestrebt wird.[551] Dieses Zukunftsbild bezieht sich auf die langfristige Zielsetzung, die sich der Social Entrepreneur gestellt hat. Die Vision ist deshalb wichtig, weil sie maßgeblich für alle Aktivitäten der Organisation ist und einen permanenten Orientierungsrahmen darstellt. Unter diesem Punkte sollte daher eine Beschreibung der gesellschaftlichen Veränderung, die angestrebt wird, erfolgen.

6.3.1.3 Ziele

Ausgehend von der unternehmerischen Vision werden die langfristigen Ziele des Social Entrepreneurs abgeleitet, einen bestimmten gesellschaftlichen Missstand zu bekämpfen.[552] Durch diese Ziele wird eine bestimmte Grundorientierung vermittelt, an der sich das strategische und operative Verhalten orientieren können.[553]

6.3.2   Erfolgsmessung

Erfolg, definiert als Grad der Zielerreichung[554], kann auf dieser Ebene durch den Indikator Outcome gemessen werden, der intendierten zielbezogenen generellen gesellschaftlichen Wirkung. Praktisch kann dies durch die Beschreibung der Wirkung der Aktivitäten des Social Entrepreneurs erfolgen. Diese Wirkung manifestiert sich in spezifischen Veränderungen, bspw. im Verhalten, Wissen oder in den Fähigkeiten der Zielgruppen.[555]

---

[551] Vgl. Bleicher (2001), S. 75ff.

[552] Vgl. Bleicher (2004), S. 80. Zur Zielkonzeption von Social Entrepreneurs s. auch Kapitel 6.5.1.

[553] Vgl. Bleicher (2001), S. 90.

[554] Vgl. Fritz (1992), S. 219.

[555] Zum Begriff des Outcomes und des Konzepts der Wirkungskette s. Kapitel 5.2.1.

Zusätzlich kann Outcome neben einer qualitativen Beschreibung in manchen Fällen auch quantitativ dargestellt werden. Wenn möglich, sollte in diesem Zusammenhang eine Berechnung der Kosten pro Jahr erfolgen, die der Gesellschaft entstehen, falls das Problem nicht gelöst wird, sowie der Einsparungen und zusätzlichen Einnahmen für die Gesellschaft, die sich aus der Tätigkeit des Social Entrepreneurs ergeben. Eine Quantifizierung sollte jedoch nicht auf Kosten von Relevanz oder Zuverlässigkeit erfolgen (s. Kap. 4.3.2). Annahmen und Schätzungen sollten daher begründet und plausibilisiert werden. Wenn möglich, können zusätzlich die Ergebnisse aus der Beobachtung einer Kontrollgruppe zur Berechnung der Wirkung angeführt werden.

6.3.3 Risiken

Auf der normativen Ebene können zwei mögliche Risiken identifiziert werden, auf die der berichtende Social Entrepreneur eingehen sollte. Eine potenzielle Gefahr liegt in einer falschen Annahme bzgl. der Ursache-Wirkungs-Beziehung. Sollten andere als die vom Social Entrepreneur angenommenen Gründe für den sozialen Missstand verantwortlich sein, wird als Konsequenz auch seine eigene Herangehensweise am Kern des Problems vorbeigehen. Ein weiteres Risiko besteht darin, dass das soziale Problem nur durch den Social Entrepreneur als solches wahrgenommen wird, aber objektiv nicht existiert oder keine bedeutende gesellschaftliche Relevanz hat.

6.4 Strategische Ebene

6.4.1 Merkmale

An die normative Ebene schließt sich die strategische Ebene des Managements an. Während der normative Rahmen langfristige generelle Ziele sowie eine Grundorientierung vorgibt und dadurch verschiedene strategische Möglichkeiten denkbar macht, konkretisiert die strategische Ebene die Art und Weise, wie eine Organisation ihre Vision und ihre Ziele erreichen möchte.[556] Sie stellt dadurch die relative Positionierung der Organisation gegenüber anderen Anbietern dar. In einem Reporting im Social Entrepreneurship dient dieser Abschnitt dazu, die Herangehensweise des Social Entrepreneurs und die Merkmale seines Geschäftsmodells aufzuzeigen. Die strategische Ebene dient somit zur Abgrenzung verschiedener Typen von Social Entrepreneurs auf der Grundlage ihrer spezifischen strategischen Organisationscharakteristika (vgl. Kap. 3).

---

[556] Vgl. Bleicher (2001), S. 191ff.
Nach Mintzberg (1978), S. 935 ist Strategie „a pattern in a stream of decisions".

6.4.1.1 Zielgruppen

In einem ersten Schritt werden die Zielgruppen bestimmt, an die sich der Social Entrepreneur wendet. Zielgruppen sind sowohl Leistungsadressaten, d. h. die direkten Empfänger des Angebots des Social Entrepreneurs, als auch weitere Kernstakeholder, die von den Aktivitäten des Social Entrepreneurs profitieren oder von ihm beeinflusst werden. Dies können Personen oder Organisationen sein. Dazu gehören in Abhängigkeit vom jeweiligen Themenfeld, in dem der Social Entrepreneur tätig ist, zum Beispiel die Teilnehmer einer Maßnahme, deren Familien, staatliche Institutionen oder Kooperationspartner. Neben einer inhaltlichen Konkretisierung, d. h. wen genau die jeweilige Gruppe umfasst, wird an dieser Stelle die Anzahl derjenigen, die durch den Social Entrepreneur unterstützt werden, angeführt.

6.4.1.2 Aktivitäten, Dienstleistungen und Produkte

In einem zweiten Schritt werden alle Aktivitäten, die der Social Entrepreneur durchführt, erläutert. In diesem Zusammenhang werden alle angebotenen Produkte und Dienstleistungen beschrieben. Darüber hinaus würde die Beschreibung der Neuartigkeit der Lösung für das gesellschaftliche Problem den Innovationscharakter der Herangehensweise hervorheben.

6.4.1.3 Social Value Proposition

Die spezifische Social Value Proposition des Social Entrepreneurs unterscheidet ihn von anderen Personen und Organisationen, die das gleiche gesellschaftliche Problem bekämpfen (vgl. auch Kap. 3.2.4).[557] Daher werden an dieser Stelle die Funktionsweise des Geschäftsmodells sowie Kausalitätszusammenhänge erläutert.

Bei der Darstellung des Geschäftsmodells werden in einem Reporting die in Kapitel 3.2.4 abgeleiteten Merkmale der Social Value Proposition einzeln angeführt. Dies sind Informationen über (1) die Einkommensgenerierung, (2) die Skalierbarkeit, (3) die Replizierbarkeit und (4) das Impact Level nebst der Ausprägungen dieser Merkmale.

Hinsichtlich der Einkommensgenerierung wird im Zusammenhang mit den oben angeführten Aktivitäten, Produkten und Dienstleistungen angegeben, ob die Leistungnehmer dafür bezahlen. Sollte keine Innenfinanzierung durch den Verkauf von Produkten oder Dienstleistungen erfolgen, könnten im Sinne der Transparenz und Vollständigkeit die Gründe dafür angegeben werden.

In Bezug auf die Skalierbarkeit erfolgt in diesem Abschnitt eine Einschätzung der Verbreitungsmöglichkeiten des Lösungsansatzes. Was die Replizierbarkeit betrifft,

---

[557] Vgl. Taylor/Dees/Emerson (2002), S. 165ff.

wird angeführt, ob der Lösungsansatz nachgeahmt oder kopiert wurde, und wenn ja, wie, durch wen und mit welchem Ergebnis. Von besonderem Interesse für die Reportingadressaten ist in diesem Zusammenhang die Beachtung, die die Idee in der Politik und bei anderen Meinungsbildner findet, was als Indiz für die Attraktivität des Geschäftsmodells gewertet werden kann.

Die Darstellung des vierten Merkmals der Social Value Proposition schließlich befasst sich mit dem Impact Level, auch Wirkungsreichweite genannt. Wie in Kapitel 3.2.4.3 erörtert, erfolgt hier die Angabe der Gesellschaftsebene, auf der der Lösungsansatz des Social Entrepreneurs ansetzt.

Die Darstellung von Kausalitätsbeziehungen (auch als „logic model" bezeichnet) sollte detailliert den Zusammenhang zwischen der durchgeführten Aktivitäten und der erreichten Wirkung erläutern, d. h. durch welche Wirkungsweise die Aktivitäten des Social Entrepreneurs den von ihm angestrebten positiven gesellschaftlichen Wandel erzielen.[558]

6.4.2 Erfolgsmessung

Der Beitrag des jeweiligen Social Entrepreneurs zu einer positiven gesellschaftlichen Veränderung ist determiniert durch die spezifische strategische Aufstellung seiner Organisation.[559] Dieser Erfolg kann durch den Indikator Impact gemessen werden, „the difference between the outcome for a sample exposed to an enterprise's activities and the outcome that would have occurred without the venture or organization".[560] An dieser Stelle schätzt der Social Entrepreneur daher die Wirkung seiner eigenen Aktivitäten ein und führt alle Einflussfaktoren an, die zu der unter Outcome (vgl. Kap. 6.3.2) angeführten Wirkung beigetragen haben könnten. Eine Quantifizierung des Impacts wird jedoch nur schwer möglich sein, ohne den Reportinggrundsatz der Zuverlässigkeit zu verletzen.

6.4.3 Risiken

Auch auf der strategischen Ebene können externe Veränderungen identifiziert werden, die den Erfolg des Social Entrepreneurs negativ beeinflussen können. Hier werden daher vor allem folgende Risiken berücksichtigt:[561]

---

[558] Vgl. W. K. Kellogg Foundation (2004); Wei-Skillern et al. (2007), S. 325; Armstrong (2006), S. 22.

[559] Vgl. Scholten et al. (2006), S.13.

[560] Clark et al. (2004), S.16. Vgl. zur Terminologie und Berechnung des Impacts auch Kapitel 5.2.1.

[561] Die folgende Aufzählung ist exemplarisch, nicht abschließend und stellt lediglich die in dieser Kategorie am häufigsten auftretenden Risiken dar.

(1) Politische Risiken:
Hierzu gehören Angaben über potenzielle Änderungen der Gesetzgebung, die für das Geschäftsmodell bedeutend sind (z. B. Festlegung staatlicher Zuschüsse, Förderquoten, Antidiskriminierungsgesetze).

(2) Verfahrensrechtliche Risiken:
Dies umfasst Angaben über anhängige Verfahren und potenzielle Rechtsstreitigkeiten.

(3) Marktrisiken:
Hier sollten Angaben über existenzgefährdende Wettbewerber erfolgen, die ein Interesse an der Nichtverbreitung des Lösungsansatzes haben. Außerdem sollten gesellschaftliche Veränderungen, die eine Lösung mit dem Ansatz des Social Entrepreneurs unmöglich machen könnten, an dieser Stelle genannt werden.

Bei allen angeführten potenziellen Risiken sollte der Social Entrepreneur darstellen, wie dem Risiko innerhalb seiner Organisation begegnet wird.[562]

6.5   Operative Ebene

6.5.1   Merkmale

Die Ebene des operativen Managements schließlich beschäftigt sich mit der Implementierung des Lösungsansatzes und der praktischen Umsetzung der normativ-strategischen Vorgaben. Sie enthält daher alle Informationen über die Organisation und ihre Strukturen sowie über sämtliche leistungs-, finanz- und personalwirtschaftlichen Ressourcen und Prozesse.[563] Wie in Kapitel 4.5.3 angeführt, helfen Informationen über die Organisation und das operative Geschäft den Reportingadressaten einzuschätzen, ob die Organisation nachhaltig aufgestellt ist, und ermöglichen es auch, Bereiche zu identifizieren, für die Unterstützung anders als in Form von Finanzmitteln geleistet werden könnte.
Die operative Ebene lässt somit einen Überblick über sämtliche Inputfaktoren zu, die der Social Entrepreneur für sein Streben nach gesellschaftlichem Wandel einsetzt.[564] Dieser Prozess der Berichtersattung über sämtliche Inputfaktoren kann für alle Social Entrepreneurs standardisiert werden, unabhängig vom Themenfeld, in dem sie agieren, oder dem gesellschaftlichen Problem, das sie bekämpfen. Werden diese Inputfaktoren in monetären Größen dargestellt, wird eine Vergleichbarkeit zwischen verschiedenen Themenfeldern auf dieser Ebene ermöglicht.

---

[562] Er demonstriert so auch ein aktives Risikomanagement. Vgl. Kapitel 4.5.2.
[563] Vgl. Bleicher (2001), S. 302ff.
[564] Zum Begriff des Inputs und das Konzept der Wirkungskette s. Kapitel 5.2.1.

6.5.1.1 Organisationsaufbau

Informationen über den Organisationsaufbau enthalten in erster Linie ein Organisations-profil, das den Namen der Organisation, ihre Adresse und Anschrift, Kontaktdaten sowie das Gründungsjahr umfasst. Darüber hinaus können der Hauptsitz der Organisation so-wie weitere Niederlassungen und ihre geographische Verbreitung angeführt werden.

Weitere Elemente, die für das Verständnis des Organisationsaufbaus von Bedeu-tung sind, sind die Rechtsform der Organisation sowie die Organisationsstruktur. Hierfür fließen Informationen über die einzelnen Organe und die Führungsstrukturen innerhalb der Organisation, ggf. illustriert durch ein Organigramm, in den Bericht mit ein. Ebenso sind zusätzliche Angaben über Governance-Strukturen[565], die über Entscheidungsgremien, -prozesse und Kontrollinstanzen berichten, hilfreich, um die Transparenz der Organisation gegenüber ihren Reportingadressaten zu fördern.[566]

6.5.1.2 Mitarbeiter

Ein weiterer Bereich, über den im Rahmen der operativen Ebene berichtet wird, ist die personalwirtschaftliche Situation in der Organisation. Hier erfolgt ein Überblick über (1) die Anzahl der Mitarbeiter sowie (2) die Struktur der Mitarbeiterschaft, d. h. eine Aufteilung nach Voll- und Teilzeitarbeitenden sowie Ehrenamtlichen. Darüber hinaus könnte eine Differenzierung nach festen, ehrenamtlichen sowie Honorarkräf-ten erfolgen.

6.5.1.3 Ökonomische Leistungsindikatoren

Wie in Kapitel 4.5.1 dargelegt, spielen Formalziele, d. h. ökonomische Ziele, für So-cial Entrepreneurs zwar keine primäre Rolle, sind jedoch wichtig, um die Existenz der Organisation zu gewährleisten. Die meisten Social Entrepreneurs, sind – abhän-gig von der Rechtsform, in der ihre Organisation agiert – zur Berichterstattung ge-wisser monetärer Parameter verpflichtet. Diese organisationsspezifische gesetzlich geforderte Erfolgsrechnung ist durch das jeweilige anwendbare Regelwerk für die finanzielle Berichterstattung determiniert. Deshalb werden in einem Reporting das jeweilige Regelwerk sowie die entsprechend angewandte Ansatz- und Bewertungs-vorschrift angegeben. Falls vorhanden, sollten darüber hinaus Informationen über Controlling- und Reportingsysteme sowie die Auditierung oder das Testat durch Ex-terne (unter Nennung der Prüfer) mitgeteilt werden.

---

[565] Governance kann definiert werden als „(...) the totality of the institutional and organisatio-nal mechanisms, and the corresponding decision-making, intervention and control rights, which serve to resolve conflicts of interest between the various groups which have a stake in the firm". Vgl. Schmidt/Tyrell (1997), S. 342.

[566] Für einen Überblick zum Thema Governance in Social Enterprises s. Low (2006). Für Gover-nance in Non-Profit-Organisationen s. Budäus (2005).

Für eine Vereinheitlichung und daraus resultierend eine bessere Vergleichbarkeit dieser ökonomischen Kennzahlen könnte bei der Formulierung von Reportingstandards überlegt werden, eine einheitliche Einnahmen-Ausgaben-Rechnung für alle Social Entrepreneurs einzuführen.

Hinsichtlich der Finanzierungsstruktur können die finanziellen Informationen weiter differenziert werden in (1) Einkommen aus dem Verkauf von Produkten und Dienstleistungen, (2) Einkommen aus Zuwendungen von Privatinvestoren, (3) Einkommen aus der Finanzierung seitens Einrichtungen der öffentlichen Hand sowie (4) Einkommen aus Zuwendungen von privaten Unternehmen.

6.5.1.4 Sachmittel

Sachmittel stellen für Social Entrepreneurs oft die materielle Voraussetzung ihrer Aktivitäten dar. Daher werden an dieser Stelle alle physischen und technischen Einrichtungen angeführt, die die Organisation unterstützen. Dies können Räumlichkeiten, IT-Systeme und sonstige Infrastruktur sein.

6.5.1.5 Netzwerke und Kooperationen

Die Zugehörigkeit zu einem Netzwerk (wie bspw. Ashoka, Schwab Foundation oder BonVenture) und Kooperationen mit staatlichen Einrichtungen, Unternehmen oder anderen Non-Profit-Organisationen stärken den Social Entrepreneur und stellen so eine Verringerung des Risikos dar. Es wird daher angegeben, ob und seit wann der Social Entrepreneur einem Netzwerk angehört oder entsprechende Kooperationen betreibt.

6.5.1.6 Planung und Meilensteine

Um die Reportingadressaten über die konkreten operativen Ziele der nächsten Berichtsperiode zu informieren, wird innerhalb der operativen Ebene auch die Planung für die nächsten zwölf Monate angeführt. Für jedes Ziel sollten sog. Meilensteine definiert werden. Dies sind wichtige Zwischenziele, die konkret für einen bestimmten Zeitpunkt (bspw. für jedes Quartal) festgelegt werden. Dadurch kann im Rahmen eines Soll-Ist-Vergleichs auch während der Berichtsperiode der Fortschritt in der Zielerreichung verfolgt werden. Zugleich wird damit auch einer Beweglichkeit der Ziele, bspw. Als Reaktion auf veränderte äußere Bedingungen, ermöglicht.

6.5.2 *Erfolgsmessung*

Erfolgsmessung kann auf der operativen Ebene in Form des Outputs erfasst werden (vgl. Kap. 5.2.1). Output bezeichnet direkte Ergebnisse der Aktivitäten des Social Entrepreneurs. Sie sind abhängig vom jeweiligen Themenfeld, in dem der Social Entrepreneur agiert, und dementsprechende Zielgruppen. Outputindikatoren beziehen sich in der Regel entweder auf Personen, Institutionen oder Aktivitäten. Deshalb kann die Erfassung der Outputs folgendermaßen strukturiert werden:

(1) Personenbezogener Output:
Anzahl der Stakeholder, die der Social Entrepreneur durch seine Aktivitäten erreicht hat (z. B. Anzahl der Schüler).

(2) Institutionsbezogener Output:
Anzahl der erreichten Institutionen (z. B. Anzahl der Schulen).

(3) Aktivitätsbezogener Output:
Anzahl der durchgeführten Aktivitäten (z. B. Anzahl der Kurse, Schulungen, Veranstaltungen).

Falls exakte Zahlen nicht bekannt oder ermittelbar sind, sollten Schätzungen erfolgen. Diese und die ihnen zugrunde liegenden Annahmen müssen im Anschluss begründet werden.

Denkbar ist darüber hinaus die Bildung relativer Effizienzkennzahlen wie bspw. die Angabe der Kosten pro Outputindikator (z. B. Kosten für eine Schule, Kosten für einen Arbeitsplatz), Kosten pro Outcomeindikator (z. B. Kosten für eine erfolgreiche Integration) oder die Angabe der benötigten Zeit pro Outputindikator (z. B. Zeit für die Durchführung eines Kurses, Zeit für die Vermittlung einer Arbeitsstelle).

Effizienzanalysen alleine sind jedoch nicht aussagefähig, wenn die Qualität der Outputs nicht sichergestellt ist.[567] Die Qualität der Outputs beeinflusst außerdem die Outcomes und ist daher Voraussetzung für ein effektives Handeln. Ein weiterer zentraler Punkt der Erfolgsmessung auf operativer Ebene ist daher das Qualitätsmanagement. Ziel eines Qualitätsmanagementsystems ist es, die Fähigkeit eines Unternehmens aufzuzeigen, das Ziel der Kundenzufriedenheit zu erfüllen. Es kann in diesem Zusammenhang zwischen Prozessqualität und Ergebnisqualität unterschieden werden.[568]

In einem ersten Schritt sollte im Rahmen des Qualitätsmanagements Transparenz über das realisierte Qualitätsniveau geschaffen werden. In einem nächsten Schritte können dann Qualitätsindikatoren bestimmt werden, die sich an den Anforderungen und Bedürfnissen der Stakeholder orientieren.[569] Über das Qualitätsniveau kann

---

[567] Vgl. Buchholtz (2001), S. 52.
Eine Steigerung der Effizienz auf Kosten der Qualität stellt in diesem Zusammenhang einen potenziellen Zielkonflikt dar. Vgl. zur Zielkonzeption von Social Entrepreneurs auch Kapitel 6.5.1.

[568] Vgl. Buchholtz (2001), S. 278ff.; Meyer/Mattmüller (1994), S. 358ff.

[569] Hinsichtlich der Selektion, Systematik und Erhebung von Indikatoren zur Qualitätsmessung s. Buchholtz (2001), S. 282ff.

bspw. durch Aussagen der Leistungsnehmer, durch Zertifizierungen sowie durch eine Beschreibung des Qualitätssicherungsprozesses berichtet werden.[570] Bei all diesen Aktivitäten ist jedoch das Prinzip der Angemessenheit und also der damit verbundene Aufwand zu berücksichtigen.

6.5.3   Risiken

Risiken auf der operativen Ebene können aus jedem der oben angeführten Merkmale resultieren. Es sollten daher in einem Reporting potenzielle negative Wirkungen angeführt werden, die ihre Ursachen in den folgenden Bereichen haben können:

(1) Organisationsaufbau, Struktur oder Governance:
    Denkbar wäre hier bspw. eine fehlende Nachfolgeplanung.

(2) Mitarbeiter:
    Beispiele hierfür wären eine nicht ausreichende Anzahl von Mitarbeitern oder eine hohe Mitarbeiterfluktuation.

(3) Finanzielle Risiken:
    Angaben über konjunkturelle Risiken, projektgebundene Förderungen oder andere Umstände, die die finanzielle Sicherheit gefährden.

(4) Sachmittel:
    Risiken, die mit der Nutzung der oben angeführten Sachmittel zusammenhängen (z. B. Infrastrukturdefizite, Maschinenschäden), sowie Angabe des Versicherungsschutzes (falls zutreffend).

(5) Qualitätsrisiken:
    Als Qualitätsrisiko wird die Gefahr bezeichnet, dass ein Produkt oder eine Dienstleistung insgesamt nicht die benötigten Eigenschaften und Merkmale aufweist.

Die folgende Abbildung illustriert alle Ebenen des Reportingmodells sowie die inhaltlichen Komponenten eines Reportings im Social Entrepreneurship: Organisational Capacity, Erfolg und Risiko:

---

[570] Beispiel hierfür ist eine Zertifizierung nach der ISO-Norm. Bei einer Zertifizierung sollten die zertifizierende Organisation, der Umfang der Zertifizierung sowie das Jahr der Zertifizierung angegeben werden.

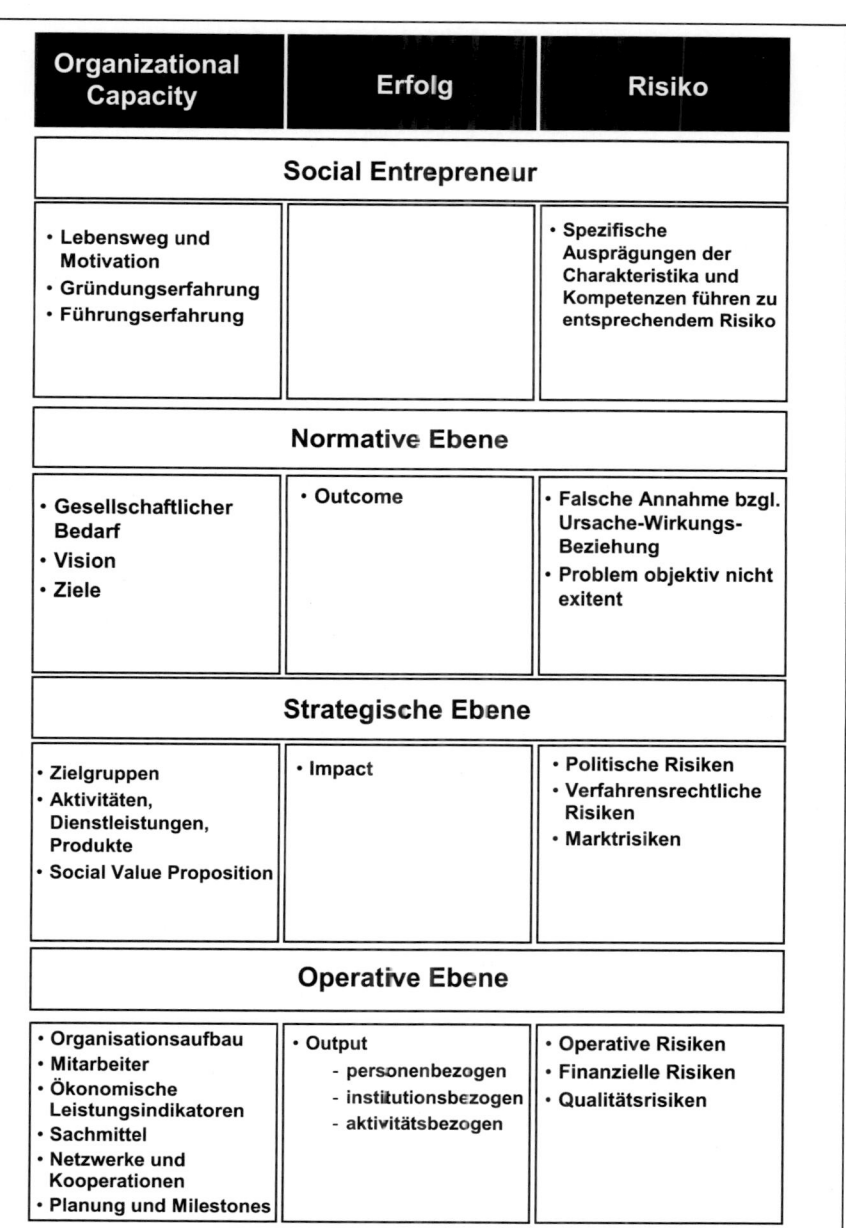

Abbildung 22: Modell für ein Reporting im Social Entrepreneurship
Quelle: Eigene Darstellung.

6.6 Umsetzung der Reportingkonzeption in der Praxis

6.6.1 Erstellung projektspezifischer Wirkungsanalysen

Im Rahmen einer Konferenz für soziale Investoren im Oktober 2009 wurden anhand der in den vorherigen Kapiteln erläuterten Reportingkonzeption erstmals sog. Wirkungsanalysen für alle deutschen und schweizerischen Social Entrepreneurs, die von Ashoka oder der Schwab Foundation ausgezeichnet sind, erstellt. Diese verstehen sich nicht als umfassende Berichterstattung, sondern sind vielmehr als Executive Summaries anzusehen, die die wichtigsten Informationen über den Social Entrepreneur und seine Organisation auf zwei bis drei Seiten wiedergeben. Hierfür wurden im Vorfeld durch Auswertung von Primär- und Sekundärliteratur sowie durch Interviews mit den betreffenden Social Entrepreneurs umfassende Informationen gesammelt und für die Konferenz in einheitlichen Projektsteckbriefen verdichtet dargestellt.

Für eine bessere Lesbarkeit wurden in diesen Kurzdarstellungen die vier Ebenen der Reportingkonzeption (Person, normative Ebene, strategische Ebene, operative Ebene) dahingehend aufgebrochen, dass zunächst über die Organisational Capacity und anschließend über Erfolg und Risiko berichtet wird. Ein Schwerpunkt der Analysen liegt auf der jeweiligen Social Value Proposition bzw. dem Lösungsansatz des Social Entrepreneurs, dem in den Steckbriefen jeweils eine eigene Seite eingeräumt wird. Risiken sowie ökonomische Leistungsindikatoren wurden aus Vertraulichkeitsgründen nicht mit in die (auf der Konferenz einsehbaren) Projektsteckbriefe aufgenommen.

Diese Wirkungsanalysen boten dann eine gute Grundlage, um in einer Zusammenschau grundlegende Probleme innerhalb der verschiedenen Themenfelder aufzuzeigen, die Social Entrepreneurs bearbeiten. Hierfür wurden die Unternehmen nach den von ihnen bearbeiteten sozialen Themen in drei Cluster eingeteilt und gemeinsame Hürden sowie Lösungsansätze innerhalb des jeweiligen Themenfeldes als Arbeitshypothese den Konferenzteilnehmern zur Diskussion vorgestellt. Ziel war neben einer transparenten Berichterstattung die Identifikation von Mustern innerhalb eines Clusters. Die drei Themencluster wurden wie folgt bezeichnet:[571]

- Stark machende Bildungswelten,

- Gesunde Arbeits- und Lebenswelten,

- Innovative Engagementwelten.

Im Folgenden wird am Beispiel je eines Social Entrepreneurs aus jedem Themencluster die praktische Umsetzung der Reportingkonzeption illustriert.

---

[571] Vgl. Asohka/Schwab Foundation (2009), S. 3ff.

6.6.2 Stark machende Bildungswelten: Violence Prevention Network

Aufbauend auf der theoretischen Reportingkonzeption finden sich am Anfang des Berichts Informationen über den Social Enterpreneur selbst (vgl. Kap. 6.2). Organisational Capacity ist auf der normativen Ebene (vgl. Kap. 6.3) durch Angaben zum gesellschaftlichen Problem, der Projektvision sowie den Zielen dargestellt. Auf der strategischen Ebene (Kap. 6.4) werden die Zielgruppen sowie Aktivitäten und Dienstleistungen genannt, auf der operativen Ebene (Kap. 6.5) werden vor allem Netzwerke und Kooperationen angeführt.[572] Der Illustration der Social Value Proposition wird in dem Steckbrief aufgrund ihrer zentralen Bedeutung für das Verständnis der Wirkungsweise besonders viel Platz eingeräumt.

Anschließend ist die Erfolgsmessung über alle drei Ebenen hinweg dokumentiert. Als personenbezogener Output (Kap. 6.5.2) ist hier die Anzahl der Teilnehmer am Programm angeführt. Die gesellschaftliche Wirkung, Outcome, kann bei dieser Ini-

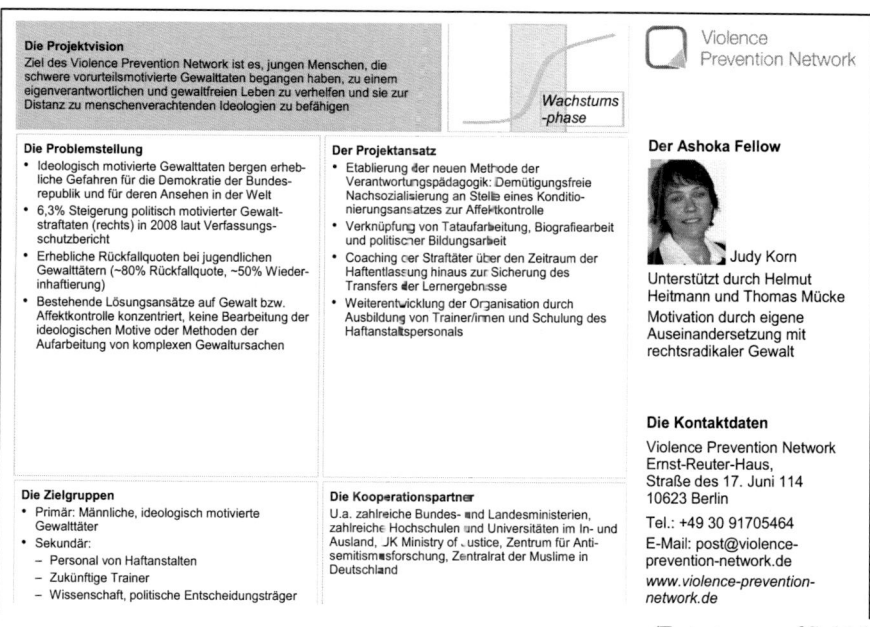

(Fortsetzung auf S. 144)

Abbildung 23: Wirkungsanalyse am Beispiel von Violence Prevention Network
Quelle: Ashoka/Schwab Foundation (2009), S. 42ff.

---

[572] Ökonomische Leistungsindikatoren wurden aus Vertraulichkeitsgründen nicht in die Konferenzunterlagen aufgenommen. Sie sind jedoch in der internen Berichterstattung der Social Entrepreneurs enthalten.

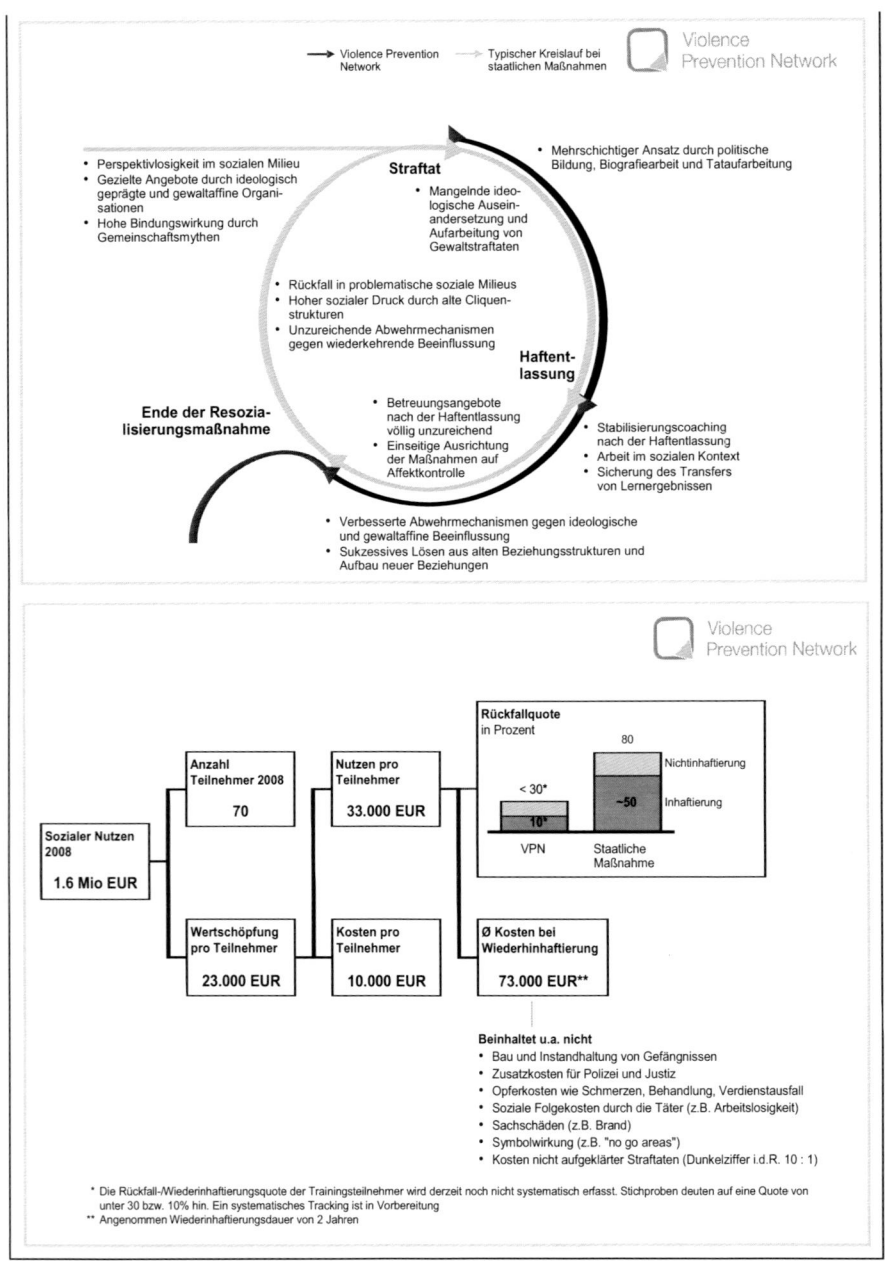

Abbildung 23: (Fortsetzung)

tiative teilweise quantifiziert werden (Kap. 6.3.2) und es können die Einsparungen berechnet werden, die der Gesellschaft durch das Violence Prevention Network zugutekommen. Neben diesen quantitativen Daten sind positive gesellschaftliche Veränderungen qualitativer Natur (z. B. Symbolwirkung der Initiative, Vermeidung von Schmerz und Trauer) in Textform mit angeführt.[573]

6.6.3   Gesunde Arbeits- und Lebenswelten: Dialog im Dunkeln

Der Beginn der Wirkungsanalyse zu Dialog im Dunkeln widmet sich wie bei allen Projektsteckbriefen der Person (vgl. Kap. 6.2), der Organisational Capacity auf der normativen (vgl. Kap. 6.3) und der strategischen Ebene (vgl. 6.4) sowie Teilen der operativen Ebene (vgl. Kap. 6.5).

Die Erfolgsmessung enthält als Outputindikatoren personenbezogene Paramenter (Anzahl der Mitarbeiter, Anzahl der Besucher) sowie institutions- (Anzahl der Städte, Länder und Standorte) und aktivitätsbezogene Informationen (durchgeführte Ausstellungen).[574]

Das Outcome, verstanden als positive Veränderungen bei der zielgruppe der blinden Menschen in Formvon Beschäftigung, Führungsstärke und gewonnenem Selbstbewusstsein und bei der Zielgruppe der sehenden Menschen in Form von wachsender Wahrnehmung der Fähigkeiten Blinder, wurde bei Dialog im Dunkeln durch eine wissenschaftliche Untersuchung vor und nach Besuch einer Ausstellung evaluiert. Denkbar wäre die Ergänzung dieser qualitativen Daten durch eine quantitative Erfolgsmessung über die Berechnung der gesellschaftlichen Kosten, die durch Dialog im Dunkeln eingespart werden.

6.6.4   Innovative Engagementwelten: Xper-Regio

Auch im Steckbrief für Xper-Regio wurde die Darstellung der Person (vgl. Kap. 6.2) sowie der Organisational Capacity auf der normativen sowie strategischen Ebene (vgl. Kap. 6.3 und 6.4) an den Anfang gesetzt. Interessant auf der operativen Ebene ist bei dieser Analyse die Darstellung der historischen Entwicklung sowie der Planung und der dazugehörigen Meilensteine bis zum Jahr 2013 (vgl. Kap. 6.5.1.6).[575]

Der Erfolg der Initiative wird auf der Outputebene durch institutionsbezogene Informationen (Anzahl der teilnehmenden Gemeinden), auf der Outcomeebene stark quantifiziert durch die Anzahl der Arbeitsplätze sowie die Höhe der eingesparten

---

[573] Vgl. Ashoka/Schwab Foundation (2009), S. 42ff.

[574] Vgl. Ashoka/Schwab Foundation (2009), S. 51f.

[575] Vgl. Ashoka/Schwab Foundation (2009), S. 96f.

Die Projektvision
Durch einen Rollentausch werden sehende Menschen aus ihrer sozialen Routine und gewohnten Rezeption herausgelöst, während Blinde Orientierung und Mobilität sichern. Dadurch wird die Ausstellung zu einem Lernort zur Akzeptanz von Unterschiedlichkeit

Reife- und Etablie- rungsphase

DIALOG IM DUNKELN

DIALOG

Die Problemstellung
• Benachteiligung blinder und behinderter Menschen in Bezug auf Bildungs- und Beschäftigungschancen als weltweites Phänomen (10% der Weltbevölkerung mit steigender Tendenz insb. in den Industriestaaten betroffen; lediglich 15% behinderter Menschen in Deutschland in Beschäftigung)
• Umgang mit behinderten Menschen in der Gesellschaft weiterhin geprägt durch Wohlfahrtsgedanken an Stelle eines Potenzialgedankens
• Ähnliche Nachahmermodelle mit unzureichender Verknüpfung von Beschäftigungs-, Integrations- und finanziellen Nachhaltigkeitsaspekten zu einem ganzheitlichen Geschäftskonzept

Der Projektansatz
• Betrieb von gänzlich abgedunkelten, szenisch als Umwelt inszenierten Ausstellungsräumen mit von Blinden betreuten Führungen – Bedingung des Rollentauschs durch Umkehrung des Wahrnehmungsvorteils und Schaffung einer vorurteilsfreien Zone
• Skalierung des Geschäftskonzepts durch Social-Franchise-Konzept (2 dauerhafte Ausstellungen in Deutschland, zahlreiche temporäre Angebote im In- und Ausland) – umfangreiches Recruiting für Franchisenehmer und effektives Qualitätsmanagement
• Weiterentwicklung des Konzepts von Begegnungsräumen zu einem Trainingstool in der Führungskräfte- und Mitarbeiterqualifikation – erste feste Dialogeinrichtung bei Allianz Global Investors

Der Ashoka Fellow/ Schwab Entrepreneur

Dr. Andreas Heinecke

Motiviert durch eigenen Dialog mit Blinden während seiner Tätigkeit als Journalist

Die Kontaktdaten
Dialogue Social Enterprise GmbH
Alter Wandrahm 4
20457 Hamburg
Tel.: +49 40 3096340
E-Mail: andreas.heinecke@ dialogue-se.com
www.dialogue-se.com

Die Zielgruppen
• Blinde und behinderte Menschen
• Besucher
• Firmen, Unternehmen und Institutionen
• Social Entrepreneurs

Die Kooperationspartner
U.a. Bundesagentur für Arbeit, Arbeit und Lernen Hamburg GmbH, Blinden- und Sehbehindertenverein Hamburg, Ashoka, Bain & Company

---

DIALOG IM DUNKELN
DIALOG

Investitionsgrößen

Umsatzentwicklung der DSE
in Tsd. EUR

Zuschüsse*
Eigene Einnahmen

2005 06 07 08 09

Anteil Zu-   ㉗ ㉑ ⑮ ⑨ ⑩
schüsse
in Prozent

Mitarbeiterentwicklung**
Anzahl

ALG 2   41   50   66   69   65
etc.***

Feste Mit-   41   43   51   61   59
arbeiter

2005 06 07 08 09

Aktivitäten

Globale Reichweite
Anzahl Standorte pro Kontinent

11

5

4

Aktivitäten in Zahlen

• **21 Länder**, in denen Ausstellungen stattfanden
• **130 Städte**, in denen Ausstellungen stattfanden
• **6.000 Blinde**, die bei Partnern angestellt sind
• **5.000.000 Besucher**, die eine Ausstellung besucht haben

Erreichte Wirkung

Vorher   Nachher

• Unzureichende berufliche Chancen
• Alltägliche Auseinandersetzung mit Stigmatisierung

Blind

Sehend

• Beschäftigung
• Führungsstärke und gewonnenes Selbstbewusstsein

• Keine Transparenz über Fähigkeiten Blinder
• Mitleid ohne Kenntnis

• Wachsende Wahrnehmung der Fähigkeiten Blinder
• Auseinandersetzung mit der eigenen Wahrnehmung

Wirkung in Zahlen**
Skala 1 (stimme nicht zu) bis 5 (stimme voll zu)

☐ Vorher ■ Nachher

Blinde brauchen tägliche Hilfe   3,1 / 2,6
Blinde erreichen geringere Erfolge   3,0 / 2,1
Blinde fragen aus Schüchternheit nicht nach Hilfe   2,7 / 2,3
Blinde müssen bedauert werden   2,8 / 2,3

* Beinhaltet keine Zuschüsse an Franchisenehmer
** Mitarbeiterentwicklung für Standorte in Hamburg und Frankfurt; beide in Mehrheits- bzw. Alleineigentum von Andreas Heinecke; hinzukommen derzeit 11 Mitarbeiter bei der Dialog Social Enterprise GmbH
*** Arbeitsgelegenheiten, Erprobungen (ausgelagerte Plätze aus Werkstätten) und Praktika, die länger als 6 Monate sind; hinzukommen freie Mitarbeiter
**** Gegenstand einer wissenschaftlichen Untersuchung in Israel (500 zufällig ausgewählte Teilnehmer, 200 Besucher)

Abbildung 24: Wirkungsanalyse am Beispiel von Dialog im Dunkeln
Quelle: Ashoka/Schwab Foundation (2009), S. 50f.

Die Projektvision
XperRegio baut direkte Verbindungen von Brüssel zu den Unternehmer-typen in ländlichen Regionen. Vertrauensvolle Beziehungen und spezielle Impulse lösen dort Aufbruchstimmung und Wachstum aus. Neues wird schneller angepackt

Wachstums-phase

XPER
REGIO

Die Problemstellung
* Junge, gut ausgebildete Arbeitskräfte wandern aus den ländlichen Gegenden in Richtung Europas Zentren
* Es fehlt an Arbeitsplätzen und attraktiven Ange-boten, die junge Menschen und Familien nach-fragen
* Konventionelle Förderung konzentriert sich auf wenige große Investitionen in Hallen und Maschinen
* 90% der Unternehmer im ländlichen Raum haben weniger als 10 Mitarbeiter. An ihnen und an den Gründern geht diese Förderung komplett vorbei
* Es fehlt an Aufbruchstimmung und passenden Impulsen, jetzt den nächsten Schritt zu setzen

Der Projektansatz
* Erstmalig in Europa: "Geld und Verantwortung runter an die Basis – unabhängig vom Staat"
* "Streetworking" und vertrauensvolle Beziehungen schaffen Voraussetzung für mutige neue Schritte bei Gründern und kleinen Unternehmen
* Bürgermeister und Kommunalpolitiker werden zu aktiven Kümmerern
* Individuelle Betreuung bei der Ausarbeitung von Projekten und Geschäftsmodellen
* Ein regionaler Ausschuss entscheidet direkt über finanzielle Unterstützung
* Effektive Kommunikation in der Region bringt positiven Wettbewerb und Aufbruchstimmung
* Förderung veränderungswilliger Denkstrukturen

Der Ashoka Fellow

Franz Dullinger
Spezialisiert auf Entwicklung und Umsetzung von Strategien zur Regionalentwicklung durch Förderung von Entre-preneurship
Mit Leib und Seele Landmensch

Die Kontaktdaten
STOP&GO Regional-entwicklung in Europa
Hengersberger Str. 13 a
94557 Niederalteich

Tel.: +49 9901 903800
E-Mail: office@stopgo.net
www.xper-regio.de

Die Zielgruppen
* Gründer und kleine Unternehmen
* Politik und Verwaltung auf den Ebenen EU, Land und Gemeinden
* Aktive Bürger
* Hochschulen

Die Kooperationspartner
EU, Unternehmen, Gemeinden, Stiftungen, Ausbildungsstätten, Banken, Investoren

Aufbruchstimmung und Wachstum durch vertrauensvolle Beziehungen und spezielle Impulse

XPER
REGIO

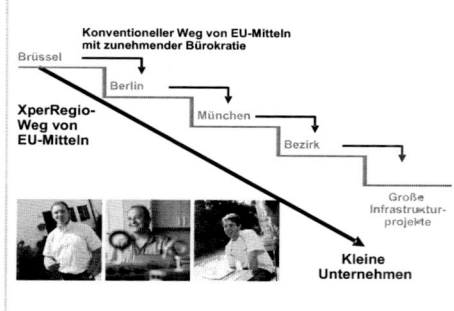

Konventioneller Weg von EU-Mitteln mit zunehmender Bürokratie
Brüssel
Berlin
XperRegio-Weg von EU-Mitteln
München
Bezirk
Große Infrastruktur-projekte
Kleine Unternehmen

Wirkung des Modellprojekts in 3 Jahren in einer kleinen ländlichen Region (120.000 Einwohner)

Mehr als 400 neue Arbeitsplätze bei 150 kleinen Unternehmen ⇨ damit weniger als 10.000 EUR öffentliche Mittel pro Arbeitsplatz (zum Vergleich: häufig wird ein Bedarf von 100.000 EUR angesetzt)

Mehr Menschen fassen Mut und werden in unterschiedlichen Bereichen unternehmerisch aktiv

Hohes überregionales und regionales Medieninteresse stärkt das Selbstbewusstsein einer ländlichen Region

XperRegio wird von Entscheidern in Brüssel als Modell für die Weiterentwicklung der EU-Regionalpolitik herangezogen

Stationen und Ausblick XperRegio

2003	2004	2005	2006	2007	2008	2009	2013
7 Gemeinden und Unterneh-mer beschlie-ßen: "Jetzt machen wir selbst!"	EU genehmigt Modellprojekt: Budget und Verantwortung an die Basis	Bis 2007: 180 Projekte werden umge-setzt	23 Gemeinden gründen GmbH zur Förderung der Regional-entwicklung ⇨ Bundespreis für interkommunale Kooperation	European Enterprise Award, Categorie "Entrepreneurial Trailblazer"	Gründung eigenständiger Regionalfonds zur Finanzie-rung von inno-vativen Pro-jekten	5 europäische Regionen ⇨ Initiative "Mobilizing of Innovation in Rural Regions"	Vom Staat un-abhängige Struktur zur Förderung von Entrepreneur-ship in den Regionen

Abbildung 25: Wirkungsanalyse am Beispiel von Xper-Regio
Quelle: Ashoka/Schwab Foundation (2009), S. 99f.

öffentlichen Mittel dargestellt. Qualitativ lässt sich die gesellschaftliche Wirkung von Xper Regio als verstärktes unternehmerisches Engagement der Menschen in der Region erfassen, z. B. durch Einzelberichte über Menschen, die durch Xper-Regio unternehmerisch aktiv geworden sind.[576]

---

[576] Vgl. Ashoka/Schwab Foundation (2009), S. 96f.

7 Zusammenfassung und Ausblick

7.1 Zusammenfassung

Veränderungen auf der Angebots- sowie der Nachfrageseite im Non-Profit-Sektor haben einen zunehmenden Professionalisierungsdruck zur Folge, der das Konzept des Social Entrepreneurship begünstigt. Bedeutendste Treiber dieser Entwicklung sind die Krise des traditionellen Sozialstaats, ein zunehmender Wettbewerb im Non-Profit-Sektor sowie neue Finanzierungsmodelle für soziale Zwecke (Kap. 2.4). Die Entrepreneurship-Theorie als angebotsorientierter Ansatz erklärt in diesem Zusammenhang die Gründung von Non-Profit-Organisationen als Institutionswahl ideell motivierter Entrepreneurs (Kap. 2.3 4). Das Handlungsfeld der Social Entrepreneurs geht somit über die Perspektive der traditionellen Sozialarbeit hinaus. Sie können deshalb als Ergänzung zu bestehenden, insbesondere öffentlichen sozialen Leistungen zur Bekämpfung gesellschaftlicher Probleme beitragen. Auch die weit verbreitete Annahme der Unvereinbarkeit von Unternehmertum und Non-Profit-Sektor wird durch Social Entrepreneurs eindeutig widerlegt.

Um die tatsächliche Wirksamkeit dieses Ansatzes zu verdeutlichen, fehlte jedoch bisher die Grundlage für ein professionelles Reporting, das Investoren eine Entscheidungsgrundlage bietet und dem spezifischen Konzept des Social Entrepreneurship gerecht wird. Die vorliegende Arbeit hatte daher zum Ziel, ein Reporting für Social Entrepreneurs zu konzipieren.

Dafür erfolgte nach einer Einführung in den Kontext von Social Entrepreneurship in Deutschland und einer Darstellung der gesellschaftlich determinierten Entstehungsgründe für dieses Phänomen sowie einem Überblick über den Non-Profit-Sektor in Deutschland (Kap. 2) eine Begriffsbestimmung. Es konnten in der Literatur vier konstitutive Merkmale von Social Entrepreneurship identifiziert werden, die auch für die Ausgestaltung eines Reportings von Bedeutung sind (Kap. 3): Zentrale Elemente des Social Entrepreneurship sind das unternehmerische Element, die Organisationsgründung, die Innovation sowie die Social Value Proposition. Ein Social Entrepreneur kann somit als ein spezieller Typus des Entrepreneurs definiert werden, der mit seiner Organisation durch das Anbieten einer Social Value Proposition unternehmerisch und innovativ positiven gesellschaftlichen Wandel bewirken möchte.

In Kapitel 4 wurden dann aus der klassischen Reportingliteratur wesentliche Anforderungen an ein professionelles Reporting im Social Entrepreneurship abgeleitet. Reporting, definiert als umfassende externe Unternehmensberichterstattung, muss grundlegend die Funktionen Entscheidungsunterstützung, d. h. Informationsvermittlung vor einer Entscheidung (ex ante), sowie Rechenschaftslegung, d. h. Informationsvermittlung über die Ergebnisse einer Entscheidung (ex post), erfüllen (Kap. 4.2). In einem weiteren Schritt wurden dann allgemeine qualitative und quantitative Rahmenpostulate für ein Reporting dargestellt. Diese umfassen sowohl die Primärgrundsätze Relevanz und Zuverlässigkeit (Kap. 4.3.2) als auch die Sekundärgrundsätze Vergleichbarkeit und Konsistenz (Kap. 4.3.3). Die quantitativen Grundsätze Wesentlichkeit und Angemessenheit wirken in der Folge einschränkend im Hinblick auf Umfang und Wirtschaftlichkeit eines Reportings (Kap. 4.3.4). Anschließend wurden die Adressaten eines Reportings im Social Entrepreneurship und deren Informationsbedarf theoretisch ermittelt (Kap. 4.4). Als direkte Adressaten mit originärem Informationsbedarf können öffentliche Einrichtungen, private Investoren, ehrenamtliche Mitarbeiter sowie ggf. Kunden identifiziert werden. Die interessierte Öffentlichkeit sowie Finanzintermediäre bilden die Gruppe der indirekten Adressaten mit derivativem Informationsbedarf. Das gemeinsame Informationsinteresse dieser insgesamt sechs Adressatengruppen umfasst Angaben hinsichtlich des Erfolgs des Social Entrepreneurs, d. h. des Grads der Zielerreichung, die sie für eine effiziente Allokation ihrer Ressourcen benötigen, sowie zu allen Faktoren, die diesen Erfolg beeinflussen können. Darauf aufbauend konnten zum Abschluss des Kapitels die inhaltlichen Komponenten eines Reportings im Social Entrepreneurship, nämlich Erfolg, Risiko und Organisational Capacity, ermittelt werden (Kap. 4.5).

In einem nächsten Schritt erfolgte die Darstellung und Überprüfung bestehender Modelle zur Erfolgsmessung im Social Entrepreneurship hinsichtlich der ermittelten Anforderungen. Nach einer kurzen Einführung (Kap. 5.1) und der Darstellung der Terminologie sowie allgemeiner Probleme der Erfolgsmessung (Kap. 5.2) wurden – in Anlehnung an die inhaltlichen Determinanten Erfolg, Risiko und Organisational Capacity – in der Reihenfolge ihrer Entstehung Methoden zur Bewertung von Prozessen und Organisational Capacity (Kap. 5.3), Methoden der Erfolgsmessung (Kap. 5.4) sowie Social Ratings (Kap. 5.5) dargestellt und hinsichtlich ihrer Übertragbarkeit auf ein Reporting im Social Entrepreneurship diskutiert. Zusammenfassend konnte festgehalten werden, dass zwar einzelne Indikatoren für ein Reporting im Social Entrepreneurship durchaus relevant sind, jedoch keines der existierenden Konzepte vollständig für diesen Zweck geeignet ist (Kap. 5.6).

Diese Defizite bestehender Methoden in Verbindung mit der zunehmenden Bedeutung des Phänomens Social Entrepreneurship bedingen die Notwendigkeit der Entwicklung eines eigenen Reportingkonzepts für diesen Bereich. Vor dem Hintergrund der Charakteristika von Social Entrepreneurs und der Determinanten eines Reportings erfolgte daher in Kapitel 6 die Strukturierung und Systematisierung von Indikatoren zu einem neuen holistischen Modell für ein Reporting im Social Entrepreneurship. Hierfür wurden mit dem St. Galler Management-Modell die einzelnen Ebenen der Organisational Capacity strukturiert. Die Dimensionen normativ, strategisch und operativ wurden aufgrund der in Kapitel 3 identifizierten Merkmale von Social Entrepreneurs um die Dimension der Person ergänzt. Diese Ebenen des integrierten Managements wurden dann mit den Wirkungs- und Leistungsebenen Outcome (auf der normativen Ebene), Impact (auf der strategischen Ebene) und Output (auf der operativen Ebene) verknüpft. Zusätzlich erfolgte auf jeder Ebene die Definition von Risikoparametern. Mit seinem holistischen Zugang, der es erlaubt, sowohl die Elemente der Organisation selbst als auch ihre Einbindung in die Umwelt zu reflektieren kann dieses Reportingmodell die Basis für eine strukturierte und systematische Erfassung von Informationen über Social Entrepreneurs und ihre Organisationen darstellen.

7.2   Ausblick

Zwar haben gesellschaftliche, ökonomische sowie ökologische Veränderungen die verstärkte Anwendung innovativer marktorientierter Ansätze zur Bewältigung sozialer Probleme mit sich gebracht, allerdings steht die Forschung im Bereich Social Entrepreneurship in Deutschland insgesamt erst am Anfang. In Bezug auf ein leistungsfähiges Reporting könnte eine Erfassung gesamtgesellschaftlicher Kosten sozialer Probleme zu aussagefähigeren Erfolgskennzahlen führen. Weiterer Forschungsbedarf besteht darüber hinaus vor allem hinsichtlich der Untersuchung von Ursache-Wirkungs-Beziehungen sowie der Attributionsproblematik. In Bezug auf seine theoretische Weiterentwicklung ist das Reportingmodell so konzipiert, dass es als Basis für weitere Analysen (z. B. eine Social-Return-on-Investment-Berechnung) anschlussfähig ist und sich auch in unternehmensinterne Monitoringsysteme integrieren sowie für intertemporale Studien anwenden lässt. Durch die strukturierte Datenerhebung in einem Reporting werden darüber hinaus detailliertere Analysen innerhalb spezifischer Themenfelder sowie Langzeitstudien und der Aufbau größerer Datenbanken möglich bspw. zur Untersuchung der Finanzierungs- oder Governancestrukturen von Social Entrepreneurs.

In der Praxis kann ein standardisiertes Reporting die Grundlage für größere Transparenz, qualifiziertere Investitionsentscheidungen und damit für eine effizientere Kapitalallokation sowie eine Professionalisierung des Non-Profit-Sektors darstellen. Hierfür bedarf es einer allgemein akzeptierten Regelung, eines Standards, der von einer kritischen Masse an Akteuren in diesem Bereich unterstützt und angewandt wird. Ziel eines solchen sozialen Reportingstandards wäre die Überwindung der Fragmentierung und Intransparenz innerhalb des Non-Profit-Sektors. Außerdem müssen sich die dafür notwendige Infrastruktur (bspw. IT-Unterstützung) sowie Intermediäre (bspw. Wirtschaftsprüfer) herausbilden. Wünschenswert wäre darüber hinaus mittelfristig eine Testierbarkeit des Standards und seine Ausweitung auf andere Non-Profit-Organisationen. Dies wären erste Schritte hin zu funktionierenden sozialen Kapitalmärkten.

Literaturverzeichnis

Achleitner, A.-K. (2006): „Social Entrepreneurship" – Idee und Potenzial des unternehmerischen Herangehens an gesellschaftliche Probleme, http://programmdebate.spd.de/servlet/PB/menu/1690606/index.html [Stand: 08.12 2006].

Achleitner, A.-K. (2007): Social Entrepreneurship und Venture Philanthropy – Erste Ansätze in Deutschland, in: I. Hausladen (Hrsg.): Management am Puls der Zeit. Festschrift für Univ. Prof. Dr. Dr. h.c. mult. Horst Wildemann, Band 1: Unternehmensführung, München, S. 57–70.

Achleitner, A.-K./Bassen, A. (2003): Grundüberlegungen zum Controlling in jungen Unternehmen, in: A.-K. Achleitner/A. Bassen (Hrsg.): Controlling von jungen Unternehmen, Stuttgart, S. 3–23.

Achleitner, A.-K./Bassen, A./Roder, B./Lütjens, L. (2009a): Ein Reporting Standard für Social Entrepreneurs, in: Ökologisches Wirtschaften, 4 (2009), S. 30–34.

Achleitner, A.-K./Bassen, A./Roder, B./Spiess-Knafl, W. (2009): Reporting in Social Entrepreneurship, Paper presented at the 6th Annual NYU-Stern Conference on Social Entrepreneurship, New York.

Achleitner, A.-K./Pöllath, R./Stahl, E. (Hrsg.) (2007): Finanzierung von Sozialunternehmern. Konzepte zur finanziellen Unterstützung von Social Entrepreneurs, Stuttgart.

Acumen Fund (2007): The Best Available Charitable Option, New York.

Acumen Fund (2009): Portfolios, http://www.acumenfund.org/investments/portfolios.html [Stand: 27.08.2009].

Alchian, A. A. (1969): Information Costs, Pricing, and Resource Unemployment, in: Western Economic Journal, 7 (2), S. 109–128.

Alliance Magazine (2007): BACO to help Acumen rate investments, in: Alliance, 12 (1), S. 7.

Alparslan, A. (2006): Strukturalistische Prinzipal-Agent-Theorie, Wiesbaden.

Alter, K. (2004): Social Enterprise Typology, Washington D.C.

Alvord, S. H./Brown, L. D./Letts, C. (2004): Social Entrepreneurship and Social Trans-formation: An Exploratory Study, in: Journal of Applied Behavioral Science, 40 (3), S. 260–282.

Amin, A. (2004): Regulating economic globalization, in: Transactions of the Institute of British Geographers, 29 (2), S. 217–233.

Anderson, B. B./Dees, J. G. (2006): Rhetoric, Reality, and Research: Building a Solid Foundation for the Practice of Social Entrepreneurship, in: A. Nicholls (Hrsg.): Social Entrepreneurship. New Models of Sustainable Change, Oxford, New York, S. 144–168.

Anheier, H. K. (1997): Der Dritte Sektor in Zahlen: Ein sozial-ökonomisches Porträt, in: H. K. Anheier/E. Priller/W. Seibel/A. Zimmer (Hrsg.): Der Dritte Sektor in Deutschland. Organisationen zwischen Staat und Markt im gesellschaftlichen Wandel, Berlin, S. 29–74.

Anheier, H. K. (2005): Nonprofit organizations: theory, management, policy, New York.

Anheier, H. K./Leat, D. (2006): Creative Philanthropy, New York.

Anheier, H. K./Priller, E./Seibel, W./Zimmer, A. (Hrsg.) (1997a): Der Dritte Sektor in Deutschland. Organisationen zwischen Staat und Markt im gesellschaftlichen Wandel, Berlin.

Anheier, H. K./Priller, E./Seibel, W./Zimmer, A. (1997b): Einführung, in: H. K. Anheier/E. Priller/W. Seibel/A. Zimmer (Hrsg.): Der Dritte Sektor in Deutschland. Organisationen zwischen Staat und Markt im gesellschaftlichen Wandel, Berlin, S. 13–25.

Anheier, H. K./Salamon, L. M. (2006): The Nonprofit Sector in Comparative Perspective, in: W. W. Powell/R. Steinberg (Hrsg.): The nonprofit sector: a research handbook, 2. Aufl., New Haven, Conn. u. a., S. 89–114.

Anheier, H. K./Seibel, W. (1993): Defining the Nonprofit Sector: Germany, The Johns Hopkins University, Baltimore.

Anheier, H. K./Seibel, W./Priller, E./Zimmer, A. (2002): Der Nonprofit Sektor in Deutschland, in: C. Badelt (Hrsg.): Handbuch der Nonprofit Organisation: Strukturen und Management, Stuttgart, S. 19–44.

Anthony, R. N. (1978): Financial Accounting in Nonbusiness Organizations: An Exploratory Study of Conceptual Issues, Stamford/Connecticut.

Armstrong, K. (2006): Social Enterprise Impact Assessment Project: A Literature Review.

Arthurs, J. D./Busenitz, L. W. (2003): The Boundaries and Limitations of Agency Theory and Stewardship Theory in the Venture Capitalist/Entrepreneur Relationship, in: Entrepreneurship: Theory & Practice, 28 (2), S. 145–162.

Ashoka/Schwab Foundation (2009): Wissen, was wirkt. Soziale Investoren treffen Deutschlands führende Social Entrepreneurs, Berlin.

Auerswald, P. (2009): Creating Social Value, in: Stanford Social Innovation Review, Spring, S. 51–55.

Austin, J. E./Stevenson, H./Wei-Skillern, J. (2006): Social and Commercial Entrepreneurship: Same, Different, or Both, in: Entrepreneurship Theory & Practice, 30 (1), S. 1–22.

Bacchiega, A./Borzaga, C. (2003): The Economics of the Third Sector. Toward a More Comprehensive Approach, in: H. K. Anheier/A. Ben-Ner (Hrsg.): The Study of the Nonprofit Enterprise. Theories and Approaches, New York, S. 27–48.

Backer, T. (2001): Strengthening Nonprofits. Foundation Initiatives for Nonprofit Organizations, in: C. J. DeVita/C. Fleming (Hrsg.): Building Capacity in Nonprofit Organizations, Washington D.C., S. 31–83.

Backer, T./Bleeg, J. E./Groves, K. (2004): The expanding universe: New directions in nonprofit capacity building, Washington D.C.

Badelt, C. (2002a): Zielsetzungen und Inhalte des „Handbuchs der Nonprofit Organisation", in: C. Badelt (Hrsg.): Handbuch der Nonprofit Organisation: Strukturen und Management, Stuttgart, S. 3–18.

Badelt, C. (2002b): Zwischen Marktversagen und Staatsversagen? Nonprofit Organisationen aus sozioökonomischer Sicht, in: C. Badelt (Hrsg.): Handbuch der Nonprofit Organisation: Strukturen und Management, Stuttgart, S. 107–128.

Badelt, C. (2003): Entrepreneurship in Nonprofit Organizations. Its Role in Theory and in the Real World Nonprofit Sector, in: H. K. Anheier/A. Ben-Ner (Hrsg.): The Study of the Nonprofit Enterprise. Theories and Approaches, New York, S. 139–159.

Baetge, J./Kirsch, H.-J./Thiele, S. (2007): Bilanzen, 9., aktual. Aufl., Düsseldorf.

Baetge, J./Roß, H.-P. (1995): Was bedeutet „fair presentation"?, in: W. Ballwieser (Hrsg.): US-amerikanische Rechnungslegung, Stuttgart, S. 27–43.

Ballwieser, W. (1982): Zur Begründbarkeit informationsorientierter Jahresabschlußverbesserungen, in: Zfbf Schmalenbachs Zeitschrift für Betriebswirtschaftliche Forschung, 34 (8/9), S. 772–793.

Bank of England (2003): Financing Social Enterprises, London.

Barr, A./Hashagen, S. (2000): Achieving better community development: A framework for evaluating community development, CDF Publications, London.

Barendsen, L./Gardner, H. (2004): Is the Social Entrepreneur a New Type of Leader? in: Leader to Leader, 34 (Fall), S. 43–50.

Barman, E. (2007): What is the Bottom Line for Nonprofit Organizations? A History of Measurement in the British Voluntary Sector, in: Voluntas: International Journal of Voluntary and Nonprofit Organizations, 18, S. 101–115.

Barro, R. (2007): Bill Gates's Charitable Vistas, in: The Wall Street Journal, S. A17.

Baser, H./Morgan, P. (2008): Capacity, Change and Performance. Discussion Paper No. 59B.

Bassen, A./Roder, B. (2009): Social Entrepreneurship – Ein Thema für junge Menschen?, in: B. Hekmann (Hrsg.): Generation Unternehmer? Youth Entrepreneurship Education in Deutschland, Gütersloh, S. 271–282.

Baumgartner, I. (2009): Trend zum „Neuen Ehrenamt", http://www.katholisch.de/3765.html [Stand: 11.07.2009].

Bea, F.-X./Göbel, E. (1999): Organisation. Theorie und Gestaltung, Stuttgart.

Bell-Rose, S. (2004): Using Performance Metrics to Assess Impact, in: S. Oster/C. W. Massarsky/S. L. Beinhacker (Hrsg.): Generating and Sustaining Nonprofit Earned Income: A Guide to Successful Enterprise Strategies, San Francisco, S. 268–280.

Bellmann, L./Dathe, D./Kistler, E. (2002): Der „Dritte Sektor": Beschäftigungspotenziale zwischen Markt und Staat, Nürnberg.

Ben-Ner, A. (1986): Nonprofit Organizations: Why Do They Exist in Market Economics, in: S. Rose-Ackerman (Hrsg.): The economics of nonprofit institutions: studies in structure and policy, New York u. a., S. 94–113.

Ben-Ner, A. (2006): For-profit, state, and non-profit: how to cut the pie among the three sectors, in: J.-P. Touffut/Centre Cournot pour la Recherche en Economie (Hrsg.): Advancing public goods, Cheltenham u. a., S. 40–67.

Ben-Ner, A./Gui, B. (2003): The Theory of Nonprofit Organizations Revisited, in: H. K. Anheier/A. Ben-Ner (Hrsg.): The Study of the Nonprofit Enterprise. Theories and Approaches, New York, S. 3–26.

Ben-Ner, A./VanHoomissen, T. C. (1991): Nonprofit organizations in the mixed economy: a demand and supply analysis, in: A. Ben-Ner/B. Gui (Hrsg.): The Non-profit sector in the mixed economy, S. 27–58.

Berens, W./Karlowitsch, M./Mertes, M. (2001): Performance Measurement und Balanced Scorecard in Non-Profit-Organisationen, in: N. Klingebiel (Hrsg.): Performance Measurement & Balanced Scorecard, München, S. 277–297.

Bergmann, G./Daub, J. (2006): Systemisches Innovations- und Kompetenzmanagement. Grundlagen – Prozesse – Perspektiven, Wiesbaden.

Berman, E.M. (2006): Performance and productivity in public and nonprofit organizations, 2. Aufl., Armonk.

Bernstein, P. L. (2004): Wider die Götter: die Geschichte der modernen Risikogesellschaft, 4., überarb. dt. Aufl., Hamburg.

Bertelsmann Stiftung (2008a): Engagement mit Wirkung. Warum Transparenz über die Wirkungen gemeinnütziger Aktivitäten wichtig ist, Gütersloh.

Bertelsmann Stiftung (2008b): Zukunft Quartier – Lebensräume zum Älterwerden. Positionspapier des Netzwerks: Soziales neu gestalten (SONG) zum demographischen Wandel, Gütersloh.

Beutel, J. (2006): Mikroökonomie, München u. a.

Bitz, M./Stark, G. (2008): Finanzdienstleistungen. Darstellung, Analyse, Kritik., 8. Aufl., München.

Black, D. (1948): On the Rationale of Group Decision-making, in: The Journal of Political Economy, 56 (1), S. 23–34.

Bleicher, K. (2001): Das Konzept integriertes Management: Visionen, Missionen, Programme, 6. Aufl., Frankfurt/Main.

Bleicher, K. (2002): Integriertes Management als Herausforderung, in: S. Schwendt/D. Funck (Hrsg.): Integrierte Managementsysteme. Konzepte, Werkzeuge, Erfahrungen, Heidelberg, S. 1–24.

Blohm, H. (1981): Stichwort Geschäftsbericht und Rechnungswesen, in: E. Kosiol/C. K. (Hrsg.): Handwörterbuch des Rechnungswesens (HWR), 2. Aufl., Stuttgart S. 581–584.

Böcking, H.-J. (1998): Zum Verhältnis von Rechnungslegung und Kapitalmarkt: Vom „financial accounting" zum „business reporting", in: Rechnungslegung und Steuern international (Sonderheft 40), S. 17–53.

Bonini, S./Robertson, S./Scholten, P./Tolmach, R. (2005): Eine Basismethodik für Social Return On Investment.

Bornstein, D. (2006): Die Welt verändern. Social Entrepreneurs und die Kraft neuer Ideen, 2. Aufl., Stuttgart.

Borzaga, C./Santuari, A. (2000): The Innovative Trends in the Non-Profit Sector in Europe: The Emergence of Social Enterprise, Washington D.C.

Boschee, J. (1995): Some nonprofits are not only thinking about the unthinkable, they're doing it – running a profit, in: Across the Board.

Boschee, J./McClurg, J. (2003): Towards a Better Understanding of Social Entrepreneurship: Some Important Distinctions.

Botosan, C. A. (1997): Disclosure level and the cost of equity capital, in: Accounting Review, 72 (3), S. 323.

Bowen, H. R. (1943): The Interpretation of Voting in the Allocation of Economic Resources, in: The Quarterly Journal of Economics, 58 (1), S. 27–48.

Bradach, J. (2003): Going to Scale: The Challenge of Replicating Social Programs, http://www.fuqua.duke.edu/centers/case/documents/goingtoscale_ bradach.pdf [Stand: 20.07.2007].

Breid, V. (1995): Aussagefähigkeit agencytheoretischer Ansätze im Hinblick auf die Verhaltenssteuerung von Entscheidungsträgern, in: Zeitschrift für betriebswirtschaftliche Forschung, 47, S. 821–854.

Brennan, M./Tamarowski, C. (2000): Investor relations, liquidity, and stock prices, in: Journal of Applied Corporate Finance, 12 (4), S. 26–38.

Brinckerhoff, P. C. (2000): Social Entrepreneurship: The Art of Mission-Based Venture Development, New York u. a.

Brixy, U./Hessels, J./Hundt, C./Sternberg, R./Stüber, H. (2009): Global Entrepreneurship Monitor. Unternehmensgründungen im weltweiten Vergleich. Länderbericht Deutschland 2008, Hannover, Nürnberg.

Brüderl, J./Preisendörfer, P./Baumann, A. (1991): Determinanten der Überlebenschancen neugegründeter Kleinbetriebe, Nürnberg.

Brüderl, J./Preisendörfer, P./Ziegler, R. (1998): Der Erfolg neugegründeter Betriebe: Eine empirische Studie zu den Chancen und Risiken von Unternehmensgründungen 2. Aufl., Berlin.

Brühl, R. (2004): Controlling, München.

Buchholtz, K. (2001): Verwaltungssteuerung mit Kosten- und Leistungsrechnung: Internationale Erfahrungen, Anforderungen und Konzepte, Wiesbaden.

Budäus, D. (Hrsg.) (2005): Governance von Profit- und Nonprofit-Organisationen in gesellschaftlicher Verantwortung, Wiesbaden.

Budäus, D./Hilgers, D. (2009): Öffentliches Risikomanagement – zukünftige Herausforderungen an Staat und Verwaltung, in: F. Scholz/A. Schuler/H.-P. Schwintowski (Hrsg.): Risikomanagement der Öffentlichen Hand, Heidelberg, S. 17–77.

Bundesministerium der Finanzen (2009): Die Krise reißt ein Loch in den Haushalt, http://www.bundesfinanzministerium.de/nn_53848/sid_1DF96234683652B0272E65 BB6017743E/DE/BMF__Startseite/Klartext/190609__Haushalt.html?__nnn=true [Stand: 12.07.2009].

Bundesrechnungshof (1998): Erfolgskontrolle finanzwirksamer Maßnahmen in der öffentlichen Verwaltung. Gutachten der Präsidentin des Bundesrechnungshofes als Bundesbeauftragte für die Wirtschaftlichkeit in der Verwaltung (BWV), Stuttgart.

Bundesverband Deutscher Stiftungen (2009): Stiftungen in Zahlen. Errichtungen und Bestand rechtsfähiger Stiftungen des bürgerlichen Rechts in Deutschland im Jahr 2008, Berlin.

Bureau of Primary Health Care (BPHC) (1995): Definition of Capacity Building: Indicators and Checklists, Washington D.C.

Buschle, N. (2006): Spenden in Deutschland. Ergebnisse der Einkommensteuerstatistik 2001, Wiesbaden.

Buschor, E. (1994a): Introduction: From Advanced Public Accounting via Performance Measurement to New Public Management, in: E. Buschor/ K. Schedler (Hrsg.): Perspectives on Performance Measurement and Public Sector Accounting, Bern u. a., S. VII–XVIII.

Buschor, E. (1994b): Von der Kameralistik zur Kosten-Leistungsrechnung, in: K. Morath (Hrsg.): Wirtschaftlichkeit der öffentlichen Verwaltung. Reformkonzepte, Reformpraxis, Frankfurt/Main, S. 25–39.

Caloia, A. (2003): The social entrepreneur, Conference Paper for "Business as a Calling, The Calling of Business – The fifth International Symposium on Catholic Thought and Management Education", Bilbao.

Campbell, D. (2002): Outcomes Assessment and the Paradox of Nonprofit Accountability, in: Nonprofit Management & Leadership, 12 (3), S. 243.

Cantillon, R. (1931): Essay on the nature of commerce in general, New York.

CARE Somalia: Capacity Assessment Tool (CAT I), www.careinternational.org.uk/download. php?id=39 [Stand: 12.07.2009].

Casson, M. (2003): The entrepreneur: an economic theory, 2. Aufl., Cheltenham.

Chen, S./Ravallion, M. (2008): The Developing World is Poorer than We Thought, But No Less Successful in the Fight Against Poverty, The World Bank, Washington.

Chmielewicz, K. (1981): Unternehmungsziele und Rechnungswesen, in: E. Kosiol/K. Chmielewicz/M. Schweitzer (Hrsg.): Handwörterbuch des Rechnungswesens, 2. Aufl., Stuttgart, S. 1606–1616.

Cho, A.H. (2006): Politics, Values and Social Entrepreneurship: A Critical Appraisal, in: J. Mair/J. Robinson/K. Hockerts (Hrsg.): Social Entrepreneurship, New York u. a., S. 34–56.

Clark, C./Rosenzweig, W./Long, D./Olsen, S. (2004): Double Bottom Line Project Report: Assessing Social Impact in Double Line Ventures.

Coase, R. H. (1937): The Nature of the Firm, in: Economica, 4, S. 386–405.

Coase, R. H. (1988): The Nature of the Firm: Origin, in: Journal of Law, Economics, & Organization, 4 (1), S. 3–17.

Cohen, J. M. (1993): Building Sustainable Public Sector Managerial, Professional, and Technical Capacity: A Framework for Analysis and Intervention, Harvard Institute for International Development. Harvard University.

Collins, O. F./Moore, D. G./Unwalla, D. B. (1964): The enterprising man, East Lansing.

Connolly, P./Lukas, C. (2004): Strengthening nonprofit performance: A funder's guide to capacity building, 2. Aufl., St. Paul.

Coy, D./Fischer, M./Gordon, T. (2001): Public accountability: a new paradigm for college and university annual reports, in: Critical Perspectives on Accounting, 12 (1), S. 1–31.

Davis, J. H./Schoorman, F. D./Donaldson, L. (1997): Toward a Stewardship Theory of Management, in: The Academy of Management Review, 22 (1), S. 20–47.

Davis, S. M. (2002): Social Entrepreneurship: Towards an Entrepreneurial Culture for Social and Economic Development, Prepared by request for the Youth Employment Summit, September 7–11, 2002.

Dawes, G. (2004): Rechnungslegungsgrundsätze in England und Wales gemäß den Rechnungslegungsempfehlungen für gemeinnützige Organisationen (UK Charities SORP), in: H. Kötz/P. Rawert/K. Schmidt/W.-R. Walz (Hrsg.): Rechnungslegung und Transparenz im Dritten Sektor, Köln, u. a., S. 75–117.

Dees, J.G. (1998): Enterprising Nonprofits, in: Harvard Business Review, 76 (1), S. 54–67.

Dees, J. G. (2001): The Meaning of "Social Entrepreneurship", Duke University, Fuqua School of Business.

Dees, J. G./Anderson, B. B. (2004): For-Profit Social Ventures, in: International Journal of Entrepreneurship Education, 2 (1, Special Issue on Social Entrepreneurship), S. 1–26.

Dees, J. G./Anderson, B. B./Wei-Skillern, J. (2002): Pathways to Social Impact: Strategies for Scaling Out Successful Social Innovations, 05.07.2007.

Defourny, J. (2001a): Introduction. From third sector to social enterprise, in: C. Borzaga/J. Defourny (Hrsg.): The Emergence of Social Enterprise, London u. a., S. 1–28.

Defourny, J. (2001b): Introduction. From third sector to social enterprise, in: C. Borzaga/J. Defourny (Hrsg.): The Emergence of Social Enterprise, London u. a., S. 1–28.

Defourny, J./Nyssens, M. (2006): Defining Social Enterprise, in: M. Nyssens (Hrsg.): Social Enterprise – At the crossroads of market, public policies and civil society, London and New York, S. 3–26.

DeVita, C. J./Fleming, C./Twombly, E. C. (2001): Building Nonprofit Capacity. A Framework for Addressing the Problem, in: C. J. DeVita/C. Fleming (Hrsg.): Building Capacity in Nonprofit Organizations, Washington D.C., S. 5–30.

Diehl, J. (2002): Hilfswerk sucht Hilfe, http://www.spiegel.de/politik/deutschland/0,1518,536 641,00.html [Stand: 20.02.2008].

DiMaggio, P. J./Anheier, H. K. (1990): The Sociology of Nonprofit Organizations and Sectors, in: Annual Review of Sociology, 16 (1), S. 137–159.

Domini, A. (2001): Socially Responsible Investing – Making a Difference and Making Money, Chicago.

Donaldson, L. (1990): The Ethereal Hand: Organizational Economics and Management Theory, in: Academy of Management Review, 15 (3), S. 369–381.

Donaldson, L./Davis, J. H. (1991): Stewardship Theory or Agency Theory: CEO Governance and Shareholder Returns, in: Australian Journal of Management, 16 (1), S. 49.

Dowling, M./Drumm, H. J. (2003): Gründungsmanagement. Vom erfolgreichen Unternehmensstart zu dauerhaftem Wachstum, 2. Aufl., Berlin.

Downs, A. (1957): An economic theory of democracy, New York, NY.

Doyle, P. J. (2008): Contemporary Sociological Theory. An Integrated Multi-Level Approach, New York.

Drayton, B. (2005): Social Entrepreneurs: Creating a Competitive and Entrepreneurial Citizen Sector, www.changemakers.net/library/readings/drayton.cfm [Stand: 09.03.2007].

Drucker, P. E./Gendron, G. (1996): Flashes of Genius, in: Inc. Magazine, 15.05.1996.

Drucker, P. F. (1985): Innovations-Management für Wirtschaft und Politik, Düsseldorf und Wien.

Drucker, P. F. (2007): Innovation and Entrepreneurship: Practice and Principles, Amsterdam.

Eder, N. (1999): Buchrezension Stefan Brüne: Erfolgskontrolle in der entwicklungspolitischen Zusammenarbeit, http://www.fes.de/ipg/ipg3_99/rezeder. html [Stand: 05.02.2007].

Eichhorn, P. (1997): Öffentliche Betriebswirtschaftlehre – Beiträge zur BWL der öffentlichen Verwaltung und der öffentlichen Unternehmen, Berlin.

Eichhorn, P. (2001): Konstitutive Merkmale von Non-Profit-Organisationen, in: D. Witt/C. Eckstaller/P. Faller (Hrsg.): Non-Profit-Management im Aufwind? Festschrift für Karl Oettle zum 75. Geburtstag, Wiesbaden, S. 45–52.

Eisenhardt, K. (2009): Die Balanced Scorecard als kennzahlengestütztes Managementsystem für Verbände und Organisationen, Vöhringen.

Eisenhardt, K. M. (1989): Agency Theory: An Assessment and Review, in: Academy of Management Review, 14 (1), S. 57–74.

Elman, C. (2005): Explanatory Typologies in Qualitative Studies of International Politics, in: International Organization, 59 (2), S. 293–326.

Elschen, R. (1991): Gegenstand und Anwendungsmöglichkeiten der Agency-Theorie, in: Zeitschrift für betriebswirtschaftliche Forschung und Praxis, 43, S. 1002–1012.

Emerson, J. (2001): Understanding Risk: The Social Entrepreneur, and Risk Management, in: J. G. Dees/J. Emerson/P. Economy (Hrsg.): Enterprising nonprofits: a toolkit for social entrepreneurs, New York, S. 125–160.

Emerson, J. (2003): The Blended Value Proposition: Integrating Social and Financial Returns, in: California Management Review, 45 (4), S. 35–51.

Emerson, J./Bonini, S./Brehm, K. (2003): The Blended Value Map: Tracking the Intersects and Opportunities of Economic, Social and Environmental Value Creation.

Emerson, J./Wachowicz, J./Chun, S. (2000): Social Return on Investment: Exploring Aspects of Value Creation in the Nonprofit Sector, San Francisco.

Erlei, M./Leschka, M./Sauerland, D. (2007): Neue Institutionenökonomik, 2. Aufl., Stuttgart.

Ernst, E. (2002): Internationale Harmonisierung der Rechnungslegung und ihre Fortentwicklung – Anforderungen an börsennotierte Großkonzerne in Deutschland, in: zfbf Schmalenbachs Zeitschrift für Betriebswirtschaftliche Forschung, 54, S. 181–190.

Etzioni, A. (1973): The Third Sector and Domestic Missions, in: Public Administration Review, 33 (4), S. 314–323.

European Foundation for Quality Management (2003): Die Grundkonzepte der Excellence, Brüssel.

Evers, A./Schulze-Böing, M. (2001): Germany: Social enterprise and transitional employment, in: C. Borzaga/J. Defourny (Hrsg.): The Emergence of Social Enterprise, London u. a., S. 120–135.

Fallgatter, M. J. (2002): Theorie des Entrepreneurship. Perspektiven zur Erforschung der Entstehung und Entwicklung junger Unternehmungen, Wiesbaden.

Fallgatter, M. J. (2004): Entrepreneurship: Konturen einer jungen Disziplin, in: zfbf Schmalenbachs Zeitschrift für betriebswirtschaftliche Forschung, 56, S. 23–44.

Fama, E. F. (1980): Agency Problems and the Theory of the Firm, in: The Journal of Political Economy, 88 (2), S. 288–307.

Fama, E. F./Jensen, M. C. (1983): Separation of Ownership and Control, in: Journal of Law & Economics, 26 (2), S. 301–326.

Farkas, F./Molnár, M. (2003): Towards a Universal Standard of Nonprofit Accountability: "Standard of Standards" in NGO Accountability?, University of Pécs – Faculty of Business and Economics, Pécs.

Farny, D. (1989): Risk Management und Planung, in: N. Szyperski (Hrsg.): Handwörterbuch der Planung, Stuttgart, S. 1749–1758.

Felix, R. (2003): A proposed taxonomy of management systems, in: Systems Research & Behavioral Science, 20 (1), S. 21–29.

Financial Accounting Standard Board (1980): Statement of Financial Accouting Concepts No. 2. Qualitative Characteristics of Accouting Information, Norwalk.

Financial Accounting Standards Board (1980a): Statement of Financial Accounting Concepts No. 2, Norwalk.

Financial Accounting Standards Board (1980b): Statement of Financial Accounting Concepts No. 4, Norwalk.

Fleige, T. (Hrsg.) (1989): Zielbezogene Rechnungslegung und Berichterstattung von Kommunen: Untersuchung zur Erweiterung der kommunalen Jahresrechnung, Münster.

Fojcik, T.-M. (2007): Erfolgsnachweis von Non-Financials bei Social Entrepreneurs – Möglichkeiten und Grenzen, Universität Hamburg, Hamburg.

Fojcik, T.-M./Koch, G. (2009): Social Entrepreneurs – Fakt oder Fiktion? Eine kritische Untersuchung, Zeppelin-University Friedrichshafen.

Förderkreis Gründungs-Forschung e. V. (2009): Entrepreneurshiplehrstühle, http://www.fgfev.de/structure_default/main.asp?G=111327&A=1&S=mh2Klg24UP24E70739VlS0v232g33BM0024Wi3pzBxLgJ706r44431&N=136904&ID=-1&P=&O=&L=1031 [Stand: 27.06.2009].

Fowler, A. (2000): NGDOs as a moment in history: beyond aid to social entrepreneurship or civic innovation, in: Third World Quarterly, 21 (4), S. 637–654.

Fried, V. H./Hisrich, R. D. (1994): Toward a Model of Venture Capital Investment Decision Making, in: Financial Management, 23 (3), S. 28–37.

Friedag, H. R./Schmidt, W. (2007): Balanced Scorecard, 3. Aufl., Planegg/München.

Frischen, K. (2007): Die Finanzierung der Person durch Ashoka, in: A.-K. Achleitner/R. Pöllath/E. Stahl (Hrsg.): Finanzierung von Sozialunternehmern. Konzepte zur finanziellen Unterstützung von Social Entrepreneurs, Stuttgart, S. 151–160.

Fueglistaller, U./Müller, C./Volery, T. (2004): Social Entrepreneurship, in: U. Fueglistaller/C. Müller/T. Volery (Hrsg.): Entrepreneurship, Wiesbaden, S. 441–462.

Funck, D. (2002): Konzeptionelle Anforderungen an Integrierte Managementsysteme, in: S. Schwendt/D. Funck (Hrsg.): Integrierte Managementsysteme. Konzepte, Werkzeuge, Erfahrungen, Heidelberg, S. 25–44.

Gazier, B./Touffut, J.-P. (2006): Introduction: public goods, social enactions, in: J.-P. Touffut/Centre Cournot pour la Recherche en Economie (Hrsg.): Advancing public goods, Cheltenham u. a.

Gergs, H.-J. (2007): Vom Sozialmanagement zum Social Entrepreneurship – Sozialen Mehrwert schaffen durch unternehmerisches Denken und Handeln, in: J. König/C. Oerthel/H. J. Puch (Hrsg.): Mehrwert des Sozialen – Gewinn für die Gesellschaft, München, S. 21–33.

Global Reporting Initative (2006): Leitfaden zur Nachhaltigkeitsberichterstattung, Version 3.0, Lüneburg.

Göbel, E. (2002): Neue Institutionenökonomik, Stuttgart.

Godeke, S./Bauer, D. (2008): Philanthropy's New Pasing Gear: Mission-Related Investing. A Policy and Implementation Guide for Foundation Trustees.

Goetzke, W. (1979): Aufgabenanalyse als Grundlage der Gestaltung des Rechnungswesens nicht erwerbswirtschaftlicher Betriebe, in: BFuP Betriebswirtschaftliche Forschung und Praxis, 31 (6), S. 517–535.

Gomez, P./Zimmermann, T. (1993): Unternehmensorganisation: Profile, Dynamik, Methodik, Frankfurt/Main u. a.

Greenhalgh, T./Robert, G./Macfarlane, F./Bate, P./Kyriakidou, O. (2004): Diffusion of Innovations in Service Organizations: Systematic Review and Recommendations, in: Milbank Quarterly, 82 (4), S. 581–629.

162   Literaturverzeichnis

Greiling, D. (2007): Performance Measurement in Nonprofit Organisationen, Wiesbaden.

Greiner, L. E. (1972): Evolution and revolution as organizations grow, in: Harvard Business Review, 50 (4), S. 37–46.

Grochla, E. (1972): Unternehmungsorganisation, Reinbek bei Hamburg.

Guclu, A./Dees, J. G./Anderson, B. B. (2002): The Process of Social Entrepreneurship: Creating Opportunities Worthy of Serious Pursuit, Duke-Fuqua School of Business.

Guth, W. D./Ginsberg, A. (1990): Guest Editors' Introduction: Corporate Entrepreneurship, in: Strategic Management Journal, 11, S. 5–15.

Haddad, T. (1998): Balanced Scorecard, in: E. R. (Hrsg.): Führungsinstrumente für Nonprofit-Organisationen, Stuttgart, S. 58–63.

Hafenmayer, W. (2007): Kooperationen zwischen Non- und For-Profit-Unternehmen, in: A.-K. Achleitner/R. Pöllath/E. Stahl (Hrsg.): Finanzierung von Sozialunternehmern. Konzepte zur finanziellen Unterstützung von Social Entrepreneurs, Stuttgart, S. 184–191.

Haller, A. (1995): Wesentliche Ziele und Merkmale US-amerikanischer Rechnungslegung, in: W. Ballwieser (Hrsg.): US-amerikanische Rechnungslegung, Stuttgart, S. 1–26.

Hansmann, H. B. (1980): The Role of Nonprofit Enterprise, in: The Yale Law Journal, 89 (5), S. 835–901.

Hansmann, H. B. (1986): The Role of Nonprofit Enterprise, in: S. Rose-Ackerman (Hrsg.): The economics of nonprofit institutions: studies in structure and policy, New York u. a., S. 57–84.

Hansmann, H. B. (1987): Economic Theories of Nonprofit Organizations, in: W. W. Powell/R. Steinberg (Hrsg.): The nonprofit sector: a research handbook, 2. Aufl., New Haven, Conn. u. a., S. 27–42.

Hansmann, H. B. (2003): The Role of Trust in Nonprofit Enterprise, in: H. K. Anheier/A. Ben-Ner (Hrsg.): The Study of the Nonprofit Enterprise. Theories and Approaches, New York, S. 115–122.

Harding, R. (2004): Social Enterprise: The New Economic Engine?, in: Business Strategy Review, 15 (4), S. 39–43.

Harms, R. (2004): Entrepreneurship in Wachstumsunternehmen. Unternehmerisches Management als Erfolgsfaktor, Wiesbaden.

Hartigan, P. (2004): The Challenge for Social Entrepreneurship, Genf.

Hartigan, P. (2006): Delivering on the Promise of Social Entrepreneurship: Challenges Faced in Launching a Global Social Capital Market, in: A. Nicholls (Hrsg.): Social Entrepreneurship, New Models of Sustainable Social Change, New York, S. 329–355.

Hartmann-Wendels, T. (1989): Principal-Agent-Theorie und asymmetrische Informationsverteilung, in: ZfB Zeitschrift für Betriebswirtschaft, 59 (7), S. 714–734.

Hauschildt, J. (1993): Innovationsmanagement, München.

Hayek, F. A. (1945): The Use Of Knowledge In Society, in: American Economic Review, 35 (4), S. 519.

Hebert, R. F./Link, A. N. (1989): In Search of the Meaning of Entrepreneurship, in: Small Business Economics, 1 (1), S. 39–49.

Heinen, E. (1976): Grundlagen betriebswirtschaftlicher Entscheidungen: Das Zielsystem der Unternehmung, 3. durchges. Aufl., Wiesbaden.

Heinze, R. G./Olk, T. (1981): Die Wohlfahrtsverbände im System sozialer Dienstleistungsproduktion, in: Kölner Zeitschrift für Soziologie und Sozialpsychologie, 33, S. 94–114.

Helmig, B./Michalski, S. (2007): Wie viel Markt braucht eine Nonprofit-Organisation? in: Die Unternehmung, 61 (4), S. 309–324.

Henson, S./Larson, B. (1990): Risky Business: How to Manage Risk in Your Organization, in: Nonprofit World, 8 (4), S. 27–29.

Henton, D./Melville, J. G./Walesh, K. (1997): Grassroots Leaders for a New Economy: How Civic Entrepreneurs Are Building Prosperous Communities, San Francisco.

Herman, M. L. (2005): Risk Management, in: R. D. Herman (Hrsg.): The Jossey-Bass Handbook of Nonprofit Leadership and Management 2. Aufl., San Francisco, S. 560–584.

Hibbert, S. A./Hogg, G./Quinn, T. (2001): Consumer response to social entrepreneurship: The case of the Big Issue in Scotland, in: International Journal of Nonprofit and Voluntary Sector Marketing, 7 (3), S. 288–301.

Honadle, B. W. (1986): Defining and Doing Capacity Building: Perspectives and Experiences, in: B. W. Honadle/A. M. Howitt (Hrsg.): Perspectives on Management Capacity Building, New York, S. 9–23.

Hopkins, T. J. (1996): Capacity Assessment Guidelines & The Programme Approach: Assessment Levels and Methods, New York.

Horak, C. (1993): Controlling in Nonprofit-Organisationen, Wiesbaden.

Hornsby, J. S./Kuratko, D. F./Zahra, S. A. (2002): Middle managers' perception of the internal environment for corporate entrepreneurship: assessing a measurement scale, in: Journal of Business Venturing, 17 (3), S. 253–273.

Horton, D./Alexaki, A./Bennett-Lartey, S./Brice, K. N./Campilan, D./Carden, F./De Souza Silva, J./Thanh Duong, L./Khadar, I./Maestrey Boza, A./Muniruz-zaman, I. K./Perez, J./ Somarriba Chang, M./Vernooy, R./Watts, J. (2003): Evaluating Capacity Development: Experiences from Research and Development around the World, The Hague u. a.

Hoskisson, R. E./Hitt, M. A./Wan, W. P./Yiu, D. (1999): Theory and research in strategic management: Swings of a pendulum, in: Journal of Management, 25 (3), S. 417–456.

Hotelling, H. (1929): Stability in Competition, in: The Economic Journal, 39 (153), S. 41–57.

Institut der Deutschen Wirtschaftsprüfer (2005): Entwurf für Grundsätze ordnungsmäßiger Prüfung oder prüferischer Durchsicht von Berichten im Bereich der Nachhaltigkeit (IDW EPS 821).

INTERREG Projektpartner (2008): Praxiserfahrungen aus dem INTERREG IIIA-Projekt „SROI-Messmethodik auf dem Gebiet der Integration und Arbeitsmarktqualifikation" 2007–2008, Münster.

iq consult (2009): enterability – ohne Behinderung in die Selbstständigkeit, Berlin.

Jahnke, T. (2007): SROI Kalkulation Enterprise 2001–2006, Berlin.

James, B. G. (1973): The theory of the corporate life cycle, in: Long Range Planning, 6 (2), S. 68–74.

James, E./Rose-Ackerman, S. (1986): The nonprofit enterprise in market economics, Chur u. a.

Javits, C. I. (2008): REDF's Current Approach to SROI.

Jensen, M. C./Meckling, W. H. (1976): Theory of the firm: Managerial behavior, agency costs and ownership structure, in: Journal of Financial Economics, 3 (4), S. 305–360.

John, R. (2006): Venture Philanthropy – The Evolution of High Engagement Philanthropy in Europe, Skoll Centre for Social Entrepreneurship, Said Business School, University of Oxford.

John, R. (2007): Beyond The Cheque: How Venture Philanthropists Add Value, Skoll Centre for Social Entrepreneurship, Said Business School, University of Oxford.

Johnson, S. (2000): Literature Review on Social Entrepreneurship, Edmonton.

Jones, T. M./Wicks, A. C. (1999): Convergent Stakeholder Theory, in: Academy of Management Review, 24 (2), S. 206–221.

Jost, P.-J. (2001): Einführung in die Prinzipal-Agenten-Theorie, in: P.-J. Jost (Hrsg.): Die Prinzipal-Agenten-Theorie in der Betriebswirtschaftslehre, Stuttgart S. 9–43.

Kaplan, R. S./Norton, D. P. (1992): The Balanced Scorecard – Measures That Drive Performance, in: Harvard Business Review, 70 (1), S. 71–79.

Kaplan, R. S./Norton, D. P. (1993): Putting the Balanced Scorecard to Work, in: Harvard Business Review, 71 (5), S. 134–147.

Kaplan, R. S./Norton, D. P. (1996): The Balanced Scorecard: Translating Strategy into Action, Boston.

Kaplan, R. S./Norton, D. P. (2001): Transforming the Balanced Scorecard from Performance Measurement to Strategic Management: Part I, in: Accounting Horizons, 15 (1), S. 87–104.

Karl & Hemmer Finanzökologen (2009): SRI-Markt: Branche wächst stark [Stand: 13.07.2009].

Kehl, K./Then, V. (2008): Bürgerschaftliches Engagement im Kontext von Familie und familiennahen Dienstleistungen: Gemeinschaftliche Wohnmodelle als Ausweg aus dem Unterstützungs- und Pflegedilemma?, Heidelberg.

Kieser, A./Kubicek, H. (1976): Organisation, 2., neubearb. u. erw. Aufl., Berlin u. a.

Kingma, B. R. (1997): Public good theories of the non-profit sector: Weisbrod revisited, in: Voluntas, 8 (2), S. 135–148.

Kirsch, H.-J. (1992): Kostendeckung als Unternehmensziel, Aachen.

Kirzner, I. M. (1973): Competition and Entrepreneurship, Chicago.

Klandt, H. (1999): Gründungsmanagement: Der integrierte Unternehmensplan, 2., vollständig überarb. und stark erw. Aufl., München, Wien.

Kleine, A. (1995): Entscheidungstheoretische Aspekte der Principal-Agent-Theorie, Heidelberg.

Kluge, S. (1999): Empirisch begründete Typenbildung: Zur Konstruktion von Typen und Typologien in der qualitativen Sozialforschung, Opladen.

Knight, F. (1921): Risk, Uncertainty, and Profit, Boston.

Knight, R. M. (1994): Criteria Used by Venture Capitalists: A Cross Cultural Analysis, in: International Small Business Journal, 13 (1), S. 26–37.

König, E. (Hrsg) (1983): Zielorientierte externe Rechnungslegung für die öffentlich-rechtlichen Rundfunkanstalten in der Bundesrepublik Deutschland: Überlegungen zu einer an den Informationsinteressen der Rundfunkteilnehmer ausgerichteten externen Rechnungslegung, München.

Kosiol, E. (1978): Die Unternehmung als wirtschaftliches Aktionszentrum: Einführung in die Betriebswirtschaftslehre, Reinbek bei Hamburg.

Kowalski, M. (2006): Die andere Ökonomie. Sinn statt Gewinn, in: Focus, 17.

KPMG (2003): Rechnungslegung nach US-amerikanischen Grundsätzen: Grundlagen der US-GAAP und SEC-Vorschriften, 3. überarb. und erw. Aufl., Düsseldorf.

Kramer, M. (2005): Measuring Innovation: Evaluation in the Field of Social Entrepreneurship, Boston, San Francisco, Geneva.

Krashinsky, M. (1986): Transaction Costs and a Theory of the Nonprofit Organization, in: S. Rose-Ackerman (Hrsg.): The economics of nonprofit institutions: studies in structure and policy, New York u. a., S. 114–132.

Krashinsky, M. (1997): Stakeholder theories of the non-profit sector: one cut at the economic literature, in: Voluntas, 8 (2), S. 149–161.

Kraus, M./Stegarescu, D. (2005): Non-Profit-Organisationen in Deutschland. Ansatzpunkte für eine Reform des Wohlfahrtsstaats, ZEW-Zentrum für Europäische Wirtschaftsforschung GmbH, Mannheim.

Kruse, H. W. (1978): Grundsätze ordnungsgemäßer Buchführung. Rechtsnatur und Bestimmung, 3. Aufl., Köln.

Kuhlewind, A.-M. (1997): Grundlagen einer Bilanzrechtstheorie in den USA, München.

Kupfernagel, S. (1991): Die Generalnorm für den Jahresabschluß von Kapitalgesellschaften: Herleitung, Ziele und teleologische Auslegung, Frankfurt/Main.

Küpper, H.-U. (Hrsg) (2001): Controlling: Konzeption, Aufgaben und Instrumente, 3., überarb. und erw. Aufl., Stuttgart.

Küpper, H.-U. (2007): Neue Entwicklungen im Hochschulcontrolling, in: Controlling & Management, Sonderheft 3, S. 82–90.

Kupsch, P. (1995): Risikomanagement, in: H. Corsten/M. Reiß (Hrsg.): Handbuch Unternehmungsführung. Konzepte – Instrumente – Schnittstellen, Wiesbaden, S. 529–543.

Küting, K./Reuter, M. (2004): Bilanzierung im Spannungsfeld unterschiedlicher Adressaten, in: DSWR Datenverarbeitung, Steuer, Wirtschaft, Recht 33 (9), S. 230–233.

LaFrance, S./Lee, M./Green, R./Kvaternik, J./Robinson, A./Alarcon, I. (2006): Scaling Capacities. Supports for Growing Impact.

Laliberte, L. (2002): Statistical Capacity Building Indicators. Final Report., Paris.

Lamnek, S. (1993a): Qualitative Sozialforschung. Band 1: Methodologie, 2. überarb. Aufl., Weinheim.

Lamnek, S. (1993b): Qualitative Sozialforschung. Band 2: Methoden und Techniken, 2., überarb. Aufl., Weinheim.

Lantz, E./D. Budäus/C. Reichard/R. Schauer (2002): Leistungs- und Wirkungserfassung in kommunalen Gebietskörperschaften, Hamburg Universität für Wirtschaft und Politik.

Laux, H./Liermann, F. (2005): Grundlagen der Organisation: Die Steuerung von Entscheidungen als Grundproblem der Betriebswirtschaftslehre, 6. Aufl., Berlin u. a.

Lawler, E./Murray, R./Neitzert, E./Sanfilippo, L. (2008): Investing for Social Value – Measuring social return on investment for the Adventure Capital Fund.

Lazarsfeld, P. F. (1937): Some Remarks on the Typological Procedures in Social Research, in: Zeitschrift für Sozialforschung, 6, S. 119–139.

Leadbeater, C. (1997): The Rise of the Social Entrepreneur, London.

Leadbeater, C./Goss, S. (1998): Civic Entrepreneurship, London.

Lechler, T./Gemünden, H. G. (2003): Gründerteams: Chancen und Risiken für den Unternehmenserfolg, Heidelberg, New York.

Leffson, U. (1976): Bilanzfragen, in: J. Baetge (Hrsg.): Methoden und Aufgaben der Ermittlung der Grundsätze ordnungsmäßiger Buchführung, Düsseldorf, S. 51–100.

Leffson, U. (1987): Die Grundsätze ordnungsgemäßer Buchführung, Düsseldorf.

Letts, C./Ryan, W./Grossman, A. (1997): Virtuous Capital: What Foundations Can Learn from Venture Capitalists, in: Harvard Business Review, 75 (2), S. 36–44.

Letts, C./Ryan, W./Grossman, A. (1998): High Performance Nonprofits: Managing Upstream for Greater Impact, New York.

Lev, B. (1992): Information Disclosure Strategy, in: California Management Review, 34 (4), S. 9–32.

Light, P. C. (2004): Sustaining nonprofit performance: the case for capacity building and the evidence to support it, Washington D.C.

Light, P. C. (2005): Searching for Social Entrepreneurs: Who They Might Be, Where They Might Be Found, What They Do, in: R. Mosher-Williams (Hrsg.): Research on Social Entrepreneurship: Understanding and contributing to an emerging field, ARNOVA Occasional Paper Series, 1(3), S. 13–38.

Light, P. C. (2006): Reshaping Social Entrepreneurship, in: Stanford Social Innovation Review (Fall 2006), S. 7.

Light, P. C. (2008): The Search for Social Entrepreneurship, Washington D.C.

Linklaters (2006): Fostering Social Entrepreneurship – Legal, regulatory and tax barriers: a comparative study, Davos.

Linnell, S. (2003): Evaluation of Capacity Building: Lessons from the Field, Washington D.C.

Lohmann, R. A. (1989): And Lettuce Is Nonanimal: Toward a Positive Economics of Voluntary Action, in: Nonprofit and Voluntary Sector Quarterly, 18 (4), S. 367–383.

Low, C. (2006): A framework for the governance of social enterprise, in: International Journal of Social Economics, 33 (5/6), S. 376–385.

Low, M. B./MacMillan, I. C. (1988): Entrepreneurship: Past Research and Future Challenges, in: Journal of Management, 14 (2), S. 139–161.

Löwe, M. (Hrsg) (2003): Rechnungslegung von Nonprofit-Organisationen: Anforderungen und Ausgestaltungsmöglichkeiten unter Berücksichtigung der Regelungen in Deutschland, USA und Großbritannien, Berlin.

Luhmann, N./Baecker, D. (Hrsg) (2004): Einführung in die Systemtheorie, 2. Aufl., Darmstadt

Lumley, T./Langerman, C./Brookes, M. (2005): Funding Success: NPC's approach to analysing charities, London.

Lusthaus, C./Adrien, M.-H./Anderson, G. (1999): Enhancing Organizational Performance: A Toolbox for Self-Assessment, Montréal.

Lusthaus, C./Adrien, M.-H./Anderson, G./Carden, F./Montalván, G. P. (2002): Organizational Assessment. A Framework for Improving Performance, Washington D.C., Ottawa.

Lusthaus, C./Adrien, M.-H./Perstinger, M. (1999): Capacity Development: Definitions, Issues and Implications for Planning, Monitoring and Evaluation, Universalia.

MacMillan, I. C./Siegel, R./Narasimha, P. (1985): Criteria used by venture capitalists to evaluate new venture proposals, in: Journal of Business Venturing (4), S. 119–128.

Maecenata, I. (2006): Bürgerengagement und Zivilgesellschaft in Deutschland. Stand und Perspektiven, März 2006, Berlin.

Mair, J./Martí, I. (2005): Social Entrepreneurship Research: A Source of Explanation, Prediction, and Delight, IESE Business School, Working Paper No. 546.

Mair, J./Noboa, E. (2003): Social Entrepreneurship: How Intentions to Create a Social Enterprise get Formed, Madrid.

Martin, M. (2004): Surveying Social Entrepreneurship, Zentrum für Führung in Gesellschaft und Öffentlichkeit, Universität St. Gallen.

Martin, R. L./Osberg, S. (2007): Social Entrepreneurship: The Case for Definition, in: Stanford Social Innovation Review, Spring 2007, S. 27–39.

Mason, C./Stark, M. (2004): What do Investors Look for in a Business Plan?: A Comparison of the Investment Criteria of Bankers, Venture Capitalists and Business Angels, in: International Small Business Journal, 22 (3), S. 227–248.

McClelland, D. C. (1961): The Achieving Society, Princeton.

McPhee, P./Bare, J. (2001): Introduction, in: C. J. DeVita/C. Fleming (Hrsg.): Building Capacity in Nonprofit Organizations, Washington D.C.

Meusel, D./Gabriel, U. (2002): Geleitwort: Integration und Wirtschaftlichkeit, in: S. Schwendt/ D. Funck (Hrsg.): Integrierte Managementsysteme. Konzepte, Werkzeuge, Erfahrungen, Heidelberg, S. V-VI.

Meyer, A./Mattmüller, R. (1994): Qualität von Dienstleistungen: Entwurf eines praxis-orientierten Qualitätsmodells, in: H. Corsten (Hrsg.): Dienstleistungsmanagement, München, S. 349–367.

Meyer, M. (2007): Wie viel Wettbewerb vertragen NPO? Befunde zum Nutzen und Schaden von Wettbewerb im Dritten Sektor, in: B. Helmig/R. Purtschert/R. Schauer/D. Witt (Hrsg.): Nonprofit-Organisationen und Märkte, Wiesbaden. S. 59–77.

Mikus, B. (2001): Risiken und Risikomanagement – ein Überblick, in: U. Götze/K. Henselmann/B. Mikus (Hrsg.): Risikomanagement, Heidelberg.

Miller, D./Friesen, P. H. (1983): Successful and Unsuccessful Phases of the Corporate Life Cycle, in: Organization Studies, 4 (4), S. 339–356

Mintzberg, H. (1978): Patterns In Strategy Formation, in: Management Science, 24 (9), S. 934–948.

Mintzberg, H. (1984): Power and Organization Life Cycles, in: Academy of Management Review, 9 (2), S. 207–224.

Mizrahi, Y. (2004): Capacity Enhancement Indicators. Review of the Literature, The World Bank, Washington.

Moock, J. L. (2004): Rockefeller Foundation: How We Invest in Capacity Building, New York.

Morgan, P. (1997): The Design and Use of Capacity Development Indicators. Paper Prepared for the Policy Branch of CIDA, Ottawa.

Mort, G. S./Weerawardena, J. (2008): Social entrepreneurship: Advancing research and maintaining relevance, in: A. Sargeant/W. Wymer: The Routledge companion to nonprofit marketing, USA and Canada, S. 209–224.

Mort, G. S./Weerawardena, J./Carnegie, K. (2003): Social entrepreneurship: Towards conceptualisation, in: International Journal of Nonprofit & Voluntary Sector Marketing, 8 (1), S. 76–88.

Moss, T. W./Lumpkin, G. T./Short, J. (2008): The Dependent Variables of Social Entrepreneurship Research, in: Babson College Entrepreneurship Research Conference (BCERC) 2008.

Moxter, A. (1976): Fundamentalgrundsätze ordnungsgemäßer Rechenschaft, in: J. Baetge/A. Moxter/D. Schneider (Hrsg.): Bilanzfragen. Festschrift zum 65. Geburtstag von Prof. Dr. Ulrich Leffson, Düsseldorf, S. 89–99.

Moxter, A. (2003): Grundsätze ordnungsmäßiger Rechnungslegung, Düsseldorf.

Mulgan, G. (2006): Cultivating the Other Invisible Hand of Social Entrepreneurship: Comparative Advantage, Public Policy, and Future Research Priorities, in: A. Nicholls (Hrsg.): Social Entrepreneurship: New Models of Sustainable Social Change, Oxford, S. 74–95.

Müller-Stewens, G./Lechner, C. (2005): Strategisches Management: Wie strategische Initiativen zum Wandel führen, 3. aktual. Aufl., Stuttgart

Musgrave, R. A./Musgrave, P. B./Kullmer, L. (1994): Die öffentlichen Finanzen in Theorie und Praxis, 6., aktual. Aufl., Tübingen.

Mutter, T. (1998): Aussagefähigere Erfolgskontrolle durch verbesserte Methoden, in: S. Brüne (Hrsg.): Erfolgskontrolle in der entwicklungspolitischen Zusammenarbeit, Hamburg, S. 132–151.

nef new economics foundation (2002): The Money Trail. Measuring your mipact on the local economy using LM 3, London.

nef new economics foundation (2007): Measuring Real Value: A DIY guide to Social Return on Investment, London.

nef new economics foundation (2008): Measuring Value: A guide to Social Return on Investment (SROI), London.

New Profit Inc./New Profit Inc. (2001): Overview of New Profit Inc. Portfolio Management and Due Diligence, October 2001, New York.

Nicholls, A. (2005): Measuring Impact in Social Entrepreneurship: New Accountability to Stakeholders and Investors?

Nicholls, A. (Hrsg) (2006): Social Entrepreneurship. New Models of Sustainable Social Change, Oxford.

Nicholls, A./Cho, A. H. (2006): Social Entrepreneurship: The Structuration of a Field, in: A. Nicholls (Hrsg.): Social Entrepreneurship: New Models of Sustainable Social Change, Oxford, S. 99–118.

Niven, P. R. (2008): Balanced Scorecard: Step-by-Step for Government and Nonprofit Agencies, 2. Aufl., Hoboken.

Oldenburg, F./Reitz, Z./Achleitner, A.-K./Spiegel, P./Schöning, M./Breidenbach, S. (2009): Die Mauer zwischen Sozialem und Wirtschaft muss weg. Ein Aufruf für mehr Unternehmertum im Sozialen Sektor.

Olfert, K./Rahn, H.-J. (2000): Lexikon der Betriebswirtschaftslehre, 3. Aufl., Ludwigshafen.

Olsen, S./Lingane, A. (2003): Social Return on Investment: Standard Guidelines, University of California, Center for Responsible Business.

Ortmann, A./Schlesinger, M. (1997): Trust, repute and the role of non-profit enterprise, in: Voluntas, 8 (2), S. 97–119.

Osborne, D./Gaebler, T. (1992): Reinventing government: how the entrepreneurial spirit is transforming the public sector, Reading.

Otte, R. (1990): Konzernabschlüsse im öffentlichen Bereich: Notwendigkeit und Zwecke konsolidierter Jahresabschlüsse von Gebietskörperschaften dargestellt am Beispiel der Bundesverwaltung der Bundesrepublik Deutschland, Frankfurt/Main u. a.

Peattie, K./Morely, A. (2008): Eight paradoxes of the social enterprise research agenda, in: Social Enterprise Journal, 4 (2), S. 91–107.

Perrini, F./Vurro, C. (2006): Social Entrepreneurship: Innovation and Social Change Across the Theory and Practice, in: J. Mair/J. Robinson/K. Hockerts (Hrsg.): Social Entrepreneurship, New York, S. 57–85.

Philipp, F. (1967): Risiko und Risikopolitik, Stuttgart.

Phills Jr., J.-A./Deiglmeier, K./Miller, D.-T. (2008): Rediscovering Social Innovation, in: Social Innovation Review, Fall/2008. S. 34–43.

Picot, A./Dietl, H./Franck, E. (1999): Organisation. Eine ökonomische Perspektive, 2. Aufl., Stuttgart.

Pöllath, R. (2007): Rechtsformfrage, in: A.-K Achleitner/R. Pöllath/E. Stahl (Hrsg.): Finanzierung von Sozialunternehmern. Konzepte zur finanziellen Unterstützung von Social Entrepreneurs, Stuttgart, S. 44–53.

Prabhu, G. N. (1999): Social entrepreneurial leadership in: Career Development International 4 (3), S. 140–145.

Prahalad, C. K. (2006): The Fortune at the Bottom of the Pyramid. Eradicating Poverty through Profits, Upper Saddle River.

Prahalad, C. K./Hammond, A. (2002): Serving the World's Poor, Profitably, in: Harvard Business Review, 80 (9), S. 48–57.

Prahalad, C. K./Hart, S. L. (2002): The Fortune at the Bottom of the Pyramid, in: Strategy and Business (26), S. 1–14.

PricewaterhouseCoopers (2009): Transparenzpreis 2009. Kriterienkatalog und Erläuterung zu einzelnen Kriterien, Frankfurt.

Priller, E./Sommerfeld, J. (2005): Wer spendet in Deutschland? Eine sozialstrukturelle Analyse, Wissenschaftszentrum Berlin für Sozialforschung, Berlin.

Priller, E./Zimmer, A. (2000): Der Dritte Sektor in Deutschland – seine Perspektiven im neuen Millennium, Arbeitsstelle Aktive Bürgerschaft, Institut für Politikwissenschaft, Westfälische Wilhelms-Universität Münster.

Pümpin, C./Prange, J. (1992): Management der Unternehmensentwicklung: Phasengerechte Führung und der Umgang mit Krisen, Frankfurt/Main u. a.

Reichelt, D. (2007): Modellversuch zur Messung des gesellschaftlichen Mehrwerts der Arbeit der Gründungsinitiative enterprise mit Hilfe des Analyseinstruments SROI – Social Return on Investment, Hochschule Harz Deutschland, Wernigerode.

Reichling, P./Bietke, D./Henne, A. (2007): Praxishandbuch Risikomanagement und Rating, 2. Aufl., Wiesbaden.

Reis, T. (1999): Unleashing the New Resources and Entrepreneurship for the Common Good: a Scan, Synthesis and Scenario for Action, W. K. Kellogg Foundation, Battle Creek.

Richter, H.-J. (2004): Gestaltungsaspekte eines Controlling integrierenden Rechnungswesens, in: E. Scherm/G. Pietsch (Hrsg.): Controlling Theorien und Konzeptionen, München, S. 126–141.

Richter, R./Furubotn, E. G. (1999): Neue Institutionenökonomik, 2. Aufl., Tübingen.

Roberts Enterprise Development Fund (2001): SROI Methodology Paper.

Roberts Enterprise Development Fund (2009): Who we fund, http://www.redf.org/who-we-fund/current-portfolio [Stand: 27.08.2009].

Robinson, J. (2006): Navigating Social and Institutional Barriers to Markets: How Social Entrepreneurs Identify and Evaluate Opportunitites, in: J. Mair/J. Robinson/K. Hockerts (Hrsg.): Social Entrepreneurship, New York u. a., S. 95–120.

Romeike, F. (2003): Risikoidentifikation und Risikokategorien, in: F. Romeike/R. B. Finke (Hrsg.): Erfolgsfaktor Risiko-Management. Chance für Industrie und Handel. Methoden, Beispiele, Checklisten, Wiesbaden, S. 165–182.

Rose-Ackerman, S. (1996): Altruism, Nonprofits, and Economic Theory, in: Journal of Economic Literature, 34 (2), S. 701–728.

Rüegg-Stürm, J. (2003): Das neue St. Galler Management-Modell: Grundkategorien einer integrierten Managementlehre; der HSG-Ansatz, 2., durchges. Aufl., Bern.

Salamon, L. M. (1987): Of Market Failure, Voluntary Failure, and Third-Party Government: Toward a Theory of Government-Nonprofit Relations in the Modern Welfare State, in: Nonprofit and Voluntary Sector Quarterly, 16 (1–2), S. 29–49.

Salamon, L. M. (1994): The rise of the nonprofit sector, in: Foreign Affairs, 64 (4), S. 111–124.

Salamon, L. M./Anheier, H. K. (1992a): In search of the non-profit sector. I: The question of definitions, in: Voluntas, 3 (2), S. 125–151.

Salamon, L. M./Anheier, H. K. (1992b): In search of the non-profit sector. II: The problem of classification, in: Voluntas, 3 (3), S. 267–309.

Salamon, L. M./Anheier, H. K. (1996): The emerging nonprofit sector. An overview, Manchester.

Salamon, L. M./Sokolowski, S. W./List, R. (2003): Global Civil Society – An Overview, Baltimore.

Samuelson, P. A. (1954): The Pure Theory of Public Expenditure, in: The Review of Economics and Statistics, 36 (4), S. 387–389.

Sandberg, B. (2000): Rechnungslegung von Stiftungen – Überlegungen zur Anwendung handelsrechtlicher Vorschriften, in: ZHR Zeitschrift für das gesamte Handelsrecht und Wirtschaftsrecht (164), S. 155–175.

Say, J.-B. (1834): A Treatise on Political Economy or the Production, Distribution, and Consumption of Wealth, 6. amerikan. Aufl., Philadelphia.

Schacter, M. (2000): "Capacity Building": A New Way of Doing Business for Development Assistance Organizations, Ontario.

Schedler, K./Proeller, I. (2000): New Public Management, Bern, u. a.

Schenk, K.-E. (1983): Institutional choice und Ordnungstheorie.

Scherm, E./Pietsch, G. (2007): Organisation: Theorie, Gestaltung, Wandel, München u. a.

Schmidt-Sudhoff, U. (1967): Unternehmerziele und unternehmerisches Zielsystem, Wiesbaden.

Schmidt, G. (2002): Einführung in die Organisation. Modelle – Verfahren – Techniken, 2. Aufl., Wiesbaden.

Schmidt, R. H./Tyrell, M. (1997): Financial Systems, Corporate Finance and Corporate Governance, in: European Financial Management, 3 (3), S. 333–361.

Schneck, O. (1994): Lexikon der Betriebswirtschaft: Über 2500 grundlegende und aktuelle Begriffe für Studium und Beruf, 2. Aufl., München.

Scholten, P./Nicholls, J./Olsen, S./Galimidi, B. (2006): Social Return on Investment. A Guide to SROI Analysis, 1. Aufl., Amstelveen.

Schöning, M. (2007): Multiplikation durch Franchising, World Economic Forum.

Schumpeter, J. (1952): Theorie der wirtschaftlichen Entwicklung – Eine Untersuchung über Unternehmergewinn, Kapital, Kredit, Zins und den Konjunkturzyklus, 5. Aufl., Berlin.

Schwaninger, M. (1994): Managementsysteme Frankfurt/Main.

Schwaninger, M. (1995): Stand der Entwicklung und Tendenzen der Managementforschung: Ein Beitrag aus systemorientierter Sicht.

Schwaninger, M. (2001): System theory and cybernetics: A solid basis for transdisciplinarity in management education and research, in: Kybernetes, 30 (9/10), S. 1209–1222.

Schwaninger, M. (2006): Intelligent Organizations: Powerful Models for Systemic Management, Berlin, Heidelberg.

Schwarz, P./Purtschert, R./Giroud, C. (1999): Das Freiburger Management-Modell für Nonprofit Organisationen (NPO), 3. Aufl., Bern.

Schwegler, S. (2008): Moralisches Handeln von Unternehmen. Eine Weiterentwicklung des neuen St. Galler Management-Modells und der Ökonomischen Ethik, Wiesbaden.

Schweizer, U. (1999): Vertragstheorie, Tübingen

Seghezzi, H. D./Caduff, D. (1998): Aufbau Integrierter Führungssysteme.

Sharma, P./Chrisman, J. J. (1999): Toward a Reconciliation of the Definitional Issues in the Field of Corporate Entrepreneurship, in: Entrepreneurship: Theory & Practice, 23 (3), S. 11–27.

Shaw, E./Carter, S. (2005): Social Entrepreneurship: Theoretical Antecedents and Empirical Analysis of Entrepreneurial Processes and Outcomes, in: Journal of Small Business and Enterprise Development, 14 (3), S. 417–435.

Sieben, G./Guthardt, E. (1979): Die betriebswirtschaftliche Beurteilung von Wirtschaftsführung und wirtschaftlichen Verhältnissen nicht erwerbswirtschaftlicher Betriebe unter besonderer Berücksichtigung der Krankenhäuser, Opladen.

Simon, F. B. (2008): Einführung in Systemtheorie und Konstruktivismus, 3. Aufl., Heidelberg

Simons, R. (1994): How New Top Managers Use Control Systems As Levers of Strategic Renewal, in: Strategic Management Journal, 15 (3), S. 169–189.

Slivinski, A. (2003): The Public Goods Theory Revisited, in: H. K. Anheier/A. Ben-Ner (Hrsg.): The Study of the Nonprofit Enterprise. Theories and Approaches, New York, S. 67–74.

Sobeck, J./Agius, E. (2007): Organizational capacity building: Addressing a research and practice gap, in: Evaluation and Program Planning, 30 (3), S. 237–246.

Social Investment Forum (2007): 2007 Report on Socially Responsible Investing Trends in the United States, Washington D.C.

Spear, R. (2006): Social entrepreneurship: a different model?, in: International Journal of Social Economics, 33 (5/6), S. 399–410.

Spickers, J. (2008): Die Entwicklung des St. Galler Management-Modells, http://www.ifb. unisg.ch/org/Ifb/ifbweb.nsf/wwwPubInhalteGer/St.Galler+Management-Modell?open document [Stand: 29.09.2009].

Spremann, K. (1990): Asymmetrische Information, in: Zeitschrift für Betriebswirtschaft, 60 (5/6), S. 561–586.

Stadt Münster (2007): INTERREG-Projekt „SROI-Messmethodik", http://www.muenster.de/ stadt/zuwanderung/interreg_sroi.html [Stand: 27.08.009].

Steinberg, R. (1987): Nonprofit organizations and the market, in: W. W. Powell/ R. Steinberg (Hrsg.): The nonprofit sector: a research handbook, 2. Aufl., New Haven, Conn. u.a., S. 118–138.

Steinberg, R. (2006): Economic Theories of Nonprofit Organizations, in: W. W. Powell/R. Steinberg (Hrsg.): The nonprofit sector: a research handbook, 2. Aufl., New Haven, Conn. u.a., S. 117–139.

Steinberg, R./Gray, B. H. (1993): "The Role of Nonprofit Enterprise" in 1993: Hansmann Revisited, in: Nonprofit and Voluntary Sector Quarterly, 22 (4), S. 297–316.

Steinerowski, A./Jack, S. L./Farmer, J. (2008): Who are the Social "Entrepreneurs" and What Do They Actually Do?, Frontiers of Entrepreneurship Research 2008.

Stevenson, H. (1999a): Entrepreneurship – what is it?, in: H. Stevenson/M. J. Roberts/A. Bhidé/W. A. Sahlman (Hrsg.): The Entrepreneurial Venture, 2. Aufl., S. 7–22.

Stevenson, H. H. (1999b): A perspective on entrepreneurship, in: W. A. Sahlman/H. H. Stevenson/M. J. Roberts/A. Bhidé (Hrsg.): The entrepreneurial venture, 2. Aufl., Boston, S. 7–22.

Stevenson, H. H./Jarillo, J. C. (1990): A Paradigm of Entrepreneurship: Entrepreneurial Management, in: Strategic Management Journal, 11 (4), S. 17–27.

Stockmann, R. (1998): Kleine Entwicklungsgeschichte der Evalutionsforschung. Nachholende Entwicklung in Deutschland, in: S. Brüne (Hrsg.): Erfolgskontrolle in der entwicklungspolitischen Zusammenarbeit, Hamburg, S. 27–63.

Stoffel, K. (1995): Controllership im internationalen Vergleich, Wiesbaden.

Strauch, M. (2009): Social Entrepreneurship: Status Quo 2009. (Selbst)Bild, Wirkung und Zukunftsverantwortung, Conference Paper for „Social Entrepreneurship: Status Quo 2009. (Selbst)Bild, Wirkung und Zukunftsverantwortung", Berlin.

Streim, H. (1986): Grundsätzliche Anmerkungen zu den Zwecken des Rechnungswesens, in: K. Lüder (Hrsg.): Entwicklungsperspektiven, Speyer, S. 1–35.

SVT Consulting/S. Olsen (2004): Social Return on Investment – Partnership for Nonprofit Ventures.

Szyperski, N. (1980): Informationsbedarf, in: E. Grochla (Hrsg.): Handwörterbuch der Organisation, 2. Aufl., Stuttgart S. 904–913.

Szyperski, N./Nathusius, K. (1999): Probleme der Unternehmungsgründung. Eine betriebswirtschaftliche Analyse unternehmerischer Startbedingungen, 2. Aufl., Lohmar.

Tasch, E./Dunn, B. (2001): Mission-Related Investing: Strategies for Philanthropic Institutions.

Taylor, M./Dees, J. G./Emerson, J. (2002): The Question of Scale: Finding an Appropriate Strategy for Building on Your Success, in: J. G. Dees/J. Emerson/P. Economy (Hrsg.): Strategic Tools for Social Entrepreneurs: Enhancing the Performance of Your Enterprising Nonprofit, New York, S. 235–266.

The Rockefeller Foundation/The Goldman Sachs Foundation (2003): Social Impact Assessment – A Discussion Among Grantmakers, New York City.

The Urban Institute (2006): Building a Common Outcome Framework to Measure Non-profit Performance.

The World Bank (2005): Capacity Enhancement through Knowledge Transfer. A Behavioral Framework for Reflection, Action and Results.

Thompson, J. L. (2008): Social enterprise and social entrepreneurship: where have we reached?: A summary of issues and discussion points, in: Social Enterprise Journal, 4 (2), S. 149–161.

Thompson, J. L./Alvy, G./Lees, A. (2000): Social entrepreneurship – a new look at the people and the potential, 5/6.

TNS Emnid (2004): TNS Emnid Spendenmonitor, Bielefeld.

Tobelem, A. (1992): Institutional Capacity Analysis and Development System (ICADS). Operation Manual, Washington D.C.

Tuan, M. (2008): Measuring and/or estimating social value creation: insights into eight integrated cost approaches, Narberth.

Ulrich, H. (Hrsg) (2001): Systemorientiertes Management: Das Werk von Hans Ulrich/Studienausgabe, Bern.

Ulrich, H./Krieg, W. (1974): St. Galler Management-Modell, 3. Aufl., Bern.

Unterkofler, G. (1989): Erfolgsfaktoren innovativer Unternehmensgründungen – ein gestaltungsorientierter Lösungsansatz betriebswirtschaftlicher Gründungsprobleme, Frankfurt/Main u. a.

Urselmann, M. (1998): Erfolgsfaktoren im Fundraising von Nonprofit-Organisationen, in: D. Witt/E.-B. Blümle/R. Schauer/H. K. Anheier (Hrsg.): Ehrenamt und Modernisierungsdruck in Nonprofit-Organisationen: eine Dokumentation, Wiesbaden, S. 203–212.

USAID Center for Development Information and Evaluation (2000): Measuring Institutional Capacity, Washington D.C.

Uvin, P./Jain, P. S./Brown, L. D. (2000): Think Large and Act Small: Toward a New Paradigm for NGO Scaling Up, in: World Development, 28 (8), S. 1409–1419.

V & M Service GmbH (2008): Vereinsstatistik 2008, http://www.registeronline.de/download/?id=139 [Stand: 30.06.2009].

Van De Ven, A. H./Poole, M. S. (1995): Explaining Development And Change In Organizations, in: Academy of Management Review, 20 (3), S. 510–540.

Van Slyke, D. M. (2007): Agents or Stewards: Using Theory to Understand the Government-Nonprofit Social Service Contracting Relationship, in: Journal of Public Administration Research and Theory, 17 (2), S. 157–187.

Velte, P. (2009): Stewardship-Theorie, in: Zeitschrift für Planung und Unternehmenssteuerung, 20 (2), S. in Druck.

Venture Philanthropy Partners/McKinsey & Company (2001): Effective Capacity Building in Nonprofit Organizations, Reston.

Volkmann, C.-K./Tokarski, K.-O. (2006): Entrepreneurship, 1. Aufl., Stuttgart.

Vollmann, M. (2008): Social Entrepreneurship in Deutschland. Gründungsbezogene Rahmenbedingungen der deutschen Sozialwirtschaft und ihre Auswirkungen auf die Gründungsaktivität von Social Entrepreneurs, Universität Passau, Passau.

W. K. Kellogg Foundation (2004): Logic Model Development Guide.

Waddock, S. A./Post, J. E. (1991): Social Entrepreneurs and Catalytic Change, in: Public Administration Review, 51 (5), S. 393–401.

Wall, F. (2002): Das Instrumentarium zur Koordination als Abgrenzungsmerkmal des Controlling, in: J. Weber/B. Hirsch (Hrsg.): Controlling als akademische Disziplin, Wiesbaden, S. 67–90.

Waltenberger, M. (2006): Rechnungslegung staatlicher Hochschulen: Prinzipien, Struktur und Gestaltungsprobleme, Ludwig-Maximilians-Universität, München.

Watkins, A. L. (2007a): An Accountability View of Accounting. Guidance for Accounting Practice, in: The CPA Journal, 207, S. 4.

Watkins, K. (2007b): Human Development Report 2007/2008, New York.

Weber, J./Weißenberger, B.-E./Liekweg, A. (2001): Risk Tracking und Reporting – ein umfassender Ansatz unternehmerischen Chancen- und Risikomanagements, in: U. Götze/K. Henselmann/B. Mikus (Hrsg.): Risikomanagement, Heidelberg, S. 47–66.

Weiss, C. (2001): Theory-Based Evaluation: Theories of Change for Poverty Reduction Programs, in: J. D. Wolfensohn/O. N. Feinstein/ R. Picciotto (Hrsg.): Evaluation and Proverty Reduction: Proceddings from a World Bank Conference, Washington, S. 103–111.

Wei-Skillern, J./Austin, J. E./Leonard, H./Stevenson, H. (2007): Entrepreneurship in the Social Sector, Thousand Oaks.

Weisbrod, B. A. (1977): Not-for-profit organizations as providers of collective goods, in: B. A. Weisbrod (Hrsg.): The voluntary nonprofit sector, Lexington, MA. u. a., S. 1–10.

Weisbrod, B. A. (1986): Toward a theory of the voluntary nonprofit sector in a three-sector economy, in: S. Rose-Ackerman (Hrsg.): The economics of nonprofit institutions: studies in structure and policy, New York u. a., S. 21–44.

Welfens, P. J. J. (2005): Grundlagen der Wirtschaftspolitik: Institutionen – Makroökonomik – Politikkonzepte, Berlin u. a.

Welsch, J. (2005): Innovationspolitik: Eine problemorientierte Einführung, 1. Aufl., Wiesbaden.

Wilhelm, V./Mueller, S. D. (2003): Capacity Enhancement at the Institutional Level. Three Case Studies in Telecommunications, Washington D.C.

Williamson, O. E. (1971): The Vertical Integration of Production: Market Failure Considerations, in: The American Economic Review, 61 (2), S. 112–123.

Wolf, K./Runzheimer, B. (2009): Risikomanagement und KonTraG. Konzeption und Implementierung, 5. Aufl., Wiesbaden.

Wolke, T. (2008): Risikomanagement, 2. Aufl., München.

Yitshaki, R./Lerner, M./Sharir, M. (2008): What are social ventures? Toward a theoretical framework and empirical examination of successful social ventures, in: G. E. Shockley/P. M. Frank/R. R. Stough (Hrsg.): Non-market entrepreneurship. Interdisciplinary approaches, Cheltenham, S. 217–241.

Young, D. R. (1986): Entrepreneurship and the Behavior of Nonprofit Organizations: Elements of a Theory, in: S. Rose-Ackerman (Hrsg.): The economics of nonprofit institutions: studies in structure and policy, New York u. a., S. 161–184.

Young, D. R. (1998a): Contract Failure Theory, in: S. J. Ott (Hrsg.): The Nature of the Nonprofit Sector, Boulder, S. 193–196.

Young, D. R. (1998b): Government Failure Theory, in: S. J. Ott (Hrsg.): The Nature of the Nonprofit Sector, Boulder, S. 190–192.

Young, D. R. (2003): Entrepreneurs, Managers, and the Nonprofit Enterprise, in: H. K. Anheier/A. Ben-Ner (Hrsg.): The Study of the Nonprofit Enterprise. Theories and Approaches, New York, S. 161–168.

Yunus, M. (2006): Social Business Entrepreneurs are the Solution, in: A. Nicholls (Hrsg.): Social Entrepreneurship: New Models of Sustainable Social Change, Oxford, S. 39–44.

Zadek, S./Thake, S. (1997): Send in the social entrepreneurs, in: New Statesman, 126 (4339), S. 31.

Zahra, S. A./Gedajlovic, E./Neubaum, D. O./Shulman, J. M. (2009): A typology of social entrepreneurs: Motives, search processes and ethical challenges, in: Journal of Business Venturing (24) 5, S. 519–532.

Zeit online (2009): Kabinett billigt neue Rekordschulden, http://images.zeit.de/text/online/2009/26/neuverschuldung-steinbrueck-bundeshaushalt [Stand: 12.07.2009].

Zimmer, A./Priller, E. (1997): Zukunft des Dritten Sektors in Deutschland, in: H. K. Anheier/E. Priller/W. Seibel/A. Zimmer (Hrsg.): Der Dritte Sektor in Deutschland. Organisationen zwischen Staat und Markt im gesellschaftlichen Wandel, Berlin, S. 249–283.

Zimmer, A./Priller, E. (2004): Gemeinnützige Organisationen im gesellschaftlichen Wandel, Wiesbaden.